なぜグローバル・グリーン・ニューディールなのか
―― グリーンな世界経済へ向けて

A Global Green New Deal

エドワード B. バービア 著
赤石秀之・南部和香 監訳

Rethinking the Economic Recovery

A Global Green New Deal :
Rethinking the Economic Recovery
by Edward B. Barbier
©United Nations Environment Programme 2010
Japanese translation rights arranged with
Cambridge University Press
through Japan UNI Agency, Inc., Tokyo

はじめに

　2008年12月2, 3日に，国連環境計画 (UNEP) は「グローバル・グリーン・ニューディール (GGND)」を提案するため，グリーン・エコノミー・イニシアティブ (GEI) 主催によりジュネーブで政策専門家による諮問会議を開いた。その会議の参加者にとって，世界は複数の危機—燃料・食糧・金融危機—に直面しており，総合的で世界的な対策が必要なことは明らかであった。そして2008年12月には，これらの危機が1930年代の大恐慌以来，最悪の世界的な景気後退を引き起こしたことも明らかであった。そのため，このような世界を脅かす複数の危機に対して，1930年代にアメリカ大統領フランクリン D. ルーズベルトのニューディールにより示されたものと同種であるが，世界的な規模とより広範な視野をもつ新たな対策が必要とされた。その広範な視野には，景気回復を促し雇用を創出させる政策の正しい組み合せを見つけるだけではなく，世界経済を持続可能な方向へ誘導し，また世界の貧困層の暮らしを改善し，そして活発な経済分野へ投資を集め，さらに炭素依存の低減と環境悪化の抑制を図ることが必要とされるであろう。この「グローバル・グリーン・ニューディール (GGND)」という政策構想は，そのような時宜をえた政策の組み合せについて言及したものである。

　このGGNDを概説する報告書をまとめるべきだというのが，この諮問会議での主な結論であった。私は，GEIプロジェクト・リーダーのパヴァ

ン・シャクデューとUNEP技術・産業・経済部門（DTIE）チーフでGEIを指揮するフセイン・アバザからこの仕事を依頼された。また，その依頼はUNEP常任理事であるアヒム・シュタイナーからの全面的な支持と支援も受けた。

　急速に拡大しつつあった世界的な経済危機によって，GGND報告書を執筆するためのスケジュールは短くなっていった。ちょうど5週間で書き上げた草稿は，2009年2月2，3日にニューヨークの国連で開かれた専門家会議と国連の仲介機関でのさらなる協議の土台となった。また2月4日には別の協議がワシントンDCの国連財団で行われた。

　これらの会議での有益な議論と，それ以外にも会議に参加できなかった専門家から送られてきた多数のコメントに基づき，2月16日にケニアのナイロビで開かれた国連の25理事会議とグローバルな閣僚級環境フォーラムの開始に合わせて報告書を修正した。修正後の報告書は，2009年3月に公表された国連の「グローバル・グリーン・ニューディール：政策概要」での表には出ない重要な文書となった。また同じ月には，4月2日の世界主要20カ国（G20）によるロンドン・サミットでの経済政策論議に向けて，「グローバル・グリーン・ニューディールの実施をG20議題に入れるべきである」という趣旨の短い原稿を，GGND報告書に基づいて作成するようイギリス政府から求められた。

それ以来細かな修正を経て，2009年4月にGGND報告書は最新になったが，それは現在では『Rethinking the Economic Recovery: A Global Green New Deal』という題名で，GEIのウェブサイトから参照可能になっている。またUNEPでも限られた部数の報告書が印刷・発行された。

　しかしながら，幸い報告書への関心は途絶えることなく，UNEPとケンブリッジ大学出版局の努力のお陰で，広範な読者の手に届けられることになった。そこで私はこの広範な読者に読まれることを念頭において，GGND報告書に基づいて本書を執筆した。その主な目的は次の三つである。

　第一に，会議のための報告書を本にするにあたり，より読みやすく，また手に取りやすくするために構成を変える必要があった。しかしながら，全般的に元のGGND政策構想や重要な政策議論の多くはそのままとなっている。

　第二に，世界的な経済危機の状況だけでなく，それに対応した各国政府の計画・政策に関する現在の情報もできるかぎり更新した。本書の最終稿（2009年8月）まで，私はそのために最善を尽くしてきた。

　第三に，恐らく最も重要であるが，本書の「商品としての有効期限」を改善するために全力を尽くしてきた。その結果，世界経済がすでに回復の兆しを示しつつあると何人かのアナリストが信じていてもなお，なぜGGNDが世界経済にとって依然として意味をもつのかを説明するために，導入部

分の第Ⅰ部と結論部分の第Ⅳ部をかなり修正した。
　GGNDは，次の三つの目標に焦点を当てている。

- 世界経済の復興，雇用機会の創出，そして脆弱な貧困層の保護
- 炭素依存の低減，生態系の保護，そして水資源の保全
- 2025年までに極度の貧困を終わらせるというミレニアム開発目標の推進

　G20の中には，炭素依存の低減と景気回復と雇用機会創出のために総合的な景気対策に「グリーン」投資を組み込むことにより，このGGNDが示す目標のいくつかをすでに取り込んでいる国もある。しかしながら，少数の限られた国による「グリーン」投資だけでは，この目標のすべてを達成することはできない。つまり，現在のG20によるグリーン投資だけでは，現在の景気回復への取り組みを世界的に「グリーンな景気回復」へと向けさせるには十分ではないであろう。そのため，このGGNDは本書で提示する根本的な政策課題を扱う必要がある。それは，世界経済が経済的にも環境的にも持続可能な路線へ確実に移行するためにさらにすべきことは何かということである。
　これは，気候変動，エネルギー安全保障，水資源の不足，生態系の破壊，

そして特に世界的な貧困の悪化が引き起こす脅威に取り組むために，景気回復後の1，2年ではなく，重要な今後の10年に向けて世界中の政策決定者が懸念すべき問題として残されるものである。

        エドワード B. バービア
        ワイオミング州センテニアル
        2009年8月

CONTENTS

はじめに 3

第Ⅰ部　なぜグローバル・グリーン・ニューディールなのか

1　導入：危機からの好機　12

第Ⅱ部　グローバル・グリーン・ニューディールの重要な要件

2　炭素依存の低減　43
3　生態系の保護　99
4　発展途上経済が直面する課題　155
5　結論：優先される国内での取り組み　165

第Ⅲ部　国際社会の役割

6　グローバル・ガバナンスの改善　177
7　資金調達の円滑化　186
8　貿易奨励策の強化　197
9　結論：優先される国際的な取り組み　204

第Ⅳ部　よりグリーンな世界経済へ向けて

10　要約：グローバル・グリーン・ニューディールの提案　211
11　グローバル・グリーン・ニューディールは成功するのか　214
12　グリーンな景気回復を越えて　252

監訳者あとがき　274
索引　278

第 I 部

なぜグローバル・グリーン・ニューディールなのか

1 導入：危機からの好機

　2008年は，世界が複数の危機に直面した年として記憶されることになるであろう。それはわれわれの前に迫りつつあった燃料危機だけではなく，食糧価格や物価の継続的な上昇から始まった。年末には，世界は重大な金融危機に直面し，その後すぐに大恐慌以来最悪の世界的な不況となった。2009年中頃までにその不況はやわらぐ兆しがあった。しかし，その後の景気は混乱が長引き，また脆弱なものであると予想された。世界的に失業や貧困は依然として深刻になっており，縮小しつづけている経済分野も中には存在する。また世界経済は景気回復を達成しても，気候変動，エネルギー安全保障，水資源の不足，生態系の破壊，そして発展途上国における広範な貧困といった問題に対しては脆弱なままであると懸念されている。

　この燃料，食糧，そして金融危機は，失業，貧困，そして環境への影響という点で，人間の健康的な生活や世界全体の幸福にとって深刻な意味をもっている。一方でこれらの危機は，国際的な取り組みとして持続可能な発展を促進するために各国政府が集まるただ一つの機会を与えているのかもしれない。本書は，そのような「危機からの好機」を生み出すことを可能にする一つの方法を明らかにするものである。

　世界的な景気後退が引き起こす社会的，経済的に深刻な事態，あるいは良くても弱く不安定で，かつ時間がかかる景気回復という事態に直面しているのに，炭素依存の低減や環境悪化の抑制を目標とした政策を考えるの

はぜいたくなことに思えるかもしれない。しかし，そのように結論づけることは間違いであり，誤解に基づいている。

　歴史上この重大な時期でも，依然としてわれわれは世界経済の復興のあり方を「再考」する時間がある。そこでは，次のような政策課題を検討するべきである。われわれは通常の成長路線に沿った「ブラウンな」世界経済に戻りたいのか，それとも将来の経済的かつ環境的な落とし穴を避けることができる「グリーンな」世界経済に向かいたいのか，ということである。

　本書では，後者の考えを支持している。世界経済を脅かす経済的かつ環境的に複合した危機への対応には，1930年代にアメリカ大統領ルーズベルトのニューディールにより示されたものと同種であるが，世界的な規模とより広範な視野をもつ新しい政策構想が必要とされる。複数の政策を適切に組み合わせることで景気回復を促し，それと同時に世界経済を持続可能な方向へ改善することができる。もしそのような対策が実施されるならば，今後数年間にわたり何百万人という雇用を新たに生み出し，世界中の貧しい人々の暮らしを改善し，そして活発な経済分野へ投資を向けさせるだろう。この「グローバル・グリーン・ニューディール（GGND）」という政策構想は，そのような時宜をえた政策の組み合わせについて論じたものである。

　世界経済を回復させ永続的なものにするためには，GGNDによって示されるような広範な視野が不可欠である。もちろん成長を取り戻し，金融の安定化を保証し，そして雇用を創出することは必須の目標でなければならない。一方で，もし新たな政策構想が，炭素依存の低減，生態系や水資源の保護・保全，そして貧困の緩和といった世界的な課題を扱わないならば，その危機回避は一時的なものとなるであろう。このような広範な視野をもたない今日の世界経済では，たとえ景気回復を達成しても，気候変動，エネルギー安全保障，水資源の不足，生態系の破壊，そして何よりも世界的な貧困の悪化により引き起こされる一触即発の脅威に十分立ち向かえないであろう。それどころか，炭素依存を低減して生態系を保護することは，

ただ単に環境意識からではなく、世界経済が持続可能な状態で景気回復を果たすために正しく、また実際のところただ一つの方法であるという理由からも必要なのである。

世界規模での複数の危機

疑いようもなく、われわれは1930年代の大恐慌以来最悪の世界的な景気後退の真っ只中にいる。2009年の予測では、この10年間での世界的な所得の減少が、世界貿易の縮小をもたらす__[1]。また世界的な失業者数は、2007年に比べて2900万～5900万人増加すると予測している__[2]。世界経済は安定化する兆しにあるが、景気後退は終わったわけではない。国際通貨基金（IMF）は、予想される景気回復はいずれも弱く不安定なものであり、世界経済は2009年に1.4%縮小し、そして2010年にわずかながら2.5%拡大すると予測している__[3]。

世界的な貧困は現在の経済危機以前から減少してきていたが、予測では2015年までに1日1ドル以下で生活する人は依然としておよそ10億人存在し、1日2ドル以下で生活する人は30億人いるであろうといわれている__[4]。世界的な景気後退が拡大し深まりつづければ、世界的な貧困はさらに悪化すると予想される。発展途上国全体で1%の成長率の低下が、新たに2000万の人々を貧困に追いやると予測されている__[5]。

このような世界経済の状況に危機感を覚え、2008年11月15日に、国内総生産（GDP）では世界全体の90%を、また人口では世界全体の80%を占める、世界20カ国の先進経済および新興経済の首脳達（G20）はワシントンDCに集まった__[6]。この最初のG20会合では、国際金融システムにおける健全な規制の強化や従来の規制の見落としのような、現在の景気後退に関する金融上の直接の原因が話し合われた__[7]。そしてG20の首脳達は、経済成長を押し上げ、雇用機会を創出するために、公共支出および公共投資の増加を含む景気対策をとることが必要であると宣言した。ワシントン・サミット後、G20政府の多くは公共支出を増加させ、また減税にも取り

組んできた（Box1.1参照）。現在まで，世界の景気対策の総額は3兆ドル以上であり，これは世界GDPの約4.6％に等しい。その中で最も多くは中国（6475億ドル，GDPの9.1％），日本（4859億ドル，GDPの11.4％），そしてアメリカ（7870億ドル，GDPの5.7％）によって支出されている[8]。

Box 1.1

Ｇ２０諸国の景気対策とグリーン投資

　2009年4月のロンドン・サミットにおいて，G20の首脳達は，すべての人に公平で持続可能な世界経済の回復を保証するという公約を強調する次のような声明を出した。「われわれは，クリーン革新的，資源効率的でかつ低炭素型の技術およびインフラへの移行を行う。そして，持続可能な経済を構築するためのさらなる対策を特定し，協働する。」

　次の表が示すように，G20経済の中にはすでに炭素依存を低減させ，景気回復を進め，さらに雇用を創出するため，景気対策に「グリーン」投資を盛り込んでいる国が存在する。世界の総額約3兆ドルの景気対策のうち，4600億ドル以上はグリーン投資に向けられ，その大部分がG20によるものである。

　たとえばアメリカ再生・再投資法における総額7870億ドルの景気対策には，エネルギー利用効率を高める建物の改修，大量輸送・鉄道貨物網の拡充，次世代電力網（スマート・グリッド）の構築，そして再生可能エネルギー供給の拡大などへの約785億ドルの支出が含まれている。さらに，水道インフラへの投資も合わせて941億ドルがグリーン投資として支出された。これらの投資の規模は，今後2年間でのアメリカのGDPの0.7％に等しく，約200万人の雇用を生むと予想される[9]。韓国はグリーン・ニューディール計画を開始し，その計画では2009年から2012年までに363億ドル（GDPの約3％）の支出を行い，低炭素化事業，水資源の管理，リサイクル，そして生態系の保護への投資を行うとしている。この計画の実行により，2009年には新規の建設雇用14万9000人を伴う96万人の雇用をもたら

	景気対策 (10億ドル)	グリーン投資 (10億ドル)		
		低炭素_a	その他	合計
アルゼンチン	13.2			
オーストラリア	43.8	9.3		9.3
ブラジル	3.6			
カナダ	31.8	2.5	0.3	2.8
中国	647.5	175.1	41.3	216.4
フランス	33.7	7.1		7.1
ドイツ	104.8	13.8		13.8
インド	13.7			
インドネシア	5.9			
イタリア	103.5	1.3		1.3
日本	639.9	36.0		36.0
メキシコ	7.7	0.8		0.8
ロシア	20.0			
サウジアラビア	126.8		9.5	9.5
南アフリカ	7.5	0.7	0.1	0.8
韓国	38.1	14.7	21.6	36.3
トルコ				
イギリス	34.9	3.7	0.1	3.7
アメリカ_c	787.0	78.5	15.6	94.1
EU_d	38.8	22.8		22.8
G20の合計	2702.2	366.3	88.4	454.7
G20以外の合計_e	314.1	7.6	1.0	8.6
世界全体	3016.3	373.9	89.4	463.3

世界の景気対策とグリーン投資
（2009年7月1日時点）

国内総生産 （10億ドル） _b	景気対策に占めるグリーン投資の割合（%）	国内総生産に対するグリーン投資の割合（%）
526.4	0	0
773.0	21.2	1.2
1849.0	0	0
1271.0	8.3	0.2
7099.0	33.4	3.0
2075.0	21.2	0.3
2807.0	13.2	0.5
2966.0	0	0
843.7	0	0
1800.0	1.3	0.1
4272.0	5.6	0.8
1353.0	9.7	0.1
2097.0	0	0
546.0	7.5	1.7
467.8	10.7	0.2
1206.0	95.2	3.0
853.9		0
2130.0	10.6	0.2
13780.0	12.0	0.7
14430.0	58.7	0.2
63145.8	16.8	0.7
6902.9	2.7	0.1
70048.7	15.4	0.7

____注

a ___ 再生可能エネルギー，炭素回収・隔離，エネルギー効率，公共輸送・鉄道，そして配電網送電装置への補助金を含む。

b ___ CIAの"The World factbook."からの購買力平価により測定された2007年の国内総生産に基づいている。

c ___ 2009年2月のアメリカ再生・再投資法からのみである。また2008年8月の緊急経済安定化法では，減税や税額控除の1850億ドルを含み，その中には風力・太陽光，または炭素回収・隔離への182億ドルの投資も含まれている。

d ___ EUによる直接の寄与のみが含まれている。

e ___ 非G20のEU諸国である，オーストリア，ベルギー，ギリシャ，ハンガリー，オランダ，ポーランド，ポルトガル，スペイン，スウェーデンによる景気刺激支出を含んでいる。また非G20のEU以外の国は，チリ，イスラエル，マレーシア，ニュージーランド，ノルウェー，フィリピン，スイス，タイ，そしてベトナムである。

____出典

Robins, Nick, Robert Clover and James Magness (2009), The Green Rebound, New York, HSBC Global Research.

Robins, Nick, Robert Clover and Charanjit Singh (2009), A Clumate for Recovery, New York, HSBC Global Research.

Robins, Nick, Robert Clover and Charanjit Singh (2009), Building a Green Recovery, New York, HSBC Global Research.

Khatiwada, Semeer (2009), Stimulus Packages to Counter Global Economic Crisis: A Review, Discussion Paper no.196/2009, Geneva, ILO.

すと予想されている。また低炭素化事業には，鉄道，大量輸送，低燃費自動車やクリーン燃料，省エネルギーや環境に優しい建物などの開発も含まれている。この低炭素投資はGDPの1.2％に相当し，また景気対策の95％を占め，少なくとも33万4000人の新たな雇用を生み出すと予想される。

　中国では，総額6475億ドルの景気対策のうち，33％以上がエネルギー利用の効率化，環境改善，鉄道輸送と次世代電力網のインフラに向けられている。イギリスは，2009年4月に「グリーン経済」予算を公表し，総額349億ドルの景気対策のうち，約11％をグリーン投資に振り向けた。それは，今後8年間にわたり40万人の新たな雇用創出を目的とした広範な低炭素投資である。

　以上のような各国の対策は期待がもてる出だしであるが，それらは「グリーンな景気回復」への世界的な取り組みとしては不十分である。たとえば，韓国や中国で計画されているGDPの3％に等しい大規模なグリーン投資は普通というよりむしろ例外である。G20がすでに公約している世界的な景気後退のために行われる2.7兆ドルの景気対策のうち，低炭素化，エネルギー利用の効率化，あるいは環境改善のために支出されるのはわずか約17％である。つまり，グリーン投資は，G20のGDP総計の約0.7％でしかない。もしG20が「持続可能な経済を構築するためのさらなる対策」について真剣に考えているならば，そのための追加的な戦略や政策を採用するだけではなく，これらの対策を実施する時期について協調，協働するべきである。

　2008年は，単に世界的な金融大変動や景気後退の始まりの年として記憶されるべきではなく，世界的な燃料危機と食糧危機の年でもあった。

　2008年7月に，原油価格は1バレル当たり145ドルでピークに達していた。それから，世界的な景気後退が進むにつれて急速に下落し，2009年1，2月には，1バレル当たり35ドルの底値に到達した。2009年7月には，原油価格は1バレル当たり約65ドルに立ち直ってきた。他の化石燃料価格も同

じような傾向を示し，天然ガス・石炭価格は原油価格と同じぐらい速く回復した。したがって，景気後退が引き起こしたこれら燃料価格の急激な低下にもかかわらず，「安い」化石燃料エネルギーと安定した世界供給の時代が終わったと予測されている[10]。

他の商品，特に食糧や原料の価格も化石燃料と同様の傾向を示した。世界的な食料価格は，2008年の上半期にほぼ60％上昇した。その中でも，穀物や油糧種子のような基礎食糧の価格が最も大きく上昇した。エネルギーや化学肥料の価格の近年の下落は，この傾向と逆行しているが，短期的な食料価格は1990年代よりも高く維持され，2003年の水準より60％以上高くなると予想されている。

また世界経済は，気候変動，エネルギー安全保障，水資源の不足，生態系の破壊，そして発展途上国での広範囲にわたる貧困といった現在進行形の課題に直面している。

世界気象機関（WMO）と国連環境計画（UNEP）により1988年に設立された，気候変動に関する政府間パネル（IPCC）第4次評価では，世界経済の炭素依存が地球温暖化をもたらしていることが裏付けられた[11]。人間活動からの世界の温室効果ガス排出量は，産業革命以前より増加しており，1970年から2004年までに70％上昇している。大気への温室効果ガス（GHGs）の高濃縮は，土地利用の変化や農業も考えられるがその影響は小さく，化石燃料の使用が主な要因である。その結果，世界規模で地表温度が上昇し，海水面が1961年以来毎年平均1.8mmの割合で上がり，生態系が破壊されている。今後も，温室効果ガスは現状かまたはそれ以上で排出されつづけ，さらなる地球温暖化，海水面の上昇，そして生態系への影響を引き起こすと予測されている。さらに気候変動は，嵐，洪水，そして干ばつのような極端な気象現象の増加とも関係づけられている。このような極端な気象現象の増加は，生活を破壊し，人々に移動を強い，そして食糧不足をもたらす。世界中のすべての都市のうちで，約4億人が100年に一度の極端な沿岸部の洪水にさらされている[12]。

ミレニアム生態系評価（MA）は，地球規模での経済活動や人口増加が世

界の生態系，そして生態系がもたらすさまざまなサービス，便益にどのような影響を与えるのかを明らかにした__13。過去50年間にわたり，食糧，水，森林，繊維類，そして燃料への高まる需要を満たすために，生態系は人類の歴史上類を見ないほど急速にまた広範囲に変化した。その結果，生物多様性や生態系サービスからの恩恵に対して重大で大規模，そして不可逆的な損失を与えた。ミレニアム生態系評価の調査では，対象となった主要な24の生態系サービスのうち，淡水，漁業，空気・水の浄化，局地気候，自然災害や疫病の調節などを含んだ約15のサービスは，持続不可能な状態にまで悪化し，また利用されていることを明らかにした。

　発展途上国の貧困層は特に，これらの重大な生態系サービスの損失に対して弱い立場にある__14。世界人口の20％以上にあたる約13億人は，発展途上国の脆弱な土地で生活している（Box1.2参照）。そのうちの約半分（6億3100万人）は，農村の貧困層である。彼らは，環境の劣化が激しく，また水ストレスにある土地で生活している。それは高地，森林帯，または乾燥地帯などである。こういった脆弱な土地は，「その地域社会，牧草地，森林，そしてその他の資源の持続可能性にとって，その土地と人々の関係が危機的な地域」である（Box1.2参照）__15。このような土地で暮らす人々の割合が高い発展途上国では，農村部の貧困率が高くなる傾向がある（図1.1参照）。

Box 1.2

世界的な貧困と脆弱な土地

　次の表では，世界銀行が定義した，「脆弱な土地」で暮らしている約13億の人々，つまり発展途上諸国における25％以上の人々の状況を示している。その土地は，「集約農業にとって大きな制約となり，その地域社会，牧草地，森林，そしてその他の資源の持続可能性にとって，その土地と人々の関係が危機的な地域である」__16。発展途上国の脆弱な土地で生活する人々の多くが極度の貧困状態にあり，1日2ドル以下で生活している。そ

世界人口と脆弱な土地における農村の貧困人口の分布

(a) 世界人口の分布_a

地域	2000年の人口（100万人）	脆弱な土地での人口 数（100万人）	脆弱な土地での人口 合計に占める割合（％）
ラテン・アメリカとカリブ海諸国	515.3	68	13.2
中東・北アフリカ	293.0	110	37.5
サハラ砂漠以南のアフリカ	658.4	258	39.2
南アジア	1354.5	330	24.4
東アジアと太平洋岸諸国	1856.5	469	25.3
東ヨーロッパと中央アジア	474.7	58	12.2
OECD加盟国_b	850.4	94	11.1
その他	27.3	2	7.3
合計	6030.1	1389	23.0
発展途上経済の合計_c	5179.7	1295	25.0
ラテン・アメリカ，アフリカ，アジアの発展途上経済の合計_d	4677.7	1235	26.4

(b) 発展途上地域における農村の貧困人口の分布_e

地域	恵まれた土地での農村の貧困人口（100万人）	脆弱な土地の農村の貧困人口 数（100万人）	脆弱な土地の農村の貧困人口 合計に占める割合（％）
中央・南アメリカ	24	47	66.2
西アジアと北アフリカ	11	35	76.0
サハラ砂漠以南のアフリカ	65	175	72.9
アジア	219	374	63.1
合計	319	631	66.4

注

a　Barbier, Edward B. (2005), Natural Resources and Economic Development, Cambridge University Press: Table 1.7より。また，World Bank (2002), World Development Report 2003: Sustainable Development in a Dynamic World. Transforming Institutions, Growth and Quality of Life, Washington, DC, World Bank: Table 4.2より，その土地を，集約農業にとって大きな制約となり，その地域社会，牧草地，森林，そしてその他の資源の持続可能性にとって，人々との関係が危機的な地域と定義した。また，そのような土地では，灌漑ができないほど乾燥し，農業に適さない土壌であり，そして険しい斜面で脆弱な森林帯を形成している。
b　OECD加盟国とは，オーストラリア，オーストリア，ベルギー，カナダ，デンマーク，フィンランド，フランス，ドイツ，ギリシャ，アイスランド，アイルランド，イタリア，日本，ルクセンブルク，オランダ，ニュージーランド，ノルウェー，ポルトガル，スペイン，スウェーデン，スイス，イギリス，アメリカを指している。
c　世界合計からOECD加盟国合計を除いたもの。
d　世界合計からOECD加盟国合計，東ヨーロッパ，中央アジアとその他を除いたもの。
e　Comprehensive Assessment of Waste Management in Agriculture (2007), Water for Food, Water for Life:A Comprehensive Assessment of Water Management in Agriculture, London, Earthscan, and Colomboより。International Water Management Institute:table15.1では，脆弱な土地を，限界耕作地あるいは土地・水が崩壊する可能性が最も高い地域，つまり土の風化，急傾斜地，不十分か過度な降雨量，そして高温な土地と同一視している。

のうちの518万人は灌漑を利用できない乾燥地域で暮らし，また216万人は険しい斜面の土地で暮らし，さらに130万人以上が脆弱な森林帯で生活している。つまり，脆弱な土地の人々の生活は，直接的にも間接的にも周囲の生態系からのサービスにより成り立っているのである。

図1.1はさらに，農村の貧困率と脆弱な土地で暮らす発展途上地域の人口割合とが関連していることを示している。対象となった60カ国では，かなり多くの人々が脆弱な土地で暮らしており，20〜30％から70％以上までと幅はあるが，農村で生活する人々の多くの割合が極度の貧困状態にある（平均で45.3％）。さらに重要なことに，農村での貧困率は，より多くの人々が脆弱な土地に集中している発展途上地域ほど高くなる。

また，農村の貧困層が最も脆弱な土地へ集まるという傾向は，地域・国別の研究からも立証されている。しかしながら，地域や国々の間での重要な違いも存在する。たとえば，世界銀行は東南アジアの三つの最貧国，カ

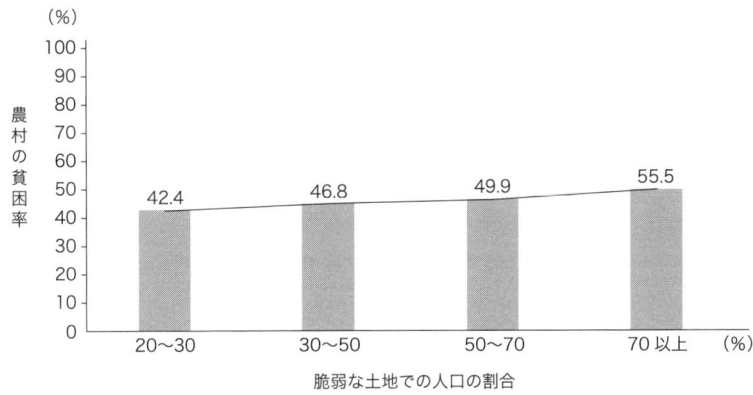

図1.1 発展途上地域における農村での貧困層の立地

___ 注

発展途上地域とはアフリカ，ラテン・アメリカ，アジア，そしてオセアニアの低所得または中所得国を意味する。

これは，World Bank（2006）による定義（2003年度の1人当たり総国民所得（GNI）が9385ドル以下の国）に基づいている。

農村部における貧困層の人口割合もまた，World Bank（2006）から用いたデータである。

脆弱な土地での人口の割合は，World Bank（2002）からである。

観察された数は60カ国であり，そのうち24カ国が脆弱な土地での人口率が20～30％，29カ国が30～50％，5カ国が50～70％，そして2カ国が70％以上である。

すべての国の農村での貧困率は，平均値45.3％であり，また中央値43.1％である。

___ 出典

World Development Indicators 2006, Washington, DC, World Bank.
World Development Report 2003, Washington, DC, World Bank.

ンボジア，ラオス，そしてベトナムで貧困と環境の関係を研究した___17。カンボジアでは，農村地域で中心となる貧困層が，激しく森林伐採された地域に住み着く一方で，急な斜面の土地よりもむしろ低地に集中する傾向もある。ラオスでは，北と北東の最貧困地域における農村の貧困率が最も高く，彼らは樹木に覆われた地域や高地に集まっている。ベトナムでは，急な斜面の北または中央の高地を中心とした地域に多くの貧困層が暮ら

している。しかし，農村の貧困は北の中央沿岸やソンコイ川デルタ地帯に沿って広く確認されている。

発展途上国全体では，都市人口の急速な拡大が農村人口の増加を追い越している。2007年には，発展途上国全体の人口の約44％に当たる23億8000万人が都市で生活している[18]。2019年までに，人口の半数が都市で生活するようになり，そして2050年までに53億3000万人（約67％）が都市に住むことになると予測されている。この急速な都市化により，都市での生活者が過密や汚染と，エネルギーや水，そして原材料需要の増加といった問題に直面することになる。このような環境問題は先進国が直面してきたものと同様ではあるが，発展途上国の都市人口増加のペースと規模はさらに激しく，健康と福祉により深刻な影響をもたらすであろう。

また，発展途上国の貧困層は特に，水資源あるいは水質問題に直面している。発展途上国全体で5人に1人は十分にきれいな水を利用することができず，また世界人口の約半分である26億人は最低限の衛生設備も利用できていない。そのうち，衛生設備を利用できない6.6億人以上の人々が1日2ドル以下で生活をしており，3億8500万人以上の人々は1日1ドル以下で生活をしている[19]。

水への高まる需要に対して供給は不足し，発展途上地域の何百万人という貧困層がきれいな水や衛生設備を利用できないために，もう一つの今はまだ明確に認識されていない地球規模での問題が引き起こされている。それは新しい水危機である。

総じて，このような地球規模での経済的・環境的な課題が先進国経済の維持を困難にし，発展途上国全体がミレニアム開発目標（MDGs）を達成することを制限している。

つまり，2008, 2009年の世界的な景気後退には，一連の重なり合う地球規模での危機がはまり込んでいるのである。一方では，1930年の大恐慌以来，最も顕著な景気後退である現在の世界経済，貿易，そして雇用の収

縮がある。しかしながら，われわれはそれより優先される地球規模での経済的・環境的な課題から目を背けるべきではない。そして，これらの問題は，もしわれわれが速やかに取り組まなければ，再び登場してくるであろう。ある程度までならこの世界的な景気後退は，エネルギー安全保障や温室効果ガス排出増加のようないくつかの問題について一時的な猶予を与えるかもしれない。しかしこの景気後退は，世界の貧困層を増やし，また気候変動，生態系の破壊，そして食糧・燃料危機に対する貧困層の脆弱さを高めてしまうため，質的にも量的にも世界的な貧困を悪化させることになるであろう。

グリーン投資とG20

今まで見てきたように，2009年4月2日のロンドン・サミットにおいてG20の首脳達は，「クリーン革新的，資源効率的でかつ低炭素型の技術およびインフラへの移行を行い，すべての人々に公平で持続可能な世界経済の回復を保証する」という公約を強調した。

Box1.1で示されたように，この目標の達成に向けて，炭素依存の低減，景気回復の強化，そして雇用創出のため，景気対策に「グリーン」投資を含めた取り組みを始めた国がある。アメリカの景気回復計画では，次の2年間にわたりGDPの0.7％に等しいグリーン投資が含まれており，200万人の雇用を創出することが予想されている。韓国のグリーン・ニューディール計画の規模はGDPの約3％に等しく，2012年までに96万人の新たな雇用を生み出すと予想される。中国の景気対策の3分の1以上は，エネルギー利用の効率化や環境保護，鉄道輸送と次世代電力網のインフラに向けられている。他方，イギリスは景気対策の約11％をグリーン投資に充て，今後8年間で40万人の新たな雇用を生み出すことを目標としている。

Box1.1からもわかるように，各国の取り組みは期待がもてる出だしであるのかもしれない。しかし，それらは「グリーンな景気回復」への世界的な取り組みとしては不十分である。総額約3兆ドルとなる世界の景気対策の

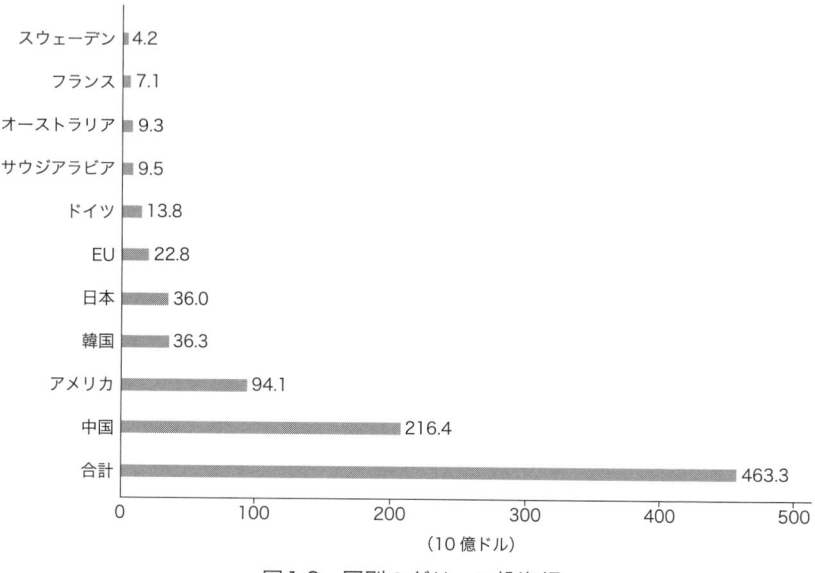

図1.2 国別のグリーン投資額

注
Box1.1に基づき、グリーン投資額の上位10カ国・地域を示している。

うち、4600億ドル以上はグリーン投資として支出され、その大部分はG20によるものであるが、2009年7月1日現在、G20諸国による総額2.7兆ドルの景気対策のうち約17％のみが低炭素化、エネルギー利用の効率化、あるいは環境保護に充てられているにすぎない。つまり、グリーン投資は、G20諸国でのGDP総計の約0.7％にしか達していない。

また、G20のあらゆる国が景気対策としてグリーン投資をしているわけではない。図1.2が示すように、アメリカと中国の二カ国だけで、世界のグリーン投資の3分の2以上の規模に達する。世界最大の経済であるEUは、グリーンな景気回復への取り組みに実質的にはあまり関わらなかった。フランス、ドイツ、スウェーデン、そしてイギリスなどの主要なヨーロッパ経済は、オーストラリア、日本、そして韓国等の主要なアジア・太平洋経済よりもグリーン投資に対して積極的ではなかった。ブラジル、イン

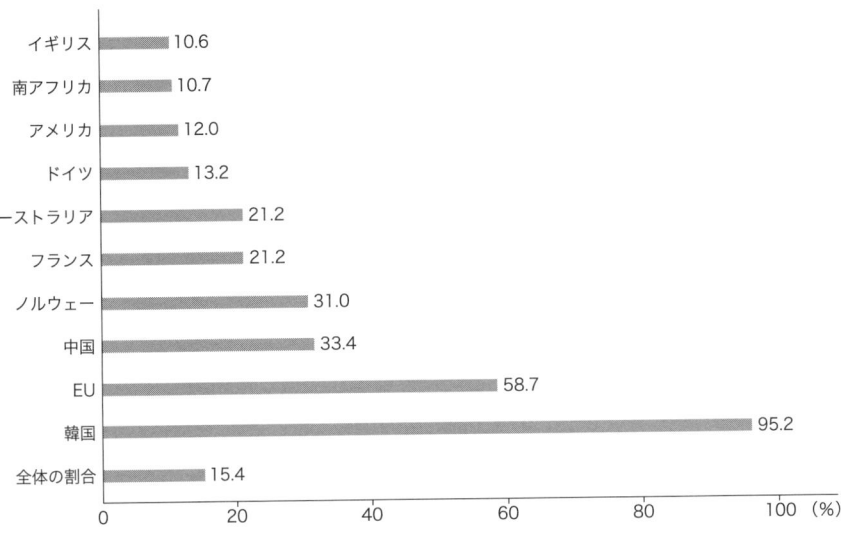

図1.3 景気対策に占めるグリーン投資の割合

___注
Box1.1に基づいており,景気対策に占めるグリーン投資の割合による上位10カ国・地域を示している。

ド,そしてロシアのような大きな新興市場経済は,グリーン投資へ資金を割く公約をしていなかった(Box1.1を参照)。

さらに図1.3が示すように,世界のグリーン投資は,景気対策の約15%を占めている。しかし,国別でみると,景気対策の中で十分な額をグリーン投資に振り分けていた経済はわずかであった。最も注目すべき国は韓国であり,グリーン・ニューディール計画が景気対策のほぼすべてを占めている。中国は現在,グリーン投資に景気対策の約3分の1を振り分けている。ヨーロッパ景気回復計画の下でのEUによる景気対策のうち50%以上は,グリーン投資に直接向けられている。しかし,図1.2で示されるように,アメリカと比較すると,この投資の規模は小さい。アメリカ再生・再投資法におけるグリーン投資は12%だけだが,それは大規模なものであった。結局,G20のほとんどの国はグリーン投資に対して多くの金額を配分

導入:危機からの好機 27

することには控えめであった。

　結果としてBox1.1で示されたように，G20によるグリーン投資は，現在の景気後退の期間でGDPの0.7％以下である。韓国や中国によるGDPの3％に達する大規模なグリーン投資は例外的である。

　したがって，G20が2009年4月に公式発表で約束した世界経済の「グリーンな」景気回復に取り組む見込みはないといえる。また，グリーン投資はそれ自体，経済に対してどれほどの大きな影響を与えることができるのかは疑わしい。なぜならば，効果的な環境への価格政策・規制が行われず，また化石燃料補助金やその他の市場の歪みがある経済では，グリーンな分野への公共・民間投資を促す動機が小さいためである。さらに，G20諸国によるグリーン投資は主に自国の経済に向けられたものである。世界的な景気後退による貧困や環境問題の悪化が予想される発展途上経済への援助にはほとんど充てられていない。また，各国のグリーン投資が主要な経済間で協調されず，G20内の少数の国のみで行われ，また経済の大きさに比べて小規模なものにとどまるならば，この対策は生態系の破壊，気候変動，エネルギー安全保障といった地球規模の問題にはあまり効果をもたないであろう。

　したがって，もしG20が「持続可能な経済を構築するためのさらなる対策」について真剣に考えているならば，そのための追加的な戦略や政策を採用するだけではなく，これらの対策を実施する時期について協調し，また協働して実行するべきである。G20による総合的で協調的な取り組みがなぜ必要なのかを理解するため，以下では「いつも通りの成長」が引き起こす脅威について触れ，経済の復興を「再考する」上で，GGNDが重要な代替案となる理由についても簡潔に述べる。

いつも通りの成長

　世界経済が「いつも通りの成長」路線に沿って景気回復した場合，将来の地球規模での環境および経済的な危機を回避することを困難にするいく

つかの兆しがみられる。

　現在のように化石燃料に依存したまま世界経済の成長が再開すれば，原油価格は相当上昇するであろう。たとえば，国際エネルギー機関（IEA）は，世界のエネルギーに対する需要が2030年には45％増加し，それによって化石燃料の実質的な価格が相当上がるとしている。また，ひとたび成長が再開すれば，原油価格は1バレル当たり180ドルまで上昇する傾向があると予想している[20]。

　この化石燃料の価格上昇は，世界経済全体に影響をもたらすが，特に貧困層に対して大きな影響をもたらすであろう。2008年の燃料価格の上昇は，発展途上経済の人々に対して，値上がりしたエネルギーには4000億ドル，またより高価になった食糧には2400億ドルを負担させている。燃料価格の上昇に伴う食糧価格の引き上げは，世界の貧困層の数を1億3000万〜1億5000万人まで増やした[21]。同様に，エネルギー価格の引き上げは，世界的なエネルギー貧困の問題をますます悪化させるだろう。発展途上経済の何十億という人々は近代のエネルギー・サービスを利用することができず，利用できる人々は不安定で信頼できないサービスに対して高い料金を支払っている。エネルギー貧困層には，サハラ砂漠以南のアフリカ人口の89％を含む，料理や暖房に伝統的なバイオマス燃料に依存する24億の人々がおり，他にも電気を利用できない16億の人々がいる[22]。

　たとえエネルギーに対する需要が2030年まで変わらないとしても，油田の減少と相殺されるために，世界全体で1日当たり4億5000万バレルの生産能力が必要であり，その量は現在のサウジアラビアの生産能力の約4倍に等しい[23]。しかし，「いつも通りの成長」路線に沿った世界経済の景気回復の場合，エネルギー価格の上昇にもかかわらず化石燃料に対する需要が変わらないままである可能性は低い。先に述べたように，国際エネルギー機関は2030年に世界のエネルギー需要が45％増加すると予想している[24]。化石燃料消費の増加は，炭素に依存している経済にとってエネルギー安全保障への懸念をさらに高めるが，それは少数の国による石油備蓄の集中増加，石油供給中断のリスク，輸送分野によるエネルギー使用の増

加,そして高まっている石油需要のペースに合わない不十分な供給能力の拡大を原因としている__25。

化石燃料の消費を活発化させる世界経済の景気回復は,地球温暖化にも拍車をかけるであろう。現在の傾向からすると,温室効果ガスの排出は2030年には45%増加して41ギガトンになり,それは中国,インド,そして中東による増加の約75%に相当する__26。国際エネルギー機関は,世界経済の炭素依存に変化がなければ,温室効果ガスの大気への濃縮が今世紀末には2倍となり,結果的に世界の平均気温を6℃上昇させると警告している__27。そのようなシナリオは,0.26〜0.59メートルの海水面上昇を引き起こし,水資源の利用,生態系,食糧生産,沿岸人口,そして人間の健康を容赦なく崩壊させる可能性がある__28。スターン・レビューによれば,5〜6℃の温暖化は,世界経済に対して世界GDPの5〜10%に等しい損失を与え,貧困国に対してGDPの10%以上の損失を与えるという__29。

世界の貧困層は特に,海水面の上昇,海岸の浸食,そして頻繁な嵐により引き起こされる気候変動のリスクに対して弱い立場にある。発展途上国の人口の約14%,あるいは都市居住者の21%は海抜が低い沿岸地帯で暮らしているため,そのようなリスクにさらされやすい__30。2070年代には,1.5億人の都市居住者が沿岸洪水が極度に起きやすい地域で暮らしていると考えられる__31。貧しい農民から都市のスラム街の居住者まで何十億人の生活が,気候変動が引き起こす広範なリスクに脅かされており,それは食糧の安定供給,水の利用機会,自然災害,生態系の安定化,そして人間の健康に影響を与える__32。たとえばBox1.1と図1.1で示されたように,発展途上地域の農村の貧困層は,環境の悪化が激しく,水ストレス状態にあり,そしてやせている脆弱な土地に集中する傾向がある。

世界の生態系や水資源もまた,環境悪化を無視した景気回復により危険にさらされる。先に議論したように,過去半世紀にわたる世界経済の動向と人口増加が,水資源,漁業,大気や水の浄化,そして局地気候,自然災害や疫病の調節などを含む生態系のもたらす主要なサービスを破壊し,また世界的に持続可能な利用を妨げるとするミレニアム生態系評価はその警告

の一つである__33。世界経済がいつも通りの成長に戻れば，恐らくこれらの生態系の破壊傾向は続いてしまうであろう。

　また，発展途上地域の貧困層には不相応な影響が生じる可能性もある。たとえば，世界的な水資源の不足はそれ自体世界の貧困層にとっては水貧困の問題をもたらす。それは，発展途上国の最貧困層が直面する，十分にきれいな水や最低限の衛生設備を利用することができないという最大の健康上または経済上の問題である__34。もし世界的な景気回復が世界的な水資源の不足から生じた新しい問題に取り組まないか，あるいは問題をさらに悪化させてしまうならば，世界の貧困層はますますきれいな水や衛生設備を利用する機会を改善することができなくなるであろう。

　結果的に，いつも通りの成長が世界的な貧困を相当減らせるという主張さえ疑わしいものとなる。現在の景気後退は多くの人々を極度の貧困に追いやってしまうが，いつも通りの成長に戻ることが必ずしも世界的な貧困の削減につながるとは言えない。実際，1981年から2005年までの間に，極度の貧困層は19億人から14億人へ減少した__35。しかしながら，いつも通りの成長の再開は，その後10年間に急速な貧困の削減をもたらす可能性はない。先に述べたように，現在の世界的な景気後退以前でさえ，2015年までに1日1ドル以下で生活する人が約10億，1日2ドル以下で生活する人が約30億存在すると予測されていた__36。この貧困層の生活を改善することは，いつも通りの成長シナリオでは手に負えない問題である。今まで見てきたように，一つの理由としては，多くの貧困層が住んでいる地域や生活の仕方に関することである。一般的に，発展途上地域の都市で暮らす貧困層の約2倍が農村で暮らしている__37。さらに，Box1.2で示されたように，現在，農村の貧困層の6億人以上は，劣化し水ストレスの傾向がある土地や，高地，森林，また気候や生態上の崩壊に対して脆弱な土地で暮らしている。エネルギー・水貧困，気候変動，そして生態系の破壊といった問題に正面から取り組まない世界経済の復興は，世界の多くの貧困層の生活を改善することにたいした影響を与えないであろう。

グローバル・グリーン・ニューディール

　世界経済の復興と雇用創出という短期的な課題を達成することは，長期的な経済や環境の持続可能性の達成を必ずしも意味するわけではない。当面の世界的な景気回復や雇用創出のために行われる政策，投資，そしてさまざまな動機付けは，世界経済の炭素依存の低減，脆弱な生態系の保護，そして貧困の緩和等と両立するように注意深く計画されるべきである。後者の目標を無視するならば，世界経済の「一時的な解決」は可能であるが，長期的には経済は不安定なものとなり，そして環境破壊が続くことになる。

　本書で前提となっているのは，現在の経済危機に対して各国政府が協働して世界的な景気回復を行うことである。現在の世界的な景気後退に対する経済政策についての国際的な協調は，2008年と2009年のワシントンとロンドンでのG20サミットにおける最も重要な成果である。主要な世界経済による国際的な政策協調の進展は，その他の重要な経済，社会，そして環境の課題に取り組むためにも必要である。

　短期的な景気回復と地球規模での課題の両方に取り組むために，世界経済の主導者達には大胆な対策が必要とされるだろう。75年前，大恐慌という困難な時期に，アメリカ大統領フランクリン・ルーズベルトは，雇用と社会保障を与え，税制度と職業慣習を改革し，さらに経済に刺激を与えるといった一連の広範な計画に着手した。ルーズベルトのニューディールの下で行われた計画は短期間で実行され，その投資の規模は，この期間でのアメリカのGDPの約3〜4%に等しく，それは充分に大規模なものであった。そのため，アメリカ経済だけでなく世界経済の構造にも影響を与えた。

　今日世界が直面している複数の危機に対しては，1930年代のルーズベルトのニューディールの時と同様に政府の積極的な介入が必要とされるが，しかし今回の場合には世界的な規模で，より広範囲な視野が必要とされる。

世界経済を復興させるためには，従来と同様の経済発展をただ繰り返すことはやめるべきである。経済成長と雇用機会を促進させるだけではなく，世界経済をより環境的に持続可能な路線へと移行させるような新しくて大胆な方法を考えなければならない。景気回復には，「グリーンな」世界経済が必要なのであり，古い「ブラウンな」経済を再建する必要はない。先進国は，炭素依存と環境への影響を軽減するという観点で経済を再構築することが実現可能であることを示し，同時に経済的な繁栄を回復させることを目標とすべきである。発展途上国は，より持続可能な経済への移行が同時にミレニアム開発目標を達成する一助となることを保証することを目標とすべきである。経済学者ジェフェリー・サックスが言うように，われわれは2025年までに極度の貧困を終結させるという世界的な目標を見失ってはいけないのである__[38]。

　つまり，世界が今日緊急に必要としているのは，景気回復を促して雇用機会を生み出すために公共支出を増やすことではない。たとえ現在の景気後退の間に約3兆ドルの景気対策が行われてきたとしても，そのような対策は必要ではあるが十分ではない。その代わりに必要とされるのが，複数の地球規模の課題に対応するための新しい「グローバル・グリーン・ニューディール」なのである。

　したがって，GGNDを構成する政策，投資，そして動機付けの組み合せは，三つの主要な目標をもたなければならない。

・世界経済の復興，雇用機会の創出，そして脆弱な貧困層の保護
・炭素依存の低減，生態系の保護，そして水資源の保全
・2025年までに極度の貧困を終わらせるというミレニアム開発目標の推進__[39]

　これらの目標を達成するためには，各国政府による取り組みだけでなく，国際的な協調や追加的な取り組みが必要である。上述したように，G20諸国の中にはグリーン投資を開始している国もあるが，それだけでは

GGNDは機能しない。しかしながら,もし世界が一致団結して協調できるならば,今後2,3年でGGNDを実現することもできるであろう。

　GGNDの目標は,世界経済を復興し,また新しい発展の形を生み出すことにある。その新しい経済発展は,環境の損害と環境資源の利用を抑え,21世紀の技術のために労働者を育成し,新たな雇用機会を生み出し,あらゆる経済の炭素依存を低減させることに基づいたものとなる。そのために必要な投資あるいは支出の規模は大きくなり,そしてそのような対策を実施する期間は短いものとなる。現在の景気後退の局面にもかかわらず,今がGGNDを実行するのに適当な時期なのである。

　近代の歴史において他の時では,先に挙げた三つの基本的な目標を達成するための総合対策について世界的な意見の一致を得ることはできないであろう。本書の目的は,GGNDがどのようなものかという政策議論のための枠組みや「青写真」を示すことにある。

　したがって,本書はGGNDを進展させる過程の最初の段階と見なすことができる。この政策構想の広範な側面を組み立て,そして可能な限り重要な事例や説明を加えるために,どうしても詳細は限られてしまうが,本書の焦点は主に特定の政策提案を展開し議論することにある。

　本書の構成は,次の通りである。

　第Ⅰ部では,GGNDが世界経済の経済的,または環境的な持続可能性のためになぜ必要なのかを論じている。

　第Ⅱ部では,各国政府による取り組みの基礎として,GGNDの重要な要件を概観する。そこでは,その取り組みのための広範な政策構想の要点が述べられ,その具体策が持続可能で「よりグリーンな」景気回復に及ぼす影響という点で評価される。主にOECD諸国のような高所得経済,巨大な新興市場経済(たとえば,ブラジル,中国,インド,またはロシアなどを含む移行経済や中所得経済),そして低所得経済が直面する課題や取り組みは異なるが,それらすべてを特定した上で議論していく——40。

　第Ⅲ部では,各国政府がGGNDを実現する際に直面する課題を克服し,そしてそのような政策から得られる経済的な便益を維持し高めていくため

に必要な国際的な取り組みに焦点を当てる。特に，新興市場・低所得経済が経済発展を加速し，貿易機会を拡大し，そして広範な貧困を軽減しようと試みる時に直面する制限に注目する。

　第Ⅳ部では，GGNDが示す国内や国際的な取り組みのための主要な見解や提案を要約し，雇用機会の創出，技術革新の誘発，財政赤字の克服，そして世界経済の再構築のために提案された政策のより広範な意義について論じ，本書を結論づける。そして最後は，将来のために真に「よりグリーンな」世界経済を生むための課題や好機に注目する。

―――注

1 ___ World Bank (2009), Global Economic Prospects 2009: Commodities at the Crossroads, Washington, DC, World Bank. と United Nations (2009), World Economic Situation and Prospects 2009, New York, United Nations.

2 ___ International Labor Organization (2009), Global Employment Trends: Update, May 2009, Geneva, International Labor Organization.

3 ___ International Monetary Fund (2009), World Economic Outlook: Update, Washington, DC, International Monetary Fund.

4 ___ International Labor Organization (2004), World Employment Report 2004-05, Geneva, International Labor Organization. での，2015年に1日当たり1ドルか2ドルで生活している世界人口の割合の予測に，United Nations (2007), World Population Prospects: The 2006 Revision, New York, United Nations. と "World urbanization prospects: the 2005 revision." での，世界人口の2015年の中程度の予測に基づいている。1981年から2015年までの地球規模での貧困動向の包括的な分析については，Chen, Shaohua and Martin Revallion (2008), The Developing World is Poorer than We Thought, but No Less Successful in the Fight against Poverty, Policy Research Working Paper no. 4703, Washington, DC, World Bank. を参照。

5 ___ World Bank (2008), "Global financial crisis and the implications of developing countries." は，11月8日に行われたブラジル・サンパウロでのG20財務相会合のために用意された論文である。

6 ___ G20メンバーには，19の国（アルゼンチン，オーストラリア，ブラジル，カナダ，中国，フランス，ドイツ，インド，インドネシア，イタリア，日本，メキシコ，ロシア，サウジアラビア，南アフリカ，韓国，トルコ，イギリス，そしてアメリカ）とEUが含まれる。

7 ___ 2008年11月11日のG20サミットに関する見解については，Rao, P.K (2009), "Moving toward the next G20 summit," Global Economy Journal, 9 (1), article 4 (www.bepress.com/gej/vol9/iss1/4で入手可能) を参照。

8 ___ the US Central Intelligence Agency, "The world fact book." (www.cia.gov/

library/publications/the-world-factbook/rankorder/2001rank.html. で入手可能）からの，購買力平価で測定された2007年のGDPに基づいている。2007年における世界全体のGDPは65兆6100億ドルと推計され，EU全体は14兆4300億ドル，アメリカは13兆7800億ドル，そして中国は7兆990億ドルと推計される。本書全体を通して，2007年のGDPが基準として用いられている。というのも，現在の地球規模での景気後退は2007年12月に始まったと広く認識されているためである。

9 ___ さらに，2008年10月のアメリカの緊急経済安定化法では，1850億ドルの減税・貸付が行われ，それには風力，太陽光，そして炭素回収・隔離に対する182億ドルの投資も含まれている。2010年または2011年の連邦予算は追加的に94億ドルを，高速道路への州補助金制度とクリーンな水への投資とに配分した。詳細については，Robins, Nick, Robert Clover and Charanjit Singh (2009), Building a Green Recovery, New York, HSBC, Global Research. を参照。

10 ___ International Energy Agency (2008), World Energy Outlook 2008, Paris, International Energy Agency.

11 ___ IPCC (2007), Climate Change 2007: Synthesis Report. Report of the Intergovernmental Panel on Climate Change, Geneva, IPCC.

12 ___ Nicholls, R. J., S. Hanson, C. Herweijer, N. Patmore, S. Hallegatte, Jan Corfee-Morlot, Jean Chateua and R. Muir-Wood (2007), Ranking of the World's Cities Most Exposed to Coastal Flooding Today and in the Future: Excecutive Summary, Paris, Organization for Economic Co-operation and Development. 洪水にさらされる人々という点での上位10都市は，ムンバイ，広州，上海，マイアミ，ホーチミン市，コルカタ，グレーターニューヨーク，大阪—神戸，アレクサンドリア，そしてニューオリンズである。

13 ___ Millennium Ecosystem Assessment (2005), Ecosystems and Human Well-being: Current State and Trends, Washington, DC, Island Press.

14 ___ OECD (2008), Costs of Inaction on Key Environmental Challenges, Paris, Organization for Economic Co-operation and Development. United Nations Development Programme (2008), Human Development Report 2007/2008: Fighting Climate Change: Human Solidarity in a Divided World, New York, United Nations Development Programme. Sukhdev, Pavan (2008), The Economics of Ecosystems and Biodiversity: An Interim Report, Brussels, European Communities.

15 ___ World Bank (2002), World Development Report 2003: Sustainable Development in a Dynamic World: Transforming Institutions, Growth and Quality of Life, Washington, DC, World Bank: 59. また，Comprehensive Assessment of Water Management in Agriculture (2007), Water for Food, Water for Life: A Comprehensive Assessment of Water Management in Agriculture, London, Earthscan, and Colombo, Sri Lanka, International Water Management Institute. も参照。

16 ___ World Bank (2002).

17 ___ Dasgupta, Susmita, Ume Deichmann, Craig Meisner and David Wheeler (2005), "Where is the poverty-environment nexus? Evidence from Cambodia, Lao PDR, and Vietnam," World Development 33 (4): 617-38. Minot, Nicholas, and Bob Baulch (2002), The Spatial Distribution of Poverty in Vietnam and the

Potential for Targeting, Policy Research Working Paper no. 2829, Washington, DC, World Bank.

18 ___ United Nations, "World urbanization prospects: the 2007 revision, executive summary," は http://esa.un.org/unup で入手可能である。

19 ___ United Nations Development Programme (2006), Human Development Report 2006: Beyond Scarcity: Power, Poverty and the Global Water Crisis, New York, United Nations Development Programme.

20 ___ International Energy Agency (2008)(注10参照)

21 ___ World Bank (2009). (注1参照)

22 ___ Modi, Vijay, Susan Mcdade, Dominique Lallement and Jamal Saghir (2005), Energy Services for the Millennium Development Goals, Washington, DC, World Bank, and New York, United Nations Development Programme.

23 ___ International Energy Agency (2008)(注10参照)

24 ___ International Energy Agency (2008)(注10参照)

25 ___ International Energy Agency (2007), Oil Supply Security 2007: Emergency Response of IEA Countries, Paris, International Energy Agency.

26 ___ International Energy Agency (2008)(注10参照)

27 ___ International Energy Agency (2008)(注10参照)

28 ___ IPCC (2007)(注11参照)

29 ___ Stern, Nicholas (2007), The Economics of Climate Change: The Stern Review, Cambridge, Cambridge University Press. スターン・レビューでの気候変動の経済的損失に関する推計は広く引用されるが，リチャード・トルが示したように，その推計はどれも割引率や公平性の加重値の選択により影響を受け，さらに大きな不確実性に左右される。Tol, Richard S. J. (2008), "The social costs of carbon: trends, outliers and catastrophes," Economics: The Open-access, Open-assessment E-journal 2 (2008-25), (www.economics-ejournal.org/economics/journalarticles/2008-25 で入手可能である) を参照。たとえばトルは，スターン・レビューの推計が将来の被害について低い割引率を用いる他の研究と比較しても，非常に悲観主義である，ということを見出した。

30 ___ McGranahan, G., D. Balk, D. Anderson and B. Anderson (2007), "The rising tide: assessing the risks of climate change and human settlements in low elevation coastal zones," Environment and Urbanization 19 (1): 17-37.

31 ___ Nicholls, R. J., S. Hanson, C. Herweijer, N. Patmore, S. Hallegatte, Jan Corfee-Morlot, Jean Chateua and R. Muir-Wood (2007)(注12参照)

32 ___ OECD (2008). また，United Nations Development Programme (2008). そして，Sukhdev, Pavan (2008)(注15参照)

33 ___ Millennium Ecosystem Assessment (2005)(注13参照)

34 ___ United Nations Development Programme (2006)(注19参照)

35 ___ Chen, Shaohua and Martin Revallion (2008)(注3参照)

36 ___ International Labor Organization (2004)(注3参照)での1日当たり1ドルまたは2ドルで生活を行っている世界人口の割合の2015年の予測と，United Nations (2006).(注19参照)での世界人口の2015年の中位の予測に基づく。

37 ___ Chen, Shaohua, and Martin Ravallion (2007), "Absolute poverty measures

for the developing world, 1981-2004," Proceedings of the National Academy of Sciences, 104 (43): 16757-62. チェンとラヴァリオンは，2002年に農村人口の30％が1日1ドル以下で生活しているが，それは都市貧困率の倍以上であり，農村人口の70％が1日2ドル以下で生活しているが，都市での割合は半分以下である，ということに注目した。

38 ___ Sachs, Jeffery D. (2005), The End of Poverty: Economic Possibilities for Our Time, New York, Penguin Books.

39 ___ 国連によりもともと定められていた目標は2015年であった。しかし，現在のグローバルな景気後退と上述したその世界的貧困への影響下では，現実的な期限は2025年である。

40 ___ World Bank (2008), World Development Indicators 2008, Washington, DC, World Bank.によれば，高所得経済は2006年の1人当たり総国民所得が1万1116ドル以上の経済である。対照的に，低所得または中所得経済は，2006年の1人当たり総国民所得が1万1115ドル以下の経済であった。ほとんどの高所得経済はOECDを構成する国々からなっている。現在のOECD諸国は，ヨーロッパからは，オーストリア，ベルギー，チェコ共和国，デンマーク，フィンランド，フランス，ドイツ，ギリシア，ハンガリー，アイスランド，アイルランド，イタリア，ルクセンブルク，オランダ，ノルウェー，ポーランド，ポルトガル，スロヴァキア，スペイン，スウェーデン，スイス，トルコ，そしてイギリスである。他の地域からは，オーストラリア，カナダ，日本，メキシコ，ニュージーランド，韓国，そしてアメリカである。しかしながら，ハンガリー，メキシコ，ポーランド，スロヴァキア，そしてトルコのようなOECD諸国のいくつかの国は，世界銀行の高所得経済の定義を満たさない。

第Ⅱ部

グローバル・
グリーン・ニューディールの
重要な要件

今までのわれわれの関心は，グリーン経済の「青写真」を現実にするための政策に関する議論にあった__1。しかし，この2，3年で世界が直面した複数の危機によって，われわれの関心はそのようなグリーン経済の政策構想とこれら複数の危機の短期的な解決策をまとめることに移ってきた。
　2008年に国連は，過去数年にわたる食糧危機を改善するための国際的な対策として，急遽，ハイレベル・タスクフォース(HLTF)を招集した。このハイレベル・タスクフォースは，農業生産や貿易，またはそれらの持続可能性を促進するために，短期，中期，そして長期的な目標の下で国内または国際的に協調して取り組む総合的な計画を立てた。その計画では，食糧援助とその他の栄養上のサポートやセーフティネット・プログラムを実施し，現在，海外開発援助額のうち3％が食糧・農業開発に向けられているが，その割合を5年以内に10％へ高めるため2倍の融資を行うよう援助国側に要請している__2。
　気候変動や化石燃料への依存に対する関心の高まりに反応して，アメリカの政策シンクタンクはバラク・オバマ大統領の新政府に，「低炭素」経済の発展を確実にするための特別な対策を講じるよう促してきた__3。2008年の国連環境計画による年次報告書では，クリーンで再生可能なエネルギーに何十億ドルも投入させるため，環境政策の提案や投資家の誘導を行う企業が世界的に増えてきていることが報告されている__4。「グリーン・ニューディール」は2008年7月という早い時期にイギリスで立案された__5。その後アメリカでも，「グリーンな景気回復」という同様の対策が着手された。オバマ政権により立案され，2009年2月のアメリカ再生・再投資法案として議会を通過し，そしてグリーン投資を促す政策に関する「白書」となった__6。さらに，第1章で述べたように，「グリーン・ニューディール

計画」と名付けられた韓国の総合的な景気対策では，低炭素化事業への多額の投資を優先した。中国もまたグリーン投資としてGDPのほぼ3％に等しい金額を充てている（Box1.1参照）。他のG20政府もまた，景気回復への取り組みの一環として炭素依存の低減に支出を行っている。

各国のこのような対応は，国際社会がグローバル・グリーン・ニューディール（GGND）を受け入れはじめた兆しと見なすことができる。第1章で強調したように，このGGNDを真にグローバルなものにするためには，各国政府が景気回復と雇用創出を促進するだけではなく，炭素依存，環境破壊，そして極度の貧困を減らすという中期目標に沿った短期的な財政政策や他の手段を幅広く採用すべきである。この中期目標を達成するためには，総合的な対策が今後1，2年で早急に採用されなければならない。そしてその効果をあげるためには追加的な投資や計画の規模拡大を計らなければならず，それはG20政府が現在立案している「グリーン投資」より大きい規模でなければならない（Box1.1参照）。

第Ⅱ部では，効果的なGGNDを構築しうる重要な要件についてくわしく説明する。その要件は，次の二つの広範な目標に向けた取り組みに基づいている。

・炭素依存の低減
・生態系の保護

第2章と第3章では，これらの目標達成に向けた国内の取り組みが，景気の回復，雇用の創出，そして脆弱な貧困層の低減という目前の目標も達成できるという点を強調している。各国が採用する政策や投資，動機付けの優先順位は，経済的，環境的，そして社会的な条件により異なるが，成功している取り組みの事例をいくつか挙げる。これらの事例には，すでに採用されているか，または実施される可能性があるものも含まれている。ここで議論される取り組みは，環境的な目標だけでなく，景気の回復，雇用の創出，成長の持続，そして貧困発生の抑制といった経済的な目標の点

でも評価される。

　各国は，経済的，環境的，そして社会的な条件が多種多様であるため，これらの目標の達成に向けて異なる課題に直面することは明らかである。各国が直面する課題やその課題への取り組み方は，三つの経済——OECDを中心とした高所得経済，ブラジル，中国，インド，ロシア等を含む移行経済や中所得経済のような巨大な新興市場経済，そしてGGNDの実施において最も厳しい制限に直面する低所得経済——で大きく異なりそうである。

　第4章では，特に発展途上経済が直面する課題を概観する。第5章では，GGNDを成功させるために必要な国内の取り組みを要約し，韓国が360億ドルをかけたグリーン・ニューディール計画を概観して第Ⅱ部の結論とする。

注
1 ＿＿ この議論について，影響力のある初期の文献は，Pearce, David W., Anil Markandya and Edward B. Barbier (1989), Blueprint for a Green Economy, London, Earthscan.である。10年の回顧的な最新版は，Pearce, David W., and Edward B. Barbier (2000), Blueprint for a Sustainable Economy, London, Earthscan.

2 ＿＿ High-Level Task Force on the Global Food Crisis (2008), Comprehensive Framework for Action, New York, United Nations.

3 ＿＿ たとえば，Podesra, John, Todd Stern, and Kit Batten (2007), Capturing the Energy Opportunity: Creating a Low-carbon Economy, Washington, DC, Center for American Progress. また，Becker, William (2008), The 100 Day Action Plan to Save the Planet: A Climate Crisis Solution for the 44th President, New York, St Martin's Press. さらに，McKibbin, Warwick, and Peter Wilcoxen (2007), "Energy and environmental security," In Brookings Institution, TOP 10 Global Economic Challenges: An Assessment of Global Risks and Priorities, Washington, DC, Brookings Institution: 2-4.

4 ＿＿ United Nations Environmental Programme (2008), UNEP Year Book 2008: An Overview of Our Changing Environment, Geneva, United Nations Environmental Programme.

5 ＿＿ Green New Deal Group (2008), A Green New Deal: Joined-up Policies to Solve the Triple Crunch of the Credit Crisis, Climate Change, and High Oil Prices, London, New Economics Foundation.

6 ＿＿ Pollin, Robert, Heidi Garrett-Peltier, James Heintz and Helen Scharber (2008), Green Recovery: A Program to Create Good Jobs and Start Building a Low-carbon Economy, Washington, DC, Center for American Progress.

2 炭素依存の低減

　グローバル・グリーン・ニューディール（GGND）の重要な要件の一つは，世界全体で炭素依存を低減させることである。

　Box2.1で示されるように，世界の温室効果ガス排出強度は1990年から2005年にかけて低下してきたが，排出量自体は増加している。世界人口の増加，世界経済の成長，そして貧困国の経済発展にともなう化石燃料エネルギーの使用により，温室効果ガスの排出量は2030年まで増加しつづけると予測されている。つまり，今日のような炭素依存型の世界経済による景気回復は，化石燃料への需要をさらに増加させ，温室効果ガスの排出も増加させるであろう。

　2005年の温室効果ガス排出量の上位10カ国は，富裕国（アメリカ，EU，日本，カナダ）か巨大な新興市場経済の国（中国，ロシア，インド，ブラジル，メキシコ，インドネシア）であった。上位10カ国で，世界の温室効果ガス排出量の70％以上を占めている（Box2.1参照）。しかし，この状況は2030年までに変化するであろう。エネルギー使用による排出量は，発展途上経済で2倍以上になり，移行経済で約30％増加し，そしてOECD諸国で17％増加するであろう。2030年までには，発展途上経済がエネルギー使用による温室効果ガス排出量の半分以上を占め，中国は3分の1に達する見込みである。インドやロシアのような他の巨大な新興市場経済の国もまた，世界の温室効果ガス排出量に大きく関わってくるであろう。

Box2.1

温室効果ガスの排出，炭素依存，そして世界経済

　世界経済の持続的な成長の最後の期間となった1990年から2005年にかけて，世界の温室効果ガス排出量は1990年比で約25％増加したが，その増加率は上位10カ国以外の国々のほうが高かったことは注目に値する。

　世界の温室効果ガス排出量の約75％を二酸化炭素が占めており，他の炭素系ガスと合わせると90％以上になるため，経済の炭素依存を表す尺度として温室効果ガス排出量にほぼ等しい二酸化炭素排出量が用いられている。この炭素依存は，経済の温室効果ガス排出強度を反映したものであり，国内総生産（GNP）100万ドル当たりの二酸化炭素排出量で定義されている。ブラジルの例外を除けば，1990年から2005年にかけて上位10カ国すべてが温室効果ガス排出強度を低下させ，なかでも大きかったのは中国，EU，そしてインドであった。しかし残りの国々の温室効果ガス排出強度は約13％までの若干の低下にとどまった。全体として，世界の温室効果ガス排出強度は約20％低下した。

　世界の温室効果ガス排出強度の低下は進んでいるが，このことはすべての国・地域の炭素依存が十分に低減していることを意味しているわけではない。ほとんどの国・地域での温室効果ガス排出量の拡大は2030年まで続くと推測されている。現在，エネルギー分野からの温室効果ガス排出量は世界全体の75％以上を占めており，そのほぼすべてが化石燃料の燃焼によるものである。世界人口が増え，世界経済が成長し，貧しい国々が発展するにつれて，化石燃料によるエネルギー使用の増加は温室効果ガスの排出量を増加させるであろう。したがって，今日のような炭素依存型の世界経済を復活させることは，化石燃料への需要を高め，温室効果ガスの排出量を増やしてしまうだろう。

　炭素依存型の世界経済は，2030年にエネルギー燃焼による温室効果ガスを2005年と比べて約60％多く排出すると予測されている。高所得の

1990年と2005年の温室効果ガス排出量の推移
(100万トン)_a

	1990	2005	変化	年間平均上昇率 (%)	総上昇率 (%)	各国の排出割合 (2005年)
中国	3,593.5	7,219.2	3,625.6	4.8	100.9	18.6
アメリカ	5,975.4	6,963.8	988.4	1.0	16.5	18.0
EU_b	5,394.8	5,047.7	-347.1	-0.4	-6.4	13.0
ロシア	2,940.7	1,960.0	-980.7	-2.7	-33.3	5.1
インド	1,103.7	1,852.9	749.2	3.5	67.9	4.8
日本	1,180.0	1,342.7	162.6	0.9	13.8	3.5
ブラジル	689.9	1,014.1	324.2	2.6	47.0	2.6
カナダ	578.6	731.6	153.0	1.6	26.4	1.9
メキシコ	459.5	629.9	170.4	2.1	37.1	1.6
インドネシア	332.6	594.4	261.8	3.9	78.7	1.5
上位排出10カ国	22,248.7	27,356.3	5,107.6	1.4	23.0	70.6
それ以外	8,456.2	11,369.6	2,913.4	2.0	34.5	29.4
世界全体	30,704.9	38,725.9	8,021.0	1.6	26.1	

注

a　温室効果ガス排出源としての土地利用の変化は除く。2005年の世界全体での温室効果ガス排出は、二酸化炭素（合計の73.6%）、メタン（16.5%）、一酸化窒素（8.5%）、ヒドロフルオロカーボン（1.0%）、パーフルオロカーボン（0.3%）、そして六フッ化硫黄（0.2%）から構成される。

b　EUを形成する全27の経済を含む。2005年、EU内の排出上位3カ国は、ドイツ（9兆7740億トン）、イギリス（6兆3980億トン）、そしてイタリア（5兆6570億トン）であった。

出典

Climate Analysis Indicators Tool (CAIT), version6.0, 2008, produced by the World Resources Institute (WRI), based in Washington, DC.

1990年と2005年の温室効果ガス排出強度の推移
(2000年のGNP100万ドル当たり二酸化炭素排出量)_a

	1990	2005	変化	年間平均上昇率 (%)	総上昇率 (%)
中国	2,869.4	1,353.6	-1,515.8	-4.9	-52.8
アメリカ	751.2	561.7	-189.5	-1.9	-25.2
EU_b	561.5	387.4	-174.2	-2.4	-31.0
ロシア	1,570.2	1,154.4	-415.8	-2.0	-26.5
インド	1,076.6	759.1	-317.5	-2.3	-29.5
日本	368.2	346.9	-21.3	-0.4	-5.8
ブラジル	637.7	640.6	2.8	0.0	0.4
カナダ	774.6	647.4	-127.1	-1.2	-16.4
メキシコ	601.7	536.6	-65.1	-0.8	-10.8
インドネシア	894.9	839.7	-55.2	-0.4	-6.2
上位10の排出国	1,010.6	722.7	-287.9	-2.2	-28.5
それ以外	753.6	656.1	-97.5	-0.9	-12.9
世界全体	882.1	689.4	-192.7	-1.6	-21.8

___ 注

a___ 温室効果ガス排出源としての土地利用の変化は除く。2005年の世界全体での排出量のうち，75.2%はエネルギー分野から，16.7%が農業から，4.9%が工業プロセスから，そして3.8%が廃棄物から生じたものである。エネルギー分野の中では，世界全体の排出量のうち32.6%が発電と発熱から，14.2%が輸送から，13.7%が製造・建設から，10.0%が他の燃料の燃焼から，そして4.6%が一過性の排出から生じたものである。

b___ EUを形成している全27の経済を含む

___ 出典
CAIT, version6.0, 2008.

2005年と2030年の温室効果ガス排出量の推移予測
(100万トン)_a

	2005	2030	変化	年間平均上昇率(%)	総上昇率(%)	排出割合(2030)
世界	26,620	41,905	15,285	1.8	57.4	
OECD諸国	12,838	15,067	2,229	0.6	17.4	36.0
EU	3,944	4,176	232	0.2	5.9	10.0
日本	1,210	1,182	-28	-0.1	-2.3	2.8
アメリカ	5,789	6,891	1,102	0.7	19.0	16.4
移行経済_b	2,538	3,230	692	1.0	27.3	7.7
ロシア	1,528	1,973	445	1.0	29.1	4.7
開発途上経済_c	10,700	22,919	12,219	3.1	114.2	54.7
中国	5,101	11,448	6,347	3.3	124.4	27.3
インド	1,147	3,314	2,167	4.3	188.9	7.9

注
a 国際エネルギー機関によるエネルギー分野からの温室効果ガス排出源のみからの予測である。
b かつてのソビエト連邦と東ヨーロッパの経済である。
c アフリカ,アジア,ラテン・アメリカと中東の低・中所得国である。

出典
CAIT, version6.0, 2008.

OECD諸国で排出は増加するが,それは2005年比で17.4％と高い水準である。日本での排出量は減り,EUでは約6％増加するかもしれない。OECD諸国からの排出増加の大半はアメリカによってもたらされ,それは19％の増加となる。しかし,世界の温室効果ガス排出量の増加の多くは,移行経済や発展途上経済から生じる可能性が高い。2030年までに,発展途上経済で2倍以上になり,それはインドと中国の増加が中心である。移行経済では約30％増加し,それはロシアによりもたらされる。2030年までに中

国の温室効果ガス排出量が世界全体に占める割合は3分の1に近づき、すべての発展途上経済を合わせても排出の大部分を占めるであろう。

　第1章で述べたように、地球温暖化は深刻な結果をもたらす。国際エネルギー機関では、世界経済の炭素依存に変化がなければ、温室効果ガスの大気への濃縮が今世紀末には2倍となり、その結果、世界の平均気温を6℃上昇させると警告している[1]。それは、0.26〜0.59メートルの海水面上昇を引き起こし、水資源の利用、生態系、食糧生産、沿岸部の居住環境、そして人間の健康を容赦なく崩壊させる可能性がある[2]。スターン・レビューによると、5〜6℃の温暖化は、世界GDPの5〜10％に等しい損失をもたらし、貧困国ではGDPの10％以上の損失を与えるという[3]。

　こうした世界経済の炭素依存を低減させることは、地球温暖化を回避するためだけに必要なわけではない。国または世界のエネルギー安全保障を強めるために、化石燃料の使用を減少させることを強調する研究はますます増えてきている。今日の経済が石油危機に対して脆弱であることは広く認められた事実である[4]。国際エネルギー機関の予測では、石油供給中断の危険性が近年高まりつつあり、化石燃料の需要増加、少数の国への石油備蓄集中、輸送分野の石油使用集中、そして供給能力が高まる石油需要のペースに合わないことによって、将来もその危険性は高まりつづけるとしている[5]。この危険性は、主要な油田からの産出が縮小していることによってさらに悪化している。第1章で議論したように、世界の石油備蓄量は将来の石油需要を満たすために十分であるが、この需要が2030年まで変わらないままであるとしても、油田の減少と相殺されるために、現在のサウジアラビアの生産能力の約4倍に相当する1日当たり4500万バレルの生産能力が世界全体で必要である[6]。

　したがって、世界経済の炭素依存の低減は、エネルギー安全保障と気候変動の緩和を達成するという、世界共通の二つの目標を同時に扱うために重要である[7]。

チェコ共和国，フランス，イタリア，オランダ，そしてイギリスといった各国の事例研究でも，もしこれらの経済の炭素依存が十分に低減しないならば，二酸化炭素の排出とエネルギー安全保障はますます悪化すると言われている[8]。化石燃料の輸入依存度は，アジア太平洋地域の小さい島の発展途上経済において100％に達し，中国，インド，インドネシア，フィリピン，タイ，そしてベトナムは最終エネルギー消費の4分の3以上になっている[9]。アジアや他の発展途上経済では，炭素依存が今後高まると，世界の化石燃料供給の中断により大きな危険にさらされるだけでなく，2030年までに世界の温室効果ガスの主要な排出国となることが確実である（Box2.1参照）。

　世界中の極度の貧困層にとっては，エネルギー安全保障や気候変動に対する脆弱さはまったく異なる様相を呈す。発展途上経済の何十億という人々は近代的エネルギー・サービスを利用することができず，また利用できる人々は不安定で信頼できないサービスに対して高い料金を支払っている。サハラ砂漠以南のアフリカ人口の89％を含む発展途上経済のおよそ24億人の人々は，料理や暖房を伝統的なバイオマス燃料に依存しており，約16億人が電力を利用できずにいる[10]。極度の貧困と低い人間開発（生活の質や発展状況）が組み合わさると，世界の貧困層はエネルギー・コストの上昇や気候変動がもたらすリスクに対応できなくなる。

　世界銀行は，過去5年間の石油価格の急激な上昇による世界の食糧価格の高騰が，世界の貧困層に深刻な影響を与えた，としている。たとえば，2005年から2007年までの食糧価格の上昇は，発展途上経済の都市では2.9％，そして農村では2.1％の貧困層の増加をもたらした[11]。第1章で議論したように，発展途上経済の都市貧困層は特に，海水面上昇，沿岸部侵食，そしてますます頻繁になる嵐などの気候変動が引き起こすリスクにさらされている。発展途上国の全人口の約14％，都市居住者の21％は，特にこれらのリスクに脆弱な低地の沿岸地域で暮らしている[12]。Box2.2では，広範な気候変動が引き起こすリスクに対する発展途上国の数十億人の貧困層の脆弱さをまとめた。

Box2.2

気候変動が引き起こす影響に対する
世界の貧困層の脆弱さ

　国連開発計画は，世界の貧困層の生活への気候変動が引き起こす厳しい影響の5つの主要な伝達経路を確定した。

気候変動が貧困層に与える影響とその伝達経路

伝達経路	気候変動の物理的影響	脆弱な人々への影響
農業生産と食糧安全保障	脆弱な地域での農業のための降雨・気温・水の利用可能性への影響	サハラ砂漠以南のアフリカで，干ばつの影響を受ける地域が，2060年までに6億から9億ヘクタールに拡大／すべての発展途上諸国で2080年までに農業生産が落ち込む／地球規模で栄養失調が2080年までに60億人に増加
水ストレスと水不安定	雨水のパターンや氷河融解の変化は灌漑のための水の利用可能性や人間の定住に影響	現状に加えてさらに18億人が2080年までに水不足の環境で生活
海水面上昇と気候災害	海水面は氷床崩壊の加速とともに急速に上昇。海水温上昇はより強烈な熱帯暴風を引き起こす	バングラデシュの7000万人，ベトナムの2200万人，エジプトの600万人，そしてカリブ海や太平洋の小さな島を含む3億3000万人が氾濫により強制退去／3億4400万人が破壊的な熱帯低気圧を経験／脆弱な斜面や洪水が起きやすい川岸がある都会の貧民街に現在住む10億人が，激しい災害に直面
生態系と生物多様性	サンゴ礁の約半分は，地球温暖化による脱色を被る。海の酸性度上昇が，海の生態系の長期的な脅威になる。3℃の温暖化により，20から30％の地球上の種が絶滅に直面する	脆弱な斜面や洪水が起きやすい川岸がある都会の貧民街に現在住む10億人が，生態系と生物多様性の危機に直面／発展途上地域の脆弱な環境で暮らす13億人の農村貧困層が，経済的にかなりの影響を受ける
人間の健康	主要な災害は拡散する	現状に加えてさらに2億2000万人から4億人がマラリアに感染し，またデング熱も拡大

____ 出典
UNDP（2008），Human Development Report 2007/2008: Fighting Climate Change: Human Solidarity in a Divided World, New York, UNDP.

　低炭素型の世界経済への移行は，ただ単にエネルギー安全保障と気候変動に対して高まる懸念を払拭するために必要なのではなく，世界の貧困層の生活の質を改善し発展させるためにも避けて通ることができないのである。
　今後2，3年でGGNDが実施されれば，世界経済を，これらの目標を達成する発展路線へ移行させることができる。そして同時に，短期的な景気回復を促し，世界全体で数百万人の雇用を創出することができる。これら複数の目標を達成していくためには，主要な5つの領域での取り組みをいっせいに進展させることが必要となる。

・エネルギー利用の効率化と省エネルギーの促進
・「クリーンエネルギー」供給の拡大
・持続可能な交通システムの推進
・キャップ・アンド・トレードや炭素税など，炭素使用を抑える政策の採用
・照明や料理のための熱など，世界の貧困層が利用しやすく持続可能なエネルギー・サービスの増加

　本章の残りでは，これらの領域で各国政府が行っているさまざまな取り組み例を見ていく。そこで次の節では，世界経済を構成する主要な三つの国，中国，EU，そしてアメリカの炭素依存を劇的に変えさせる総合対策について再検討する。世界のGDPで半分以上を占めるこれら三つの経済の事例から，このような計画の実施が新たな経済分野を刺激し，熟練労働者の需要を増加し，そして雇用を創出することを示す。その結果，景気回復を後押しし，成長を持続可能なものにする。また，他の国でも同様の対策を実施する可能性を議論する。その次の節では，低炭素対策の重要な要件

の一つとして，持続可能な交通システムの推進への取り組みについて考察する。

低炭素経済の創出

　中国，アメリカ，そしてEUによる温室効果ガス排出量を合わせると，世界の温室効果ガス排出量の半分に達する。そして2030年になっても，これら三つの経済は依然として最も大きな排出源でありつづけるだろう（Box2.1参照）。中国，EU，そしてアメリカが炭素依存を低減することは，GGNDがこれら三つの経済の取り組みだけに頼るわけではないが，明らかに世界経済を低炭素型の発展路線へ移行させるのに重大な影響力をもつであろう。また多くの提言や研究が，これら三つの経済が化石燃料エネルギーの使用と温室効果ガスの排出を減らすことは十分に可能であり，同時に新たな経済分野や雇用機会の創出も不可能ではないことを示している。他のOECD諸国や大きな市場経済，特に世界の温室効果ガス排出に大きく関与している国は，中国，EU，そしてアメリカの取り組みと同様の対策を採用することが有用であろう。また低所得経済でも，低炭素経済へ移行するための取り組みのいくつかを採用し，「グリーンな」景気回復を促進することを考えるかもしれない。

　Box2.3が示すように，中国ではすでに，エネルギー安全保障を強め，炭素依存を低減させるという二重の目標を達成するために，省エネルギー推進とクリーンエネルギー供給源の拡大を組み込んだ対策を行うことを公表している。第1章で議論したように，中国での総額6480億ドルの景気対策のうち3分の1以上は，エネルギー利用の効率化や環境改善，鉄道輸送や次世代電力網のインフラに振り分けられている。つまり，中国はG20の中でも大規模なグリーン投資を採用している国であり，GDPの3%をグリーン投資に振り分け，低炭素化への支出だけでもGDPの2.5%に達する（Box1.1参照）。さらに，中国は京都議定書のクリーン開発メカニズム（CDM）での炭素排出削減クレジットの世界最大の受入国であり，現在この

CDMからの税収は約20億円に上っている。

　Box2.3は，中国が炭素税，他の排出税，そして補助金などを含む革新的な対策を実施して，低炭素経済への移行を加速していることを示している。そのような対策に必要なコストは，大気の改善，農業生産性の向上，新たな経済分野や技術の発展，雇用の改善，そして貧困の削減といった副次的な便益によって相殺されるだろう。さらに，雇用や分野別の成長機会を高めることによる利益も得られるだろう。現在，中国の再生可能エネルギー分野は重要な輸出産業の一つであり，170億ドル近い価値をもち，100万人近い労働者を雇用している。低炭素化への取り組みの一環としてこの分野を拡大することは，中国経済の雇用や成長の見通しを明るくするであろう。

Box2.3

中国の炭素依存と経済発展の調和

　エネルギー安全保障への関心，特に石炭に過度の依存をしていることが，中国に化石燃料の使用を削減し温室効果ガスの排出を減らす対策の実施を促した。2000年から2005年にかけて，中国のエネルギー消費は60％増加した。それは世界のエネルギー消費の伸びのほぼ半分を占めている。さらに，1990年から2005年までの間に，中国の温室効果ガス排出量は80％増加した。石炭は中国のエネルギー消費のほぼ70％を占めており，ほとんどが発電目的である。現在，中国は消費する石油のほぼ半分を輸入し，2020年までに石油消費の60〜80％を輸入する見込みである。

　中国の現在のエネルギー安全保障戦略には，エネルギー利用の効率化と省エネルギーの推進だけでなく，エネルギー供給の拡大に向けた多くの対策が含まれている。第11次五カ年計画では，2010年までにGDP単位当りエネルギー消費を2005年比で20％削減することを全体の目標としている。そして，この目標を達成するためには温室効果ガス排出を15億トン以上削減することが必要であると計算された。この国家目標はすべての省や

エネルギー集約的な産業を含むすべての産業分野の間で割り振られ，そして目標を達成させるために企業を誘導する対策も実行された。また，非効率な石炭火力発電所や工場を閉鎖する政策にも乗り出している。さらに，建物，産業，そして消費財のエネルギー効率を高めるための幅広い政策も存在する。そして，2020年までに一次エネルギーの16％を，水力発電などの再生可能エネルギーから生み出す目標が設定されたが，それは現在の生産能力の2倍以上である。最後に，総額6480億ドルの景気対策のうち3分の1以上は，エネルギー利用の効率化や環境改善，鉄道輸送や次世代電力網のインフラに振り分けられている。つまり，中国はG20の中でも大規模なグリーン投資を採用している国であり，GDPの3％を振り分けている（Box1.1を参照）。

また中国は，最大のクリーン開発メカニズム（CDM）による炭素排出削減クレジットを保有する国であり，現在までのところ，登録された計画の4分の1以上，またCDMからの年間平均排出削減の半分を占めている。中国のCDMによる炭素排出削減クレジットのほとんどは，フロン類の削減と，埋立地のメタンや一酸化二窒素の回収によるものである。そのようなCDMクレジットにより徴収された20億ドルの税収のほとんどが，さらなるCDM計画，再生可能エネルギー供給，そして気候変動の緩和・適応技術の研究開発への投資財源として用いられている。

省エネルギーの推進や代替エネルギーの採用は中国の気候変動の緩和対策を構成する重要な要件であるが，最近の提言では，中国が炭素税とそれを補完する補助金などの政策を採用することにより，炭素依存のさらなる低減が達成可能であるとしている。クリスティン・アウナンらによる研究では，炭素税により温室効果ガス排出量を17.5％削減しても，なお経済には利益が残ることが示されている。この対策に必要なコストは，都市の大気改善によってもたらされる健康の改善，農業生産性，そして農村所得の増加によって十二分に相殺される。さらに炭素税による税収は，エネルギー利用の効率化，再生可能エネルギー，炭素隔離，そして低エネルギーの都市開発の研究資金に用いることができる。マーク・ブレナーらは，炭

素課徴金が中国版スカイ・トラストを通じて実施可能であり，その税収が所得不平等や貧困を減らすため，人々に等しく還元されると示唆している。さらに，人口の約70％がスカイ・トラストから所得を得て，中国全土で貧困が20％削減される可能性があるとした。王浩と中田俊彦が作成したシナリオでは，二酸化硫黄排出課徴金と炭素税を組み合わせることで，クリーンな石炭を用いた発電技術を開発するために十分な税収をもたらすことが可能であることが示されている。さらに二酸化硫黄排出量が25％，また二酸化炭素排出量が29％削減され，クリーンな石炭技術によるエネルギーは将来の電力全体の約3分の1を賄い，電気価格の点で中国経済に利益を残すとした。

　中国で拡大している再生可能エネルギー分野や他の「クリーンエネルギー技術」への投資は，新しい経済成長と輸出分野の発達に重大な影響を及ぼす。中国はサトウキビからのバイオマス生成で野心的な目標（2020年までに20ギガワット）を立てている。今や中国はアメリカをしのぎ，世界第三位の太陽光パネル生産者となり，そのほとんどが輸出にまわっている。また太陽熱温水器の最大の生産者ともなっている。すでに，世界の省エネ照明の80％を生産し，主要な風力タービン製造業者になる見通しである。さらに中国のクリーンエネルギー技術への投資は，2005年の1億7000万

中国の再生可能エネルギー分野での雇用（2007年，人数）

	風力	太陽光	太陽熱	バイオマス	合計
発電	6,000	2,000		1,000	9,000
製造	15,000	38,000	400,000	15,000	468,000
サービス	1,200	15,000	200,000	250,000	466,200
合計	22,200	55,000	600,000	266,000	943,200
産出価値（100万ドル）	3,375	6,750	5,400	1,350	16,875

　　出典
Renner, Michael, Sean Sweeny and Jill Kubit (2008), Green Jobs: Towards Decent Work in a Sustainable, Low-carbon World, Geneva, UNDP.

ドルから2007年の4億2000万ドルへと増加した。

　これらの新しい産業の発展は，中国の雇用に十分な影響を与えている。上の表が示すように，中国の再生可能エネルギー分野は約170億ドルの価値を有し，すでに太陽熱で60万人，バイオマス生成で26万6000人，太陽光起電装置で5万5000人を含む計100万人近くの労働者を雇用している。

出典

Aunan, Kristin, Terje, Berntsen, David O'Connor, Therese Hindman Persson, Hakon Vennemo and Fan Zhai (2007), "Benefits and cost to China of a climate policy," Environmental and Development Economics, 12 (3): 471-97.

Brenner, Mark, Matthew Riddle and James K. Boyce (2007), "A Chinese sky trust? Distributional impacts of carbon charges and revenue recycling in China," Energy Policy, 35 (3): 1771-84.

Downs, Erica (2006), China, Brookings Foreign Policy Studies, Energy Security Series, Washington, DC., Brookings Institution.

Heggelund, Gorild (2007), "China's climate change policy: domestic and international developments," Asian Perspective, 31 (2): 155-91. (http://cdm.unfccc.int/Statistics/index.htmlで入手可能)

Kim, Margaret J., and Robert E. Jones (2008), "China: climate change superpower and the clean technology revolution," Natural Resources and Environment, 22 (3), p9-13.

McKibbin, Warwick J., Peter J. Wilcoxen and Wind Thye Woo (2007), Preventing the Tragedy of the CO2 Commons: Exploring China's Growth and the International Climate Framework, Global Working Paper no.22, Washington, DC., Brookings Institution.

Pew Center (2007), Climate Change Mitigation Measures in the People's Republic of China, International Brief no.1, Arlington, VA, Pew Center on Global Climate Change.

Renner, Michael, Sean Sweeney and Jill Kubit (2008), Green Jobs: Towards Decent Work in a Sustainable, Low-carbon World, Geneva, UNEP.

UN ESCAP (2008), Energy Security and Sustainable Development in Asia and the Pacific, Bangkok, ESCAP.

Wang, Hao, and Toshihiko Nakata (2009), "Analysis of the market penetration of clean coal technologies and its impact in China's electricity sector," Economic Policy, 37 (1): 338-51.

Zeng, Ning, Yihui Ding, Jiahua Pan, Hijun Wang and Jay Gregg (2008), "Climate change: the Chinese challenge," Science, 319, 730-1.

Zhang, ZhongXiang (2008), "Asian energy and environmental policy: promoting growth while preserving the environment," Energy Policy, 36 (10): 3905-24.

Box2.3の中国の事例は，エネルギー利用の効率化と省エネルギーの推進，またはクリーンエネルギー供給の拡大に向けた政策や，炭素価格付けやその他の手段の効果的な実施が，巨大な新興市場経済を低炭素経済へ移行させるために用いられることを示している。いくつかの研究では，同様の対策によって低所得国を含むすべてのアジア経済を低炭素経済へ移行させることができると指摘している［13］。たとえば2006年まで，インドはすでに持続可能なエネルギー供給への投資に26億ドルを費やし，それは発展途上経済の中でも中国（40億ドル）に次いで二番目の規模である。もしインドがエネルギー最終消費の効率化にかなりの投資を行えば，2030年までに約45％のエネルギー消費が抑制されるであろう。同様のことは，（ロシアを含む）すべてのアジア・太平洋地域でも可能であろう［14］。

　したがって，中国やその他のアジア諸国での低炭素化対策は，短期的な景気回復と雇用促進をもたらすだけではなく，新たな経済発展の可能性を与える。そして，他の大きな市場経済・移行経済・発展途上経済に対して世界的な主導権を握るためにも重要となる。第1章で議論したように，主要なアジア・太平洋経済であるオーストラリア，日本，そして韓国もまた，景気対策の一環として低炭素投資を促進する公約をしている。総じて現在，世界のグリーン投資のうち63％をアジア・太平洋地域が占めており，その投資の大半は炭素依存の低減を目標にしたものである。中国はアジア・太平洋地域全体での低炭素投資のうち3分の2を占めており，日本は約12％，韓国は10％，オーストラリアは3％である［15］。第5章では，これらの主要なアジア・太平洋地域における低炭素化に向けた国内の取り組みとして，特に韓国で始められているグリーン・ニューディール計画をより詳細に議論する。

　Box2.4で示されるように，人々の関心を短期的な景気回復と雇用創出ではなく中期的な低炭素経済への移行に変えさせるための，理想的な機会はアメリカでも存在している。この目標に向けた取り組みとして，短期的な「グリーン」投資と炭素価格付けの二つが必要である。最初のグリーン投資については，すでに部分的に機能している。2009年2月のアメリカ再

生・再投資法における総計7870億ドルの支出には，エネルギー利用効率を高めた建物へ改修し，大量輸送・鉄道貨物網を拡充し，次世代電力網を構築し，そして再生可能エネルギー供給を拡大するための約785億ドルが含まれている。これらエネルギー利用の効率化やクリーンエネルギー戦略への投資を通じて150万人の新たな雇用が生み出される可能性をもっている。しかし，そのような投資計画には温室効果ガス排出に関する国内全域でのキャップ・アンド・トレード方式の実施が必要とされ，排出許可証の販売がもたらす年間750億ドルの収入によって低炭素投資戦略を賄うことができる。二つ目の要件である炭素価格付けでは，国内の石油またはガス産業への連邦税優遇や補助金を直ちに排除することが必要であり，それは現在少なくとも年間60億ドルに達するものである。本質的に，この二つの取り組みがアメリカにとってのグリーン・ニューディールを構成する重要な要件となるであろう。

Box2.4

アメリカの景気回復と炭素依存との調和

　Box1.1で示したように，2009年2月のアメリカ再生・再投資法における総額7870億ドルの景気対策には，エネルギー利用効率を高めた建物へ改修し，大量輸送・鉄道貨物網を拡充し，次世代電力網を構築し，そして再生可能エネルギー供給を拡大するための約785億ドルの支出が含まれている。さらに，水道インフラへの投資も合わせると，941億ドルがグリーン投資として支出された。また，二酸化炭素の排出を制限する国内全域でのキャップ・アンド・トレード方式の導入には慎重でかつ楽観的な立場をとっている。したがって，景気回復と雇用機会を促進するという短期目標だけでなく，近い将来に低炭素経済へ移行するための理想的な機会がアメリカにも存在する。さまざまな研究では，これらの目標が互いに補い合うものであることを示している。

　たとえば，指導的な立場にある科学者や経済学者によって支えられて

いる「憂慮する科学者同盟（UCS）」は，アメリカの温室効果ガス排出量を2050年までに2000年比で80％削減することを要求している。2007年の「アメリカ進歩センター（CAP）」による報告書では，エネルギー利用の効率化やクリーンエネルギーへの投資，そして炭素価格付けを含む10年戦略を概説し，そこではアメリカ経済が低炭素発展路線へ再調整される可能性を述べている。また，炭素価格付け政策は二つの主要な特徴をもっている。それは，2050年までに温室効果ガス排出量を2000年比で50から80％まで削減するための国内全域でのキャップ・アンド・トレード方式と，石油またはガス産業に対する年間60億ドルの連邦税制優遇措置や補助金の撤廃である。キャップ・アンド・トレード方式は，すべての企業に対してすべての排出枠をオークションで配分するが，割り当てられた排出枠を越えて排出する企業は連邦政府や他の企業から排出枠を購入しなければならない。それによる年間750億ドルと予測される収入のうち10％は，エネルギー集約的な分野へ，彼らの株主，社員，そして地域団体を補償するために分配される。残りの収入のうち半分は，低・中所得の人々に対して，あまり炭素集約的ではないエネルギー使用への移行にともなうエネルギー価格の上昇を相殺するために分配される。それ以外の収入は，エネルギー利用効率を高め，クリーンエネルギー技術を発展させるための研究開発や投資に充てられるであろう──16。

　2007年にアメリカ進歩センターが考案したこの対策は，アメリカを低炭素経済へ移行させる「10年戦略」の推進を目標としている。2008年のアメリカ進歩センター第2次報告書では，今後2年間にわたり実行に移される「グリーンな景気回復」計画は低炭素経済への移行をはじめとして，アメリカの経済成長を復活させ，さらに何百万人もの高技能な雇用を生み出すことができることを示している。また，今後2年間で1000億ドルの支出を提案しており，それは同時に実施される温室効果ガスのキャップ・アンド・トレード方式の下でのオークション収入により賄うことができると述べている。このグリーン投資は次の四つの取り組みへの支出を通じて200万人の雇用を生むであろう。

- エネルギー利用効率を高めた建物への改修
- 大量輸送・鉄道貨物網の拡充
- 次世代電力網の構築
- 再生可能エネルギー，すなわち風力，太陽エネルギー，そして次世代バイオマス燃料（つまり，穀物燃料よりむしろセルロース燃料，農業プランテーション廃棄物や草や藻のような専用作物）または他の生物エネルギーの開発

　次の表が示すように，このグリーンな景気回復計画により生み出される200万人の雇用の増加は，一般工業だけではなく高度に専門化された産業における93.5万人の直接的な雇用を含むであろう。さらに，他の58.6万人の間接的な雇用は，主要なエネルギー利用の効率化や再生可能エネルギー分野に関連する製造またはサービス業で生まれる。最後に，50万人の小売や卸売業に関連する新たな雇用は，直接・間接的に雇用された労働者が所得を追加的に支出することによる波及効果を通じてアメリカ全土で生まれるであろう。アメリカ再生・再投資法に含まれている785億ドルの低炭素投資はアメリカ進歩センターのグリーンな景気回復計画で原型が作られたが，最終的にその投資へ配分される金額は1000億ドル以下である。それにもかかわらず，アメリカ再生・再投資法での低炭素化対策は依然として雇用に大きな影響を与え，恐らくは次で確認される経済分野で150万人の新たな雇用を生むであろう。

　「大統領による気候変動への取り組みプロジェクト」などの他の研究・提言では，今後10年間にわたり5000億ドルの投資がアメリカで500万人の新たな雇用を生むと言われている。また，「気候に優しい技術開発・使用・普及」を促す補完的な政策を通じて，アメリカ経済に十分な技術変革がもたらされれば，さらなる所得や雇用の増加が生じる。「地球規模の気候変動に関するピュー・センター（以下，ピュー・センター）」のラリー・ゴルダーによる報告書は，キャップ・アンド・トレード方式のような直接的な炭素排出対策を，エネルギー利用の効率化やクリーンエネルギー利用の技術への民

アメリカのグリーンな景気回復計画による雇用創出

直接的な雇用	創出される雇用の種類(総雇用者数:935200人)
建物改修	電気技術者, 暖房・空調調整インストーラ, 大工, 建設業, 屋根職人, 保温工事, トラック運転者, 建物監督官
大量輸送・鉄道貨物網	土木技師, レールトラック敷設者, 電気技術者, 溶接工, レール製造者, エンジン組立工, バス運転手, 配車係, 機関士, 車掌
次世代電力網	コンピュータソフトウェア技師, 電気技師, 操作技師, 電気設備組立工・技師, 機械工, 共同組立工, 建設業, 電力配線敷設者, 修理工
風力エネルギー	環境工学者, 産業生産労働者, 経営者, 監督者, 鉄鋼労働者, 風車大工, 電気設備組立工, 建設業, 設備操作手, トラック運転手
太陽エネルギー	電気技師, 電気工, 産業機械職工, 溶接工, 金属製造者, 電気設備組立工・設置者, 建設機械操作手, 建設労働者
次世代バイオマス燃料	化学工業技術者, 化学者, 科学設備操作手・技術者, 機械操作手, 農家, 農業労働者・監督者, トラック運転手, 農業査察官
間接的な雇用	創出される雇用の種類(総雇用者数:586000人)
関連製造・サービス雇用創出	林産物, 金属製品, 鉄鋼, 輸送
誘発的な雇用	創出される雇用の種類(総雇用者数:496000人)
所得増加を通じた波及的な雇用創出	小売・卸売

出典
Pollin, Robert, Heidi Garrett-Peltier, James Heintz and Helen Scharber (2008), Green Recovery: A Program to Create Good Jobs and Start Building a Low-carbon Economy. Wasngton, DC, CAP.

間投資を奨励する研究開発補助金と組み合わせれば，強力な技術革新効果がもたらされるかもしれない(Box2.6参照)としている。同様に，デイル・ジョルゲンソンらによるピュー・センターの他の研究では，炭素価格付け政策，補完的な財政政策，そして関連する収入の再分配を適切に組み合わせることにより，アメリカ経済の気候緩和対策のコストをかなり削減できることを証明した。

___ 出典

Becker, William S. (2008), The 100 Day Action Plan to Save the Planet: A Climate Crisis Solution for the 44th President, New York, St Martin's Press.

Goulder, Lawrence (2004), Induced Technological Change and Climate Policy, Arlington, VA, Pew Center on Global Climate Change.

Jorgenson, Dale W., Richard J. Goettle, Peter L. Wilcoxen, Mun Sing Ho, Hui Jin and Patrick A. Schoennagel (2008), The Economic Costs of a Market-based Climate Policy, White Paper, Arlington, VA, Pew Center on Global Climate Change.

McKibbin, Warwick, and Peter Wilcoxen (2007), "Energy and environmental security," In Brookins Institution, Top 10 Global Economic Challenges: An Assessment of Global Risks and Priorities, Washington, DC., Brookings Institution, 2-4.

Podesta, John, Todd Stern and Kit Batten (2007), Capturing the Energy Opportunity: Creating a Low-carbon Economy, Washington, DC., CAP.

Pollin, Robert, Heidi Garrett-Peltier, James Heintz and Helen Scharber (2008), Green Recovery: A Program to Create Good Jobs and Start Building a Low-carbon Economy, Washington, DC., CAP.

Union of Concerned Scientists (2008), "US scientists' and economists' call for swift and deep cuts in greenhouse gas emissions," Cambridge, MA, UCS. (www.ucsusa.org/global_warming.html. で入手可能)

　つまり，アメリカは，炭素依存の低減のために現在の公約以上のことを行えるのである。アメリカ再生・再投資法での低炭素戦略785億ドルは，景気対策の10％，またGDPの0.6％にあたる（Box1.1参照）__17。キャップ・アンド・トレード方式における排出枠オークション，または化石燃料や他のエネルギーへの補助金の撤廃で生じる財源を用いれば，容易にGDPの1％に等しい金額（およそ1400億ドル）を低炭素投資へ振り向けることができ，それが雇用創出効果を高め，活動的な経済分野への民間投資を刺激し，経済の炭素依存をさらに低減させることができるのである。

　Box2.5で示されるように，EUは「三つの20（20／20／20）」戦略と呼ばれる，景気回復と低炭素戦略の統合へ向けた試験的な対策を講じている。その対策は，2009年3月に着手された「ヨーロッパ景気回復計画」の下で提案され，EUの低炭素戦略に費やされる景気対策の約60％に相当する230億ドルを含んでいる（Box1.1を参照）。そのほとんどは，化石燃料か

らのより効率的な発電を支援し，(風力発電補助金を含む) 再生可能エネルギーの開発や建物のエネルギー利用効率を向上するための税優遇措置を目的としている[18]。EU各政府，特にオーストリア，ベルギー，フランス，ドイツ，イタリア，ポーランド，スペイン，スウェーデン，そしてイギリスでもまた，景気対策の一部に低炭素戦略が含まれている。非EUであるが，ヨーロッパで重要な国のノルウェーもまた，景気対策に炭素依存を低減する取り組みを採用している（Box1.1を参照）。たとえば，景気対策の31％をノルウェーでは低炭素投資へ配分しており，フランスでは21％，ドイツでは13％，イギリスでは約11％である（図1.3参照）。

Box2.5

EUの三つの20戦略と景気回復

　2008年2月に，欧州委員会は「第二次戦略的エネルギーレビュー」の一部として「三つの20」目標を公表した。その目標は，2020年までにEU圏内の温室効果ガス排出量を1990年比で20％削減し，エネルギー消費全体に占める再生可能エネルギーの割合を20％にまで高め，そしてエネルギー利用効率を高めることでエネルギー消費を20％削減するというものである。委員会は，この三つの20目標をEUの将来のエネルギー安全保障の確保だけではなく，2050年までに低炭素経済へ移行するために不可欠な最初の段階であるとしている。その計画は，建物のエネルギー消費実績やデザイン，エネルギー品質表示に関するEU立法の改善，さらにエネルギー利用効率の向上，（現在EUのエネルギー消費の9％を占める）再生可能エネルギー供給の拡大やクリーンな化石燃料の使用への大規模な投資といった特徴をもつ。

　この三つの20目標を達成するために，EUは補完的な炭素価格付け政策をさらに発展させる必要がある。そのような政策はすでにEU域内排出量取引制度（EU-ETS）として2005年1月から機能しはじめており，EUはこの制度を通じて広範な炭素市場を形成した最初の地域となった。この制度の

当初の目標は，EU 域内で統一された炭素価格を形成し，この炭素価格を企業が意思決定に組み込み，そして炭素市場のインフラを構築することであった。しかしながら，この三つの 20 目標を達成するためには，この制度は拡張される必要があるだろう。ダミエン・ダマイリーとフィリップ・クイリオンによる将来の配分シナリオでは，EU 域内排出量取引制度で費用効果が最も高いのは，ヨーロッパ産業の競争力を維持するような広範な税調整と組み合わせた排出枠オークションによる配分か，あるいは電力の国際競争やオークションに関係する分野の産出量に基づいた排出枠の配分のどちらかであるとした。

　また，三つの 20 目標による排出削減と経済的な利益の相乗効果も重要である。EU 域内排出量取引制度では，第 2 実施段階で排出枠オークションの年間収入として 685 億ドルを生み出すと予測され，さらにこの収入のほとんどは省エネルギーや再生可能エネルギー開発へ投資することが可能である。ロレタ・スタンケビシュートらは，2020 年までにエネルギー利用効率を 20％高めて再生可能エネルギー供給を 20％増加させるという委員会の決定は，EU 域内の輸送・建築分野での温室効果ガス排出削減を強めることになり，そのため電気やセメントなどの炭素集約的な産業の排出削減コストを低下させるであろうことを示した。さらに，EU 域内排出量取引制度の拡大は「クリーン開発メカニズム」や「共同実施」の拡張を通じて，世界的な炭素取引を可能にするかもしれない。もしクリーン開発メカニズムにおける炭素排出削減クレジットからの利益が将来の排出量取引制度で考慮されるならば，EU 域内の将来の炭素価格や順守コストはかなり低くなりそうである。同様に，クリストフ・エルドメンガーらは，エネルギー利用の効率化と再生可能エネルギー供給を拡大する政策と組み合せたさらに強力な排出量取引制度は，温室効果ガスの主要排出国の一つであるドイツにおいて，2020 年までに二酸化炭素の排出量を 1990 年比で 40％削減するという目標を達成できることを示した。これらの対策に必要なコストは，削減される二酸化炭素 1 トン当たり 50 ユーロ，またはドイツの 1 世帯当たり 25 ユーロの支出（月額）となる。また，ドイツやその他の EU 各国

で再生可能エネルギー供給を急拡大するためには,電気価格政策を修正する必要がある。ドエルテ・フォクエットとトーマス・ヨハンソンは,再生可能エネルギーを用いた発電会社が市場での電力販売価格に加えて一定の上乗せ価格を受け取る「固定価格買い取り制度」が最も見込みのある政策であるとした。

EUで省エネルギーを推進し,また再生可能エネルギーの供給を拡大する現在の「グリーンな景気回復」投資計画は雇用にも十分影響を与える。次の表が示すように,省エネルギーと再生可能エネルギーの分野では,投資の規模が大きく,さらに計画の実施が素早いほどに,より多くの雇用がますます早く創出される。EUの再生可能エネルギー分野は,すでに十分な世界規模であり,風力タービン製造業は現在世界市場の80%を占めている。また,光電池では世界的な生産国である日本に追いついている。EUの再生可能エネルギー分野での新たな雇用増加の3分の1を熟練労働が占めると予測されている。

EUでの住宅改修計画によるもう一つの利点は,EU域内のすべての国に

ヨーロッパの分野別雇用創出

分野	シナリオ	雇用効果
再生可能エネルギー（風力・太陽光・バイオ燃料）	2020年までに20%の再生可能エネルギー拡大	2010年までに95万人の新規雇用。2020年までに140万人
再生可能エネルギー（風力・太陽光・バイオ燃料）	先進的な再生可能エネルギー戦略	2010年までに170万人の新規雇用。2020年までに250万人
住宅改修	2050年までに二酸化炭素排出量を75%削減するための住宅改修	138万人の新規雇用
住宅改修	2030年までに二酸化炭素排出量を75%削減するための住宅改修	259万人の新規雇用

出典
Renner, Michael, Sean Sweeney and Jill Kubit (2008), Green Jobs: Towards Decent Work in a Sustainable Low-carbon World, Geneva, UNEP.

雇用の影響が行きわたることである。たとえばドイツでは，住宅の改修へ毎年14億ドルが投資されると2万5000人の新たな雇用を生むと予測されている。また，EUに新たに加盟した，キプロス，チェコ共和国，エストニア，ハンガリー，ラトビア，リトアニア，マルタ，ポーランド，スロバキア，そしてスロベニアで全住宅を改修する計画は，年間64億ドルの費用が掛かるが，18万人の新たな雇用をもたらすであろう。

出典

European Commission (2008), "EU energy security and solidarity action plan: 2nd strategic energy review," Memo/08/703, Brussels, European Commission.(http://ec.europa.eu/energy/strategies/2008/2008_11_ser2_en.htm.で入手可能)

Convery, Frank J. (2009), "Origins and development of the EU ETS," Environmental and Resource Economics, 43: 391-412.

Demailly, Damien, and Philippe Quirion (2008), Changing the Allocation Rules in the EU ETS: Impact on Competitiveness and Economic Efficiency, Working Paper no.89, Milan, Fondazione Eni Enrico Mattei.

Ellerman, A. Danny, and Paul L. Joskow (2008), The European Union's Emission Trading System in Perspective, Arlington, VA, Pew Center on Global Climate Change.

Erdmenger, Christoph, Harry Lehmann, Klaus Muschen, Jens Tambke, Segastian Mayr and Kai Kuhnnenn (2009), "A climate protection strategy for Germany: 40% reduction of CO2 emissions by 2020 compared to 1990," Energy Policy, 37 (1): 158-65.

Fouquet, Doerte, and Thomas B. Johansson (2008), "European renewable energy policy at crossroads: focus on electricity support mechanisms," Energy Policy, 36 (11): 4079-92.

Renner, Michael, Sean Sweeney and Jill Kubit (2008), Green Jobs: Towards Decent Work in a Sustainable, Low-carbon World, Geneva, UNEP.

Stankeviciute, Loreta, Alban Kitous and Patrick Criqui (2008), "The fundamentals of the future international emissions trading system," Energy Policy, 36 (11): 4272-86.

しかし，アメリカと同様にヨーロッパでは，短期的な景気回復と雇用創出に向けた対策と低炭素経済へ移行するための中期戦略とを組み合わせるために，もっとすべきことがある。EUは温室効果ガスを削減するための排出量取引制度の改善・拡大と，一方でエネルギー利用の効率化，再生可能エネルギー供給の拡大，そしてクリーンな化石燃料の使用に対して今

後2,3年で十分な投資を行うことが重要である__19。今後10年間で,もしこれらの対策が実施されるならば,EU全体で温室効果ガスの排出削減と経済的利益の重大な相乗効果が生じるであろう。省エネルギーの推進や再生可能エネルギー供給の拡大に向けた当面の大規模な投資計画は,少なくとも100万人か200万人ほどの新たなフルタイムでの雇用を生み出す可能性がある。アメリカと同様に,EUは低炭素投資や奨励策に約1400億ドルをともなうグリーンな景気回復計画を実行することができ,それはEUのGDPの約1％に等しいであろう__20。そのような投資は,低炭素戦略としてグリーン投資に230億ドルを費やしている現在のEUの対策に追加されるであろう(Box1.1参照)。一方で,ヨーロッパのグリーンな景気回復計画の財源の大部分は,拡大する排出量取引制度から生じる収入により賄われる。たとえば第2実施段階では,この制度により680億ドル以上の年間収入を得ることが予測されている。

　EUの各国政府もまた,低炭素戦略を拡大するためにもっとすべきことがある。第1章で議論したように,たとえばフランス,ドイツ,スウェーデン,そしてイギリスのような主要なヨーロッパ諸国は,主要なアジア・太平洋経済であるオーストラリア,日本,韓国よりもグリーン投資に消極的

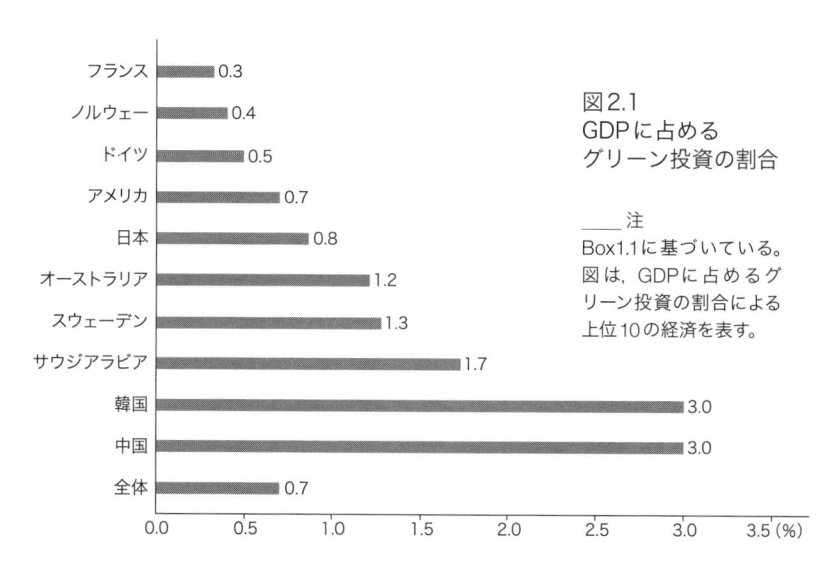

図2.1
GDPに占める
グリーン投資の割合

___注
Box1.1に基づいている。
図は,GDPに占めるグリーン投資の割合による上位10の経済を表す。

国	%
フランス	0.3
ノルウェー	0.4
ドイツ	0.5
アメリカ	0.7
日本	0.8
オーストラリア	1.2
スウェーデン	1.3
サウジアラビア	1.7
韓国	3.0
中国	3.0
全体	0.7

炭素依存の低減　67

である(図2.1参照)。スウェーデンを除いて，ヨーロッパ諸国のほとんどが炭素依存を低減する戦略のためにGDPの1％以下しか支出していない。

　中国，アメリカ，EUの事例だけではなく，韓国で実行されている「グリーン・ニューディール計画」は，グリーンな景気回復戦略を通じた大規模な投資が低炭素経済へ移行するための重要な手段となっているだけでなく，新しい経済分野を刺激し，熟練労働への需要を増やし，雇用を生み出し，景気回復を促し，成長を持続させることを示している。アメリカとEUで今後2年間にわたり両経済でGDPの約1％に相当する1400億ドルの実施が計画されれば，それはGGNDに必要な要件の一部となる。韓国のグリーン・ニューディール計画を構成する省エネルギーやグリーンな建築への投資はGDPの0.5％に達し，低炭素対策では1.2％にのぼる(第5章参照)。ほとんど同規模で類似したグリーン投資はオーストラリアでも採用されており，また日本における低炭素対策は今やGDPの約0.8％にまで達している(Box1.1参照)。他の高所得経済，特にG20諸国も，炭素依存を低減させるために同様の対策を採用すべきである。中国や他の大きな新興市場経済で，当面のグリーンな景気回復計画にどのくらいの投資が必要なのかを測定するのは難しいが，Box2.3での中国の事例から明らかなように，エネルギー利用の効率化とクリーンエネルギー供給の拡大への投資が分野別の成長，景気刺激，そして雇用創出といった点で相当の便益をもたらすであろう。すでにBox1.1で示されたように，中国政府は低炭素戦略の促進に向け，GDPの2.5％に等しい1750億ドルを支出している。他の大きな新興市場経済，特にG20諸国も，中国や韓国の例にならい，炭素依存を低減させるために今後2，3年で少なくともGDPの1％を投資すべきである。

　中国，アメリカ，EUの事例は，補完的に炭素価格付け政策を採用することの重要性も明らかにしている。

　ヨーロッパはすでに排出量取引制度の次の段階を構想している。アメリカでは，温室効果ガスの国内全域でのキャップ・アンド・トレード方式が予想されている。中国では，炭素税が実現可能な選択肢としてあげられる。これらの例が示すように，他の高所得OECD諸国や新興市場経済が

選択できる炭素価格付けの見本は幅広く存在する。キャップ・アンド・トレード方式と炭素税は両方ともかなりの収入をもたらし，それは省エネルギーや再生可能エネルギー供給の拡大，貧困や不平等の緩和，所得分配に与える影響の軽減，そしてクリーンエネルギー技術の開発を含む多くの投資の財源として用いることも可能であろう。また，排出税や化石燃料補助金の撤廃といった他の経済的手段を用いることでも収入が得られる。化石燃料補助金を削減または撤廃することで節約された財源を，低炭素型の発展路線への長期的な移行の一つとしてクリーンエネルギーや省エネルギーへの大規模な投資に振り向けることは重要なことである。

　化石燃料補助金の撤廃は，いくつかの経済にとっては炭素価格付け政策を採用する上で特に重要である。世界のGDPの0.7％に等しい約3000億ドルは，このような補助金に毎年支出されている[21]。化石燃料補助金の大部分が，石炭，電気，天然ガス，そして石油製品の価格を意図的に引き下げるために用いられている。この補助金による経済的な便益が広く及ぶという通常の見解とは対照的に，これらの補助金のほとんどが貧困層には便益とならず，富裕層の便益となっている。このような補助金を世界的に撤廃することにより，世界の温室効果ガス排出量が6％削減され，世界のGDPが0.1％高められるであろう。この補助金への財源が節約された分を，クリーンエネルギーの研究開発，再生可能エネルギーの推進や省エネルギーへの投資に向けさせることで，さらなる経済成長と雇用機会が促されるであろう。

　Box2.4で示されたように，アメリカでの60億ドルに達する化石燃料補助金の撤廃は，今後2，3年にわたり実行されるグリーンな景気回復計画の財源となるであろう。しかしながら一般的には，化石燃料や類似のエネルギー補助金の規模はOECD経済よりも非OECD経済のほうが大きい。高所得OECD経済におけるエネルギー補助金は年間約800億ドルに上るが，非OECD経済の20カ国では，2200億ドルに達する。ロシアは，年間400億ドルのエネルギー補助金のほとんどが天然ガス価格を引き下げるために用いられている。また，イランのエネルギー補助金は約370億ドルである。

中国，サウジアラビア，インド，インドネシア，ウクライナ，そしてエジプトは，年間100億ドルを超える補助金を使っている。ベネズエラ，カザフスタン，アルゼンチン，そしてパキスタンは，年間50～100億ドルの補助金を使っている。さらに，南アフリカ，マレーシア，タイ，ナイジェリア，そしてベトナムは，年間10～50億ドルの補助金を使っている。

このような主要な補助金の撤廃は，各国政府にとって常に困難な政治的判断をともなう。世界全体で年間3000億ドルの化石燃料補助金の3分の2以上が，G20諸国で占められている。もしG20がそのような補助金の段階的な撤廃について交渉し協調していくならば，それは実現可能となるだろう。

すべての中・低所得経済においても炭素依存の低減を進めることが，GGNDの重要な目標でなければならない。Box2.1で示したように，2030年までに発展途上経済は，世界の温室効果ガス排出量の半分以上を占めることが予測されている。中国だけで，発展途上経済の半分に達するであろう。そして，他の大きな新興市場経済や移行経済がその残りを占めるだろう。しかし低所得経済に低炭素型の経済発展の機会を与えることは，依然必要であり，また重要なことである。

すでに議論したように，中国においてエネルギー利用の効率化と省エネルギーを推進し，クリーンエネルギー供給を拡大し，そして炭素価格付け政策や他の経済的手段（Box2.3を参照）を実施するために立案されたものと類似の政策は，多くの低所得経済でも採用できる。たとえば，低所得経済を含むアジア全体でそのような政策が実施されれば，広範囲なものとなる[22]。また，そのような投資の財源にするため化石燃料補助金を撤廃することは，大きな新興市場経済にとっての再生可能エネルギーと省エネルギーへの投資の重要財源となるだけでなく，そのような補助金が広く行きわたっている低所得経済にとっても重要となる。さらにBox2.6で概観されるように，ボツワナ，ガーナ，ホンデュラス，インド，インドネシア，ネパール，そしてセネガルのような発展途上諸国でのエネルギー分野の改革は，特に貧困層にとっての便益となり，より効率的でクリーンな燃料へと移行するためにも有効であることが示されている。

Box2.6

発展途上経済でのエネルギー分野の改革と
貧困層のためのサービス改善

　ボツワナ，ガーナ，ホンジュラス，そしてセネガルでは，多くのエネルギー分野で改革が進んでいる。その改革は，灯油やロウソク，または炭火や薪などといった電気・石油製品を含む重要な燃料を貧困層が利用する機会に影響を与える。

　これら四カ国では，補助金，段階的または基準となる料金設定，さらに技術開発，ローン政策，そして地域社会への参加といった電力分野での改革を実施している。セネガル，ガーナ，そしてホンジュラスでは，貧困層が電気を利用する機会を高める目的で，低利用の人々に向けた段階的な料金を導入した。ボツワナでは，貧困層への配電にともなう費用を補助するため，農村電化計画へ投資を行った。その結果，1996年から2003年の間に農村の電化は5倍になった。セネガル，ガーナ，そしてホンジュラスでの改革や料金設定は，貧困層が電気を利用する機会をゆっくりではあるが高めている。こうしてこれら四カ国では，木材の使用から電力の使用へと切り替っている。

　またこれら四カ国では，石油製品の輸入・流通・販売を民間企業に引き継ぐことが認められた。灯油やガスのような製品は，料理・暖房・照明のために石炭や薪に頼っていた人々にとってさらに利用しやすいものとなった。1970年代以来，セネガルでは，農村の貧困層が料理の燃料として石炭や木材を利用する代わりに，小さなブタンガスストーブを購入するための補助を行っている。また1999年から2001年にかけて，最貧困層を含む全所得層のうち85％の人々が料理のためにガスストーブを使用するようになると，政府は補助金を80％引き下げた。現在セネガル全体の20％の最低所得層のうち86％の人々が料理のためにガスを使っている。ボツワナ，ガーナ，そしてホンジュラスでは，農村より都市で幅広く用いられている

が，次第に料理のためにガスを使用するようになっている。

　ガーナは依然として広大な森林地帯を有しているので，政府はこれらの地帯のいくらかを燃料用の栽培場として配分しているが，料理や暖房のために薪を使う代わりに石炭の使用を奨励するために民間石炭会社への規制を緩和している。その結果，2001年から2004年にかけて木材の使用が減った一方で，石炭の使用が都市，農村どちらの地域でも増えている。

　他の発展途上経済でも，貧困層がエネルギー・サービスを利用できる機会を高めることを目的としたエネルギー分野での改革が行われている。たとえばインドでは，民間エネルギー企業による技術の分散化を奨励している。ネパールでは，民間企業によるバイオガス設備の販売を奨励している。インドネシアでは，遠隔地の農村部で電気を利用できる機会を改善するために，官と民との提携を展開している。

　これら発展途上経済におけるエネルギー分野の改革を通じた効率化の推進は，改善されたエネルギー・サービスの利用機会，より低い費用，そして供給の品質改善による便益が貧困層だけではなく経済全体にも及ぶことを示している。さらに，貧困層に便益をもたらすことを目標とした取り組みとして，効率的で広範囲なクリーン燃料の採用を奨励している。したがって，貧困層によるエネルギー・サービスの利用機会を高めることとエネルギー利用の効率化を推進することは，発展途上経済においては矛盾する目標ではないのである。

　　　出典
Prasad, Gisela (2008), "Energy sector reform, energy transitions and the poor in Africa," Energy Policy, 36 (8): 2806-1.
UN ESCAP (2008), Energy Security and Sustainable Development in Asia and the Pacific, UN ESCAP, Bangkok.

　発展途上経済にとって，そのような政策がもたらす経済的かつ雇用上の利益は重要である。たとえば，国際エネルギー機関は，発電の効率化への投資1ドル当たり3ドル以上が低・中所得経済で節約されると推定してい

る。なぜなら，発展途上経済では発電が非効率的であるからである__23。水力，バイオマス，そして太陽光による発電はすでに，発展途上諸国の農村の数百万の人々によって，電気，熱，水ポンプ，そして他の動力のために使われている。2500万の人々は料理や照明のために生物ガスを使用し，そして250万人は太陽光照明システムを使用している。発展途上経済は現在，世界全体の再生可能資源の約40％，太陽熱温水システムの70％，そしてバイオマス生産の45％を利用している__24。したがってこれらの分野の拡大は，世界の貧困層に対して購入しやすく持続可能なエネルギー・サービスの利用機会を高めるだけでなく，発展途上経済での雇用機会を与えるためにも重要である__25。

エネルギー貧困の緩和

　世界のエネルギー貧困を緩和するため，購入しやすく持続可能なエネルギー・サービスを提供することは，GGNDを構成する重要な要件の一つである。発展途上経済の数十億の人々は，近代的エネルギー・サービスを利用する機会がないか，または不安定で信頼できないサービスに高い料金を支払っている。

　Box2.7で示されるように，バングラデシュのグラミン・シャクティは農村地域で三つの再生可能エネルギー技術——住宅用太陽光発電システム，バイオガス装置，そして改良された調理用ストーブ——の普及を促している。すでに20万5000軒以上が住宅用太陽光発電システムを導入し，6000件のバイオガス装置が備え付けられ，2万台以上の改良された調理用ストーブが普及した。これらの普及にともない，2万人の直接的な雇用が生み出され，1000人の再生可能エネルギー技術者が育成され，そして小規模な教育により他にも多くの雇用機会がもたらされた。2015年までの目標は，住宅用太陽光発電システムを750万軒導入し，バイオガス装置を50万件設置し，改良された調理用ストーブを200万台供給し，さらに10万人の直接的な雇用を生み出し，技術者を1万人育成することである。

Box2.7

グラミン・シャクティとバングラデシュの
貧困層による再生可能エネルギー利用

　バングラデシュのグラミン・シャクティは，革新的な少額融資（マイクロクレジット）を利用して，農村の人々が利用しやすい再生可能エネルギー技術を提供する野心的な計画に乗り出している。すでにこの銀行は，照明や小型電化製品（たとえば冷蔵庫，テレビ，携帯電話，コンピュータ，そしてラジオなど）に動力を供給できる太陽光発電システムを20万5000軒以上のバングラデシュの住宅に導入した。毎月8000軒以上の太陽光発電システムが備え付けられ，そのシステムに対する需要は急激に増加している。目標は，太陽光発電システムを2011年までに200万軒，2015年までに750万軒導入することであり，それはバングラデシュの人口の半分に達する。

　グラミン・シャクティは6000件のバイオガス装置も備え付けたが，それは動物の糞尿や有機廃棄物を無害のバイオガスや堆肥に変えるものである。バイオガスは料理，照明，そして自家発電に用いられる。また堆肥は，有機肥料や養殖場の餌として用いられる。さらに，30以上の大規模な工場では直接電気を供給している。グラミン・シャクティは，2015年までに50万件のバイオガス装置を備え付けるという目標を設定している。長期的には，灯油や他の伝統的な燃料費の増加と木材資源の不足，より高価となる化学肥料の影響で，少なくとも400万件のバイオガス装置が備え付けられる可能性がある。

　グラミン・シャクティではまた，2万台以上の改良された調理用ストーブが普及し，2010年までに3万5000の村を対象に100万台のストーブを供給することを目標としている。長期的には，2015年までに200万台の改良された調理用ストーブが市場で供給される見込みである。従来のストーブを改良された調理用ストーブに置き換えることによって，薪の使用を抑え，そして屋内の空気汚染から女性や小さい子どもを守ることが期待される。

こうした計画により，雇用機会も広範に高まっている。少なくとも2万人の雇用が，すでにバングラデシュの三つの再生可能エネルギー技術の立ち上げにともない創出されている。約1000人の女性が太陽光発電システムや改良された調理用ストーブの技術者として育成され，訓練を受けた人の多くが自分たちで再生可能エネルギーに関する仕事を始めようとしている。33のグラミン技術センターが教育や製造を実施するために農村地域で設立された。このセンターを通じて，4万5000人の農村女性が，自分の家に導入された太陽光発電システムを大事にすることを学び，少なくとも1万人の生徒達が新しい再生可能エネルギー技術を学んでいる。1000人以上の地方の石工は，バイオガス工場設置計画の一環として訓練を受けており，1000件の農場小区画地が有機肥料としての液状の堆肥の使用を社会に広めるために作られた。改良された調理用ストーブの技術者が1000人程育成され，約35の製造工場が事業化のための資金拠出や技術援助を通じて設置された。その目的は，2015年までに，再生可能エネルギー技術計画を通じて主に女性のために少なくとも10万人の直接的な雇用を生み出すことと，少なくとも1万人の技術者を育成することである。

　　＿＿出典

　　Barau, Dipal (2008), "Bdinging green energy , health, income and green jobs to Bangladesh," Paper presented at preparatory meeting, International Advisory Board to the International Climate Protection Initiative of the German Federal Ministry for the Environment, Nature Conservation and Nuclear Safety, Poznan, Poland, December 7.

　近代的エネルギー・サービスを利用する機会が高まると，貧困の削減，生産性の改善，地方での所得向上，そしてエネルギー・コストの削減を通じて経済成長が促進される。より効率的に燃料を使用することは，料理，照明，そして暖房への支出を減らし，食，教育，健康サービス，そして他の最低限必要なものへ多くの支出をまわすことができる。また，近代的エネルギー・サービスの利用が低いことは，高い乳児死亡率，非識字率，出生

率や，低い平均寿命にも関係している。

　世界の貧困層が近代的エネルギー・サービスを利用する機会を高め，そして最貧国の経済成長や発展を促すために，国連開発計画と世界銀行は，三つの主要な目標を提唱している。それは，料理・暖房のために近代的燃料やクリーンなバイオマス・システムを利用する機会を高めること，すべての都市または都市周辺地域で電気を利用する機会を確保すること，そして農村の中心地で機械動力や電力を利用する機会をつくることである___26。一方では，近代的エネルギー・サービスの開発・拡充の基盤となる技能・技術を習得するためには，この三つの目標に向けた取り組みに対して，国際社会による制度的な支援や生産能力の造成が必要となるであろう，と示唆している。第4章で議論されるが，そのような技能・技術の欠如，また資金不足は，発展途上経済がエネルギー貧困削減のために低炭素戦略を実施する際に直面する主要な課題の一つとなる。

交通システムの持続可能な方向への改善

　運輸分野のエネルギー使用量は世界全体で25％，また温室効果ガス排出量は14％を占めている___27。高所得経済では，運輸分野の温室効果ガス排出量はさらに高い割合を占めている。たとえばアメリカでは26％に達し，EUでは約19％である。増加率を見ると，中東と北アフリカ（1990年から2005年まで年平均4.0％），サハラ砂漠以南のアフリカ諸国（3.5％），ラテン・アメリカとカリブ海諸国（3％）である___28。したがって，運輸分野は急激な温室効果ガス排出量増加の一因であり，その中でも道路交通が運輸分野の排出量の74％を占めている。

　現在のエネルギー使用の傾向が大きく変わらなければ，世界の運輸分野のエネルギー使用量は毎年2％ずつ増えつづけるであろう。その結果，運輸分野のエネルギー使用量と温室効果ガス排出量は2030年には2002年比で約80％増加すると予測されている___29。

　持続可能な交通へと改善することは，他の環境・経済的な理由からも重

要となる。交通は，近代経済における基盤分野の一つであり，成長を刺激する重要な役割を果たしている。また交通網は都市の日常生活に欠かせないものであり，それと同時に人口増加，都市化，そして産業活動は運輸分野の成長にとって大事な原動力である。急速に発展している経済では特に運輸分野のエネルギー使用が増えており，世界の温室効果ガス排出量の大きな割合を占めている。また大都市では運輸分野の温室効果ガス排出量は，都市全体の3分の1以上を占めていると予測される[30]。さらに交通からの大気汚染は，発展途上経済における都市地域への人口集中，急速な都市化，そして非効率な交通システムのために，最もひどい環境・健康上のリスクとなっている。最後に，都市の貧困層は，公共交通の利用しにくさ，自動車交通に関する高いコスト，そして信頼できない道路交通での高い事故率から損失を被っている。

　世界の交通システムの持続可能な方向への改善は，交通網の効率化，成長，そして雇用機会を高めることにも関連している。現在の世界の交通システムは，自動車や道路交通に過度に頼っている結果，全部で三つの欠点を生じている。

　第一に，現在の世界の交通システムは「利用しやすさ（アクセシビリティ）」よりも「移動しやすさ（モビリティ）」を強調している。このことは都市開発，土地利用計画，そして雇用機会に対して予期しない結果をもたらした。たとえばアメリカでは，1950年から1990年の間に高速道路網が急速に拡大し，主要都市の人口減少に大きな影響を与えた[31]。不幸にも，このアメリカモデルは，特に1人当たり所得と自動車利用を増加させるため，世界の交通システムのお手本とされた。この自動車に依存した都市構造は，「雇用機会の可能性」を改善せずにむしろますます悪化させているのかもしれない。たとえば，ボストン，ロサンゼルス，東京を比較した研究では，雇用機会の可能性は三つの都市すべてで自動車利用者よりも公共交通利用者のほうが低下している。また，ボストンとロサンゼルスにおける公共交通利用者の雇用機会の可能性は東京よりも低いことが示されている。つまり，近代の大都市では，自家用車を所有していないことが雇用機会の低下をも

たらす。そして，これはアメリカの交通システムをお手本とし，ますます自動車に依存してきている国々でも当てはまることである——32。

　第二に，現在の交通システムは自動車利用の増加，道路交通，そしてエネルギー使用の増加に偏っているが，その偏りは交通市場での相当大きな歪みによりさらに悪化させられている。この歪みは，「割安な」自動車走行，自動車利用を促す現在の都市・土地利用計画，そして道路交通を優遇する公共投資などが原因として挙げられる。またこの歪みは，交通渋滞，高い交通コスト，非効率なエネルギー消費，そして事故発生件数の増加といった経済的かつ社会的な費用をもたらす。これらの費用のほとんどは，自動車利用者以外に負担させるという意味で「外部的」なものであり，一般的に自動車利用にかかる費用全体の3分の1を占めている——33。アメリカでは年間500億円に達している——34。またこのような影響は，累積し広範に及ぶことが多い。たとえば渋滞が経済に与える影響は多岐にわたる。世界銀行の報告では，発展途上経済での自動車利用の増加は急激な交通渋滞をもたらし，バスのような公共交通機関の走行時間を増加させているとしている。しかし，自動車利用の増加は渋滞問題だけではなく，自動車やタクシーの利用をますます増加させる——35。アメリカの大都市では，渋滞は雇用に影響するほどの状況に達している。ロサンゼルスと同じくらい渋滞がある都市に関して，渋滞が10％増えることで長期的な雇用成長は4％低下すると推定されている——36。現在の世界的な都市化や渋滞が続くならば，主要都市での雇用成長の低下はかなり大きくなっていく。政策立案者が道路交通網拡大のために毎年支出するのは，渋滞緩和にあまり有効ではなくなる。たとえば，アメリカの高速道路への支出は，自家用車の運転手，トラック輸送業，そして海運業が負う渋滞によるコストを11セントしか削減しない——37。

　第三に，現在の交通システムは自家用車の利用を奨励しており，それは貧困層に損失を与える。インドのムンバイでは，全通勤者の44％以上，また貧困層の63％が徒歩で仕事に行っている。それ以外の貧困層は一般的に公共交通機関を利用しており，都市中心部の貧困層の21％はバスを利用

し，郊外の貧困層の25％は電車である__38。発展途上経済では一般的に，低所得の人々は公共交通機関を利用し，自動車以外の交通機関を使うか，または徒歩である。中所得の人々の多くは，小型乗合バス，スクーター，またはオートバイなどの小型の交通手段に頼っている。自家用車を利用するのは高所得の人々だけである。しかし，交通に最も多く支出しているのは低所得あるいは中所得の人々であり，それは所得の30％を占めている__39。同様にアフリカでは，都市の最貧困層が交通に所得の25％以上を支出している__40。したがって，高くなる交通コストで損失を受けるのは貧困層なのである。たとえば，アジアで発展途上にある4カ国では，2002年から2005年にかけて燃料価格が上昇したことにより，貧困層は交通に120％以上多く支出した__41。アメリカのような富裕国では，貧困層は都心部に集中する傾向があり，交通に所得の多くを支出し，また公共交通機関に依存している__42。したがって，貧困層は公共交通のコストや利用する機会に対して弱い立場にあり，そして公共交通システムは十分な財源がなく制限されている。その結果，公共交通機関の利用は，都心住民の雇用や労働参加率と重要な関係をもつことになる__43。

　GGNDは世界の交通システムを持続可能な方向へ改善することを目標にすべきであるが，そこには貧困層が交通機関を利用しやすくし，同時に短期的な景気回復を促し，また何百万人もの雇用を創出することも含める必要がある。

　この複数の目標を達成するためには，次の五つの主要な領域での進展が必要である。

- 次世代型の低燃費自動車，低炭素なバイオマス燃料，そして新燃料や自動車の配送システム基盤を開発すること。
- 道路交通から鉄道・公共交通による交通システムへの転換を奨励すること。
- スマート交通，または都市・土地利用計画を通じて自動車の走行距離を短縮すること。

・貧困層にとって手頃な料金で交通を利用しやすくすること。
・交通市場の歪みをなくし，持続可能な交通システムを推進するために市場原理に基づく手段や規制を適切に実施すること。

次の節では，各国政府により実施され，また新たな経済分野を促し，熟練労働の需要を高め，雇用を生み出し，さらに世界的な景気回復と持続可能な成長を高めるような，さまざまな対策の事例を取り上げる。

持続可能な交通システムに向けた取り組み

現在の世界的な景気後退の特徴の一つは，自動車販売の不調である。2008年後半に，自動車販売は前年に比べて30%減少した。そして，2009年の平均減少率は少なくとも8%であると予測される[44]。アメリカの三大自動車メーカーの内，ゼネラル・モーターズとクライスラーの二社は破産申告をし，フォードはアメリカ政府から救済融資を受けた。トヨタは，操業70年で最初の営業損失を計上した。また日産は，3分の1以上の生産の落ち込みを報告した。歴史的に見ても，雇用と所得の増加が自動車販売の動向を左右する要因であるので，景気後退が深刻になるにつれて，世界の自動車産業の危機はさらに深まると予想された。

世界経済を復活させる試みは，世界の自動車産業の回復とも密接な関係にある。世界の自動車産業は，特に低燃費自動車に関する販売の落ち込みに直面し，政府からの融資・援助にますます頼るようになってきている。そこで今が，自動車産業の回復計画と，次世代型の低燃費自動車やバイオマス燃料の開発のために必要な奨励金や事業再編を同時に行う理想的な機会である。

Box2.8で示されるように，世界の自動車産業による低燃費自動車の開発は雇用に重大な影響を与える。もし世界の自動車産業がクリーン自動車を製造している日本の自動車メーカーと同じ雇用率になれば，低燃費，ハイブリッド，代替燃料の使用，そして低排出な自動車の生産に関して，380万人

の直接的な雇用が生じうる。また，現在の直接的な雇用に対する間接的な雇用の割合は，日本の4：1からアメリカの6.5：1までの範囲である。もしその割合が世界的に5：1になれば，クリーン自動車の開発に付随して燃料精製・配送，販売，リペアー，そしてさまざまなサービスなどの分野で1900万人の雇用が生まれるであろう。もちろん，伝統的な自動車製造の落ち込みが雇用を移動させる可能性も十分にある。けれどもアメリカでは，燃費基準の引き上げが低燃費自動車の生産を拡大し，現在の危機により最もひどい影響を受けたミシガン，オハイオ，カリフォルニア，そしてインディアナにおいて，新たに35万人の直接的な雇用を生み出すことが予測されている。

Box2.8

低燃費自動車と雇用

　部品や付属品の生産を含む世界の自動車産業での雇用は，およそ840万人と推定されている。この雇用のほとんどは，アメリカ，ヨーロッパ，日本，そして韓国など主に自動車製造を行っている経済に集中している。巨大な新興市場経済でも自動車産業やその雇用が拡大しており，各国の雇用は中国（160万人），ロシア（75万5000人），ブラジル（28万9000人），インド（18万2000人），そしてタイ（18万2000人）である。一方で，燃料精製，配送，販売，修理，またはさまざまなサービスのような間接的な雇用は直接的な雇用よりも多くなっている。たとえば，アメリカでは650万人，また日本では400万人である。

　低燃費，（電気を含む）ハイブリッドまたは代替燃料の使用，そして低排出と他のクリーン自動車製造における直接的な雇用者数を明らかにするのは困難である。世界的に見ると約25万～80万人の従業員数，あるいは自動車関連の総労働力の3～10％の範囲と推定される。日本では43万4000人の労働者がハイブリッドで低排出な自動車の製造で雇用されており，それは自動車関連の総労働力95万2000人の約46％に相当する。もし世界の自動車製造産業がクリーン自動車を生産している日本と同じ割合で雇用す

れば，それは世界全体で380万人に達するであろう。韓国ではグリーン・ニューディール計画の一環として，低燃費自動車やクリーン燃料に対して約150万ドルを投資し，1万4000人以上の新たな雇用を生むと期待されている（第5章を参照）。

　また，発展途上経済もこのような雇用創出からの利益を得るだろう。2007年6月以来，タイでは限られたエンジン容量，少なくとも1ガロン当たり47マイルで，走行距離1キロ当たり二酸化炭素を120g排出し，さらにヨーロッパの排出基準を満たす「エコ・カー」の製造業者に対して幅広い税優遇策を行っている。このエコ・カーは国内市場で販売されるだけではなく，他のアジア諸国，オーストラリア，そしてアフリカへも輸出される計画である。タイでのこのような雇用創出がもたらす意義を確認するにはまだ早すぎるけれども，このエコ・カー戦略は自動車製造での現在の18万2000人の雇用のうち大きな割合を占める可能性がある。同様に，中国では，自動車の排出基準を強化し，燃料の品質を高め，そしてハイブリッドまたは代替燃料の使用を促す投資や奨励金といった総合対策を導入すれば，クリーン技術へ移行できることが示されている。もしそのような対策が採用されれば，自動車製造での160万人の雇用のうち大きな割合をクリーン自動車製造での雇用が占めることになるであろう。

　自動車産業での低燃費自動車への大きな転換により生じる構造変化や雇用の移動を考慮すると，新たな雇用創出を測定することが適切である。アメリカでは，燃費基準の引き上げはアメリカの年間石油消費や温室効果ガス排出を削減するだけでなく，7万3000人から35万人までの新たな雇用を生む可能性があることが示されている。この新たな雇用創出のほとんどは，現在の世界危機において最悪の雇用損失を経験している伝統的な自動車製造業のあるミシガン，オハイオ，カリフォルニア，そしてインディアナで生じるであろう。

　　　　出典
　　Bezdek, Roger H., and Robert M. Wendling (2005), "Potential Long-term impacts of changes in US vehicle fuel efficiency standards," Energy Policy, 33 (3): 407-19.

Renner, Michael, Sean Sweeney and Jill Kubit (2008), Green Jobs: Towards Decent Work in a Sustainable, Low-carbon World, Geneva, UNEP.
Zhao, Jimin (2006), "Whither the car? China's automobile industry and cleaner vehicle technologies," Development and Change, 37 (1): 121-44.

　次世代の低炭素型バイオマス燃料や全国配送システムの開発・拡充は，世界の自動車産業における低燃費自動車の拡大を補う重要なものとなるだろう（Box2.9を参照）。バイオマス燃料への関心は，エネルギー安全保障や温室効果ガス排出削減，農業・輸出における所得の増加や多角化の必要性などを背景として，世界的に高まってきている。このバイオマス燃料における雇用機会の可能性は十分にあるだろう。世界的には，すでに少なくとも1200万人がバイオマス燃料生産で雇用されている。そして，バイオマス燃料は労働集約的であるため，世界的に生産を拡大することにより，1000万人以上の雇用を追加することは簡単である。

Box2.9

バイオマス燃料：経済的な可能性か環境的な災難か？

　エネルギー安全保障や温室効果ガス排出削減や，農業・輸出における所得増加の必要性を背景にして，世界のバイオマス燃料生産は急速に拡大してきた。たとえば，2004年から2007年までに世界のエタノール生産は108億ガロンから131億ガロンまで急上昇し，約25％増加した。このエタノール生産のうち約88％がアメリカとブラジルの二つの国で行われているが，次第に発展途上経済・地域を含む多くの国々でバイオマス燃料の生産に対する投資が進められるようになった。現在，世界的にみて約12億人の雇用がバイオマス燃料の生産からもたらされていると推定されている。しかし，これはその分野で生じる雇用効果を過小評価しているのかもしれない。なぜならば，この推定はブラジル（50万人），アメリカ（31万2200人），中国（26万6000人），ドイツ（9万5400人），そしてスペイン（1万0350人）の5

カ国のみに基づいたものだからである。この産業の雇用・経済上の将来的な可能性は，特に発展途上経済でますます強く感じられる。たとえばコロンビアでは，次の何年間かでサトウキビ・エタノール産業で17万人の雇用が生じると予測されている。またベネズエラでも同様のエタノール計画を通じて，100万人の雇用が生じるかもしれない。さらにナイジェリアでは，キャッサバやサトウキビ由来のバイオマス燃料生産の拡大が20万人の雇用を生み，サハラ砂漠以南では，70万人の新たな雇用がエタノール生産の増加により創出されるであろう。概して，バイオマス燃料の生産では化石燃料と比べてエネルギー1ジュール当たり100倍の労働力を必要とするので，世界のエタノール生産拡大がもたらす将来的な雇用創出は1000万人に達する可能性がある。

国	百万ガロン
アメリカ	6498.6
ブラジル	5019.2
EU	570.3
中国	486.0
カナダ	211.3
タイ	79.2
コロンビア	74.9
インド	52.8
中央アメリカ	39.6
オーストラリア	26.4
トルコ	15.8
パキスタン	9.2
ペルー	7.9
アルゼンチン	5.2
パラグアイ	4.7
世界全体	13101.7

世界のエタノール燃料生産
(2007年)

＿＿出典
Renewable Fuel Association, ethanol industrial statistics. (www.ethanolrfa.org/industry/statistics.で入手可能)

一方では，第一世代のバイオマス燃料の生産が環境・経済に与える影響に関する懸念も高まってきている。サトウキビ，穀物（コーン），そしてアブラヤシのような主要なバイオマス燃料の原料は，多くの地域で，森林破

壊，水利用，生物多様性の損失，そして大気・水質汚染といった問題を悪化させている。アメリカでの穀物由来のエタノール生産の急速な拡大は，食糧・飼料不足やそれらの価格引上げといった問題を引き起こしている。大規模プランテーションによるアブラヤシやサトウキビなどの単一作物栽培は，発展途上経済における熱帯林の転用や，また小規模農家や先住民の移住をもたらしている。プランテーションや加工工場での労働条件は理想的なものではなく，未成年労働者の搾取や強制労働も行われている。最後に，現在のバイオマス燃料作物，特に穀物由来やアブラナのエタノールの燃料効率があまりにも低いという問題もある。

　世界のバイオマス燃料のさらなる開発・生産を進めるためには，これらの経済的，環境的，そして社会的コストをできるかぎり小さくすることに留意することが必要である。次世代原料油の開発やセルロース工場資材からのエネルギー転換は，期待のもてる出だしである。たとえば，現在の原料油の中でアブラヤシ，サトウキビ，そしてテンサイのみが，1ヘクタール当たりのガソリン換算燃料の十分に高い量を生み出している。1ヘクタール当たり燃料を高くする可能性のある新しい原料油には，藻類，ひまし油，作物廃棄物，ジャトロファ属，リグニン，多年生牧草，短い循環の木材作物，そして林業廃棄物などがある。もしこれら原料油の費用対効果が上がり，また農業・林業用地，水利用に対してあまり圧力を与えなければ，土地・水利用での他との対立を緩和し，経済・雇用上の利益をもたらす可能性がある。ブラジルでは，熱・電気を作るためにサトウキビから生じる作物廃棄物を利用し，現在では，1ヘクタール当たり燃料を高めるためにサトウキビの絞りかすや糖料作物も扱う可能性を調査している。アメリカ政府は，多くの次世代原料油の燃料としての可能性を研究，開発，そして実証するために，1800万ドルを割り当てている。発展途上経済では，ジャトロファとひまし油の使用が進展しており，これらや他の油糧種子作物は雇用創出の見込みを改善するかもしれない。なぜならば，これらは手作業で収穫する必要があるためである。マリ共和国では，ジャトロファ由来のバイオマス燃料は，輸入されているディーゼル燃料に置き換わり，地域の雇

用を創出している。インドでは、ジャトロファ農家が植え付けの年には1ヘクタール当たり1日313人の労働者を、その後は1ヘクタール当たり1日55人の労働者を用いていると推測される。ブラジルでは、アブラヤシの1ヘクタール当たり0.2人の労働、またダイズの0.07人と比較して、ひまし油の収穫は1ヘクタール当たり0.3人の労働、ジャトロファ属では0.25人の労働を生み出すことができると推定している。

さらに、バイオマス燃料の生産・収穫・加工に対する労働・環境規制が、世界的に採用され実施される必要がある。国際労働機関による未成年労働者の使用や労働条件・慣行に関する勧告が採用、また厳守される必要がある。さらに、バイオマス燃料の生産計画、特に大規模プランテーションは、土地・水利用、森林伐採、他の農産物生産への転換、そして小規模農家や先住民の生活への潜在的な影響に配慮する必要がある。

出典

Goldmberg, Jose, Susani Teixeria Coelho and Patricia Guardabassi (2008), "The sustainability of ethanol production from sugarcane," Energy Policy, 36 (6): 2086-97.
Pena, Naomi (2008), Biofuels for Transportation: A Climate Perspective, Arlington, VA, Pew Center on Global Climate Change.
Renewable Fuels Association, ethanol industry statistics.
Renner, Michael, Sean Sweeney and Jill Kubit (2008), Green Jobs: Towards Decent Work in a Sustainable, Low-carbon World, Geneva, UNEP.

しかしながら、世界のバイオマス燃料生産の拡大がもたらす悪影響についても注意する必要がある。それには、競合する土地・水への需要、森林伐採や汚染、小規模農家や先住民の移動、貧困層の労働条件や労働慣行、そして世界的な食糧・飼料価格への影響などが含まれている。ガソリンと同じくらい高い燃料の生産性をもたらす、藻類、ひまし油、作物廃棄物、ジャトロファ、リグニン、多年生牧草、短期輪作での木質作物、そして森林産業廃棄物などのような次世代原料油の開発は、この悪影響を緩和し、一方で新たな雇用機会を生み出すかもしれない（Box2.9を参照）。その開発

は，労働慣行・条件を改善し，土地や水利用，森林伐採，他の農産物生産への転換，そして小規模農家や先住民への影響を減らすために世界的な労働・環境規制の実施により補われる。

持続可能な交通システムを進展させるためには，公共・鉄道交通を重要視するべきである。なぜなら，それらは自家用車に比べて炭素・エネルギー集約的ではなく，そして雇用を生む可能性があるためである。

都市公共交通や鉄道網への投資は，直接的に運輸・鉄道の運転手や労働者の雇用を生むだけではなく，あらゆる技能水準における建設，土木，そして製造といった雇用を広範に押し上げる基盤を提供するため，雇用創出において高い乗数効果をもっている（Box2.10を参照）。世界的に，都市公共交通システムは直接的な雇用に対して大きな影響を与え，アメリカでは36万7000人，EUでは90万人に達する。また公共交通への投資は，間接的な雇用効果をもっている。ヨーロッパでは，その投資は2.0から2.5までの間接コストをもたらす乗数効果をもつが，スイスのように公共交通に多額の投資をしている国の乗数効果は4.1である。さらに，都市部の貧困層は交通コストを削減でき，また移動しやすくすることにより雇用が誘発されるかもしれない。自転車や徒歩など自動車に頼らない交通を推進させる土地利用・都市計画と共に，公共・鉄道交通への投資により，人口密度の高い地域では自動車の使用から他の交通手段への転換がもたらされるかもしれない。それはただ単に汚染や温室効果ガス排出を減らすだけではなく，新たな雇用も生み出すのである。

Box2.10

公共・鉄道交通と雇用

世界的に，都市公共交通システムは，雇用への直接的な影響力をもっており，それはアメリカでは36万7000人，またEUのみで90万人を占めている。中国，エジプト，ガーナ，インド，インドネシア，イラン，メキシコ，南アフリカや韓国のような発展途上国では，CNG（圧縮天然ガス）バスやBRT

（バス高速輸送）システムの拡充が都市部の大気汚染を削減し，新たな製造業を生み出し，また雇用をもたらしている。たとえば，インドのニュー・デリーでは，CNG バスの導入が 1 万 8000 人の新たな雇用を生むと予想されている。

　また都市公共交通への投資は，間接的な雇用効果をもつ。ヨーロッパでは，公共交通への投資が 2.0 から 2.5 の間接雇用を創出する乗数効果をもつが，スイスのように公共交通へ多額の投資を行う国では，4.1 まで乗数効果は高まる。公共交通への投資はまた，貧困層が交通サービスを利用しやすくすることで雇用を誘発する。たとえば，アメリカの主要都市では，公共交通の利用は労働参加率や都心部の貧困層の雇用との関係で重要となる。インドのムンバイでは，公共交通の利用しやすさは，貧困層の移動しやすさと雇用機会の可能性にとって重要となる。このことは特に，都市周辺に住み，自動車以外の乗り物や徒歩を控えさせるほど長い通勤距離のため孤立している貧困層について当てはまることである。

　鉄道システムへの投資は，自動車の代替案を提供するだけではなく，十分な雇用ももたらす。たとえばアメリカでは，新しい高速鉄道システムとそのメンテナンスへの 10 年間の連邦投資計画が，約 25 万人の新規雇用を創出する可能性があると推定されている。韓国ではグリーン・ニューディール計画の一環として，大量輸送・鉄道への投資を通じて 13 万 8000 人以上の新規雇用を生むと予測している。ヨーロッパでは，既存の鉄道システムへの投資が行われていないので，労働力の低下がもたらされている。鉄道輸送での雇用は 90 万人に達しているが，最近 10 年間をみると，2000 年から 2004 年まで 14％下落しており，確実に雇用は減りつづけている。鉄道や路面電車の製造における雇用もまた著しく減っており，ちょうど 1 万 4000 人である。発展途上経済では，鉄道は旅客・貨物の重要な輸送手段であるが，さらなる投資が行われなければ雇用の可能性は低下していく。たとえば 1992 年から 2002 年までに中国では，鉄道での雇用は 340 万人から 180 万人に減少した。一方インドでは，170 万人から 150 万人に減少した。アフリカにおける鉄道への投資に対する軽視は，アフリカ大陸全体の

交通問題を悪化させるだけではなく，雇用も減らしているのである。

　自動車の代替交通への投資は，汚染や温室効果ガスを減らすだけではなく，雇用も生み出す。ドイツでは，高いガソリン税を部分的な財源とした投資は公共・鉄道交通を2倍にし，自転車の利用を72%増やし，自動車での走行距離を8%減らし，20万8000人の新たな雇用を生み出していることが確認された。同様にイギリスでは，自転車や徒歩だけでなく鉄道やバスの利用が70〜80%増加し，他方では自動車利用への依存の低下が確認されている。結果的に雇用効果は，8万7000人から12万2000人の増加であった。

出典

Baker, Judy, Rakhi Basu, Maureen Cropper, Somik LAll and Akie Takeuchi (2005), Urban Poverty and Transport: The Case of Mumbai, Policy Research Working Paper no.3639, Washington, DC., World Bank.
Renner, Michael, Sean Sweeney and Jill Kubit (2008), Green Jobs: Towards Decent Work in a Sustainable, Low-carbon World, Geneva, UNEP.
Sanchez Thomas W. (1999), "The connection between public transit and employment," Journal of the American Planning Association, 65 (3): 284-96.
World Bank (2006), Promoting Global Environmental Priorities in the Urban Transport Sector: Experience from World Bank Group-Global Environmental Facility Projects, Washington, DC, World Bank.

　対象を定めた公共・鉄道交通への投資は，経済・雇用上の利益を短期的にも高められる。たとえば，アメリカで提唱され，Box2.4で概観した低炭素対策は，次の通りである。

・都市の現行バス・地下鉄サービスの拡大
・公共交通料金の引き下げ
・州・自治体の運営またはメンテナンス予算に対する連邦の支援拡大
・企業に大量輸送を促す動機付けとしての連邦補助金引き上げ
・連邦融資がないため現在支障となっている重要な大量輸送計画への資金提供[45]

景気回復を促し，雇用を創出し，そして交通システムを持続可能な方向へ改善するための短期的な総合対策は，EUや他の高所得経済でも採用されている。一方，発展途上経済では，CNGバスやBRTシステムのような低燃費システムに基づく，安全で信頼でき，利用しやすい都市交通システム開発への投資が優先されている。また，鉄道網を拡大・メンテナンス・改善することは，重要な目標にするべきである。

　持続可能な交通システムの推進に向けた取り組みによる経済・環境・雇用上の利益を高めるためには，交通市場の歪みのなくし，市場原理に基づく手段や規制の実施が必要となるであろう（Box2.11を参照）。市場や計画の歪みをなくすことで，経済的な無駄が抑えられ，汚染や渋滞が減り，交通手段の選択肢が増え，さらに景気回復と雇用を押し上げる持続可能な交通システムを促進するであろう。燃料や自動車への課税，新しい自動車の奨励金，道路料金，使用者手数料，自動車保険，そして自動車全体への奨励金といった財政政策は，クリーンで低燃費な自動車の導入を奨励するために強い影響力をもつ。これらの政策を，温室効果ガスや燃費に対する厳しい基準と組み合わせることにより，自動車需要またはその利用は重大な転換をもたらすかもしれない。そのような政策は高所得のOECD経済だけではなく，中国やインドのような巨大な新興市場経済にとってもますます魅力的なものとなっている。

Box2.11

持続可能な交通システム推進のための市場改革と財政政策

　割安な自動車走行，自動車利用を促す都市・土地計画，そして道路交通を優遇するような公共投資を含んだ交通市場の歪みは，世界全体を道路交通や過剰な自動車利用に依存した交通網の展開へと意図的に偏らせている。これらの歪みをなくせば，経済的な無駄が抑えられ，汚染や渋滞を減

し，交通手段の選択肢が拡大し，そして景気回復と雇用を押し上げるような持続可能な交通システムが容易となるであろう。あらゆる国が実施可能な交通市場・計画での改革は次の表で示される。

交通市場・計画の歪みに対する改革案

分野	説明	可能な改革
消費者選択と情報	市場は自動車輸送に代替案を制限する。	代替的な輸送方法の価値と計画決定におけるより利用しやすい開発の認識。
標準以下の価格付け	多くの自動車費用は固定され外部的である。固定費用はさらなる自動車利用をもたらし，外部費用は運転手により負担されない。	実現可能な場合には，固定費用を変動料金に変えて，直接運転手に費用を課す。
交通計画	交通計画・投資実行は，他の解決法がより効率的である時でさえ，道路交通拡張を好む。	外部費用を含む道路交通・利用の全費用を統合し，代替的な方法・管理が費用効率的な場合には融資されるように最小費用計画を採用する。
土地利用・政策	現在の土地利用計画政策は，より低い人口密度の自動車志向の開発を促進する。	より多様で利用しやすい土地使用の開発を支持する洗練された成長政策改革の採用。

出典
Litman, Todd (2006), Transportation market distortions, Barkeley Planning Journal, 19 : 19-36.

　他に比べて割安な道路交通という永続的な問題に取り組むだけではなく，低燃費自動車の開発を奨励するために，多くの財政政策や市場原理に基づいた手段を用いることができる。自動車利用により生じる主要な外部費用に取り組み，また低燃費自動車を奨励する対策を実施している国もある。次の表ではさまざまな財政政策が挙げられ，また特定の国による対策の「最良な実施」例が与えられている。

　財政政策は，燃料消費，汚染，そして低燃費自動車の開発に対して永続的な影響を与える。たとえばトーマス・スターナーによる研究では，もしすべてのOECD諸国が最も高い税率を採用している国と同水準の燃料税

持続可能な交通のための財政政策における国際的に最良な実施例

燃料税	ガソリンまたはディーゼル税 (ポーランド)，炭素税 (スウェーデン)
乗物税	年間乗物性質税・手数料 (EU)，新クリーン，燃料効率車のための税・手数料削減や免除 (デンマーク，ドイツ，日本)，二酸化炭素とスモッグ外部性の年間手数料 (デンマーク，イギリス)
新車インセンティブ	クリーン車割引 (日本，アメリカ)，大型自動車税 (アメリカ)，手数料と割引：燃料消費にともなう変動購入税 (オーストラリア)
道路手数料	道路通行料徴収または高い占有率手数料車線 (カリフォルニア)，渋滞税 (ロンドン)，全外部性に基づく道路通行料徴収 (シンガポール)
使用者手数料	駐車手数料 (カリフォルニア)，駐車のための代替手数料 (カナダ，ドイツ，アイスランド，南アフリカ)，駐車需要管理 (アメリカ)
乗物保険	強制保険損失のための罰金 (イギリス，アメリカ)，保険特有の自動車税 (フランス)，運転・ブレーキに応じた保険 (イギリス，アメリカ)
全車両インセンティブ	費用効率，クリーンかつ燃料効率な公共車両 (カナダ)，クリーン，燃料効率な社用車 (イギリス)

___ 出典
Gordon, Deborah (2005), Fiscal policies for sustainable transportation: international best practices. In Energy Foundation(Ed.), Studieson International Fiscal Policies for Sustainable Transportation, San Francisco, Energy Fundation: 1-80.

を採用すれば，OECD諸国全体での自動車による燃料消費は36％減少し，炭素の排出量は半分になることが示された。また政府は温室効果ガスや燃費に対する基準を通じて，自動車の低燃費を促進できる。EUでは，特定の種類の自動車に対しては走行距離1キロ当たり二酸化炭素130グラムの排出という目標基準を設定している。そして日本では，すべての新しい乗用車に対して走行距離1キロ当たり二酸化炭素125グラムの排出という最も厳しい基準を2015年から段階的に導入する。財政政策と燃費基準の組み合わせは，よりクリーンで低燃費な自動車を導入させるために最も有効な方法である。さらに，燃費クレジットの取引や，基準を上回る場合に

は払い戻し，そして不順守の場合には手数料を支払うという「手数料払い戻し」手段の導入によって規制基準はさらに費用効果的なものとなる。たとえばカリフォルニアでは，都市地域での速いテンポでの継続的な成長にもかかわらず，規制基準，財政政策，そして技術改変の組み合わせが，自動車の著しいグリーン化と大気の質の急速な改善のために過去15年以上行われてきた。そのような政策は巨大な新興市場経済にとって魅力的である。中国では，燃費基準を段階的に引き上げ，より低燃費な自動車を導入させるためにさらなる財政政策，特に自動車や燃料に対する課税を採用している。インドもまた，そのような政策を段階的に採用してきている。

出典

An, Feng, Deborah Gordon, Hui He, Drew Kodjak and Daniel Rutherford (2007), Passenger Vehicle Greenhouse Gas and Fuel Economy Standards: A Global Update, Washington, DC, International Council on Clean Transportaion.

Fischer, Carolyn (2008), "Comparing flexibility mechanisms for fuel economy standards," Energy Policy, 36 (8), p3116-24.

Gordon, Deborah (2005), "Fiscal policies for sustainable transportation: international best practices," In Energy Foundation (ed.), Studies on International Fiscal Policies for Sustainable Transportation, San Francisco, Energy Foundation, 1-80.

Huang, Yongh (2005), "Leveraging the Chinese tax system to promote clean vehicles," In Energy Foundation (ed.), Studies on International Fiscal Policies for Sustainable Transportation, San Francisco, Energy Foundation, 90-7.

Kahn, Matthew E., and Joel Schwartz (2008), "Urban air pollution progress despite sprawl: the greening of the vehicle fleet," Journal of Urban Economics, 63 (3): 775-87.

Litman, Todd (2006), "Transportation market distortions," Berkeley Planning Journal, 19, p19-36.

Minato, Jari (2005), "Clean vehicle promotion policies in Japan," In Energy Foundation (ed.), Studies on International Fiscal Policies for Sustainable Transportation, San Francisco, Energy Foundation: 81-9.

Sterner, Thomas (2007), "Fuel taxes: an important instrument for climate policy," Energy Policy, 35 (6): 3194-202.

Zhang, ZhongXiang (2008), "Asian energy and environmental policy: promoting growth while preserving the environment," Energy Policy, 36 (10): 3905-24.

要約と結論

　世界経済の炭素依存の低減は次第に，エネルギー安全保障と気候変動の緩和という二つの世界共通の目標を同時に扱うための手段と見なされてきている。低炭素型の世界経済への移行はまた，世界の貧困層の人間開発（生活の質や発展状況）を改善し，特にエネルギー貧困という世界的な問題と戦うために必須のものである。エネルギー利用の効率化やクリーンエネルギー供給の拡大に向けた政策は，もしそれが正しく実施されれば，十分な雇用を生み出し，重要な経済分野を短期的に刺激することができる。公共・民間投資を通じてそのような取り組みを促進することは，GGNDにとって，また低炭素型の経済へ移行するためにも重要である。また，本章で議論した中国，アメリカ，EUでの低炭素戦略の事例は，補完的に炭素価格付けを採用することが重要であることを示している。GGNDの下で実行される低炭素戦略で重要となる要件の一つは，貧困層が交通手段を利用しやすくすることを含む交通システムの持続可能な方向への改善の取り組みである。世界の自動車産業が「グリーン」な回復をするためには，低燃費自動車と次世代バイオマス燃料の開発を奨励することが必要である。公共・鉄道交通は自家用車よりも炭素・エネルギー集約的ではなく，また雇用を生み出す可能性をもつ。

　本章で提唱された低炭素で「グリーンな景気回復」に向けた取り組みは，持続可能な交通システム推進のために追加的な政策や投資を必要とするが，G20諸国のGDPの約1％に等しい公的資金計画，戦略，そして支出が炭素依存の低減だけではなく，すぐに景気回復と雇用創出を促すであろう，としている。韓国ではグリーン・ニューディール計画の一環として，すでにこの目標を採用し，33万4000人の雇用をもたらす，鉄道・大量輸送，クリーン燃料，省エネルギー，そしてグリーンな建築への投資にGDPの1.2％以上を支出している（第5章参照）。中国ではすでに，GDPの2.5％に等しい低炭素戦略への支出を公約している（Box1.1参照）。

本章で概観したように，低炭素対策の財源の多くは，キャップ・アンド・トレードや追加的な課税のような補完的な炭素価格付けからの収入だけではなく，エネルギーや交通に対する歪められた補助金や他の市場の歪みをなくし再分配することからも生まれる。したがって，高所得経済はGGNDの一環として低炭素戦略にGDPの1%を支出するという目標が推奨されるのはもっともなように思える。本章の事例でみてきたが，中国のように巨大な新興市場経済では，炭素依存の低減へ向けた取り組みに対してGDPの少なくとも1%を費やすことを目標にできる。

　G20経済は世界経済の90%を占めているので，もしG20経済がGDPの1%という目標を採用すれば，その支出総額は現在のG20による景気対策およそ3兆ドルの25%にあたるだろう。もしG20経済がこれらの対策の実施時期や実行を国際的に調整すれば，世界経済を低炭素型の景気回復路線へ移行させる効果のすべてを高めるであろう。それは本章で議論したように，おそらく雇用の創出と主要な経済分野の回復という点でも重要であろう。発展途上経済はまた，本章で議論した多くの低炭素対策を実施すべきである。特に，発展途上経済がこれらの取り組みにどれだけ費やすべきかを決めるのは難しいが，貧困層が交通を利用する機会を改善することになる。

―――　注

1　International Energy Agency (2008).
2　IPCC (2007).
3　Stern, Nicholas (2007). また，Tol, Richard S. J. (2008) も参照。たとえばトルは，スターン・レビューの推計が将来の被害について低い割引率を用いる他の研究と比較しても，非常に悲観主義である，ということを見出した。
4　Hamilton, James D. (2008), "Oil and the macroeconomy," In Steven N. Durlauf and Lawrence E. Blume (eds.), The New Palgrave Macmillan: 172-5. (www.dictionaryofeconomics.comdictionaryで入手可能) また，Jimenez-Rodriguez, Rebeca, and Marcelo Sanchez (2005), "Oil price shocks and real GDP growth: empirical evidence for some OECD countries," Applied Economics, 37 (2): 201-28. そして，World Bank (2009).
5　International Energy Agency (2007).
6　International Energy Agency (2008).
7　Becker, William (2008). また，McKibbin, Warwick, and Peter Wilcoxen (2007). そして，Pascual, Carlos, and Jonathon Elkind (eds.), Energy Security:

Economics, Politics, Strategies, and Implications, Washington, DC, Brookings Institution Press. さらに, International Energy Agency (2007), Energy Security and Climate Policy: Assessing Interactions, Parish, International Energy Agency. そして最後に, United Nations Economic and Social Commission for Asia and the Pacific (2008), Energy Security and Sustainable Development in Asia and the Pacific, Bangkok, Economic and Social Commission for Asia and the Pacific.

8 ___ International Energy Agency (2007).

9 ___ United Nations Economic and Social Commission for Asia and the Pacific (2008).

10 ___ Modi, Vijay, Susan Mcdade, Dominique Lallement and Jamal Saghir (2005).

11 ___ World Bank (2009).

12 ___ McGranahan, G., D. Balk, D. Anderson and B. Anderson (2007). 著者らは, 比較すると, 世界人口の10%が高いリスクをもつ低海抜の沿岸域で生活していると推定した。

13 ___ たとえば、Carmody, Josh, and Duncan Ritchie (2007), Investing in Clean Energy and Low Carbon Alternative in Asia, Manila, Asian Development Bank. また, Renner, Michael, Sean Sweeney and Jill Kubit (2008), Green Jobs: Towards Decent Work in a Sustainable, Low-carbon World, Geneva, United Nations Environmental Programee. そして, United Nations Economic and Social Commission for Asia and the Pacific (2008). さらに, Zhang, ZhongXiang (2008), "Asian energy and environmental policy: promoting growth while preserving the environment," Energy Policy, 36 (10): 3905-24.

14 ___ United Nations Economic and Social Commission for Asia and the Pacific (2008). また, Shukla, P. R. (2006), "India's GHG emission scenarios: aligning development and stabilization paths," Current Science, 90 (3): 384-95.

15 ___ Robins, Nick, Robert Clover and Charanjit Singh (2009).

16 ___ アメリカ全域でのキャップ・アンド・トレードの代替案として、ロブ・スティーブンスや大統領による気候変動への取り組みプロジェクトのボブ・レペットは、アメリカ経済の化石燃料の販売を制限する上流でのキャップ・アンド・トレードの実施を主張している。そのようなシステムのもとで、許可証は各燃料の種類の炭素含有量を調整し、その燃料の第一次販売者は必要とし、石油精製所、天然ガス配給所、炭鉱船積み所、そして輸入燃料港で実施される。第一次販売者は許可証を取引することができ、全温室効果ガス排出目標は発行される総許可証を制限するために課される。Repetto, Robert (2007), National Climate Policy: Choosing the Right Architecture, Report prepared for the Presidential Climate Action Project, New Haven, CT: Yale School of Forestry and Environmental Studies, Yale University. また, Stavins, Robert N. (2008), "Addressing climate change with a comprehensive US cap-and-trade system," Oxford Review of Economic Policy, 24 (2): 298-321. を参照。さまざまなキャップ・アンド・トレードの評価やアメリカでの分配的な意義については、Burtraw, Dallas, Richard Sweeney and Margaret Walls (2008), "Crafting a fair and equitable climate policy: a closer look at the options," Resources, 170: 20-3. を参照。

17 ___ the US Central Intelligence Agency, "The world fact book." (www.cia.gov/

library/publications/the-world-factbook/rankorder/2001rank.html.で入手可能）からの購買力平価で測定された2007年のGDPに基づき，アメリカのGDPは13兆7800億ドルと推計される。

18 ＿＿ Robins, Nick, Robert Clover and Charanjit Singh (2009).を参照。

19 ＿＿ 排出量取引の起源・発展，またはその可能な改革については，Convery, Frank J. (2009), "Origins and Development of the EU ETS," Environmental and Resource Economics, 43 (3): 391-412.を参照。

20 ＿＿ the US Central Intelligence Agency, "The world fact book." (www.cia.gov/library/publications/the-world-factbook/rankorder/2001rank.html.で入手可能）からの購買力平価で測定された2007年のGDPに基づき，EUのGDPは14兆4300億ドルと推計される。

21 ＿＿ United Nations Environmental Programme (2008), Reforming Energy Subsidies: Opportunities to Contribute to the Climate Change Agenda, Geneva, United Nations Environmental Programme.

22 ＿＿ たとえば，Carmody, Josh, and Duncan Ritchie (2007).また，Renner, Michael, Sean Sweeney and Jill Kubit (2008).そして，United Nations Economic and Social Commission for Asia and the Pacific (2008).さらに，Zhang, ZhongXiang (2008).

23 ＿＿ United Nations Economic and Social Commission for Asia and the Pacific (2008).で引用された。

24 ＿＿ Renewable Energy Policy Network for the 21st century (2008), Renewables 2007: Global Status Report, Paris, Renewable Energy Policy Network for the 21st century Secretariat, and Washington, DC, Worldwatch Institute.

25 ＿＿ データの欠如は，発展途上経済における再生可能エネルギー供給での潜在的な雇用の測定をとても難しくしている。たとえば，Renner, Michael, Sean Sweeney and Jill Kubit (2008).による報告のように，再生可能エネルギー分野は現在世界中で230万人以上の雇用を占める。けれどもこれらの数字は，中国（再生可能エネルギー分野で94万3420人の労働者）とインド（風力で1万人の労働者），そしてブラジル（バイオマス燃料エネルギーで約50万人の労働者）のような少数の発展途上経済のみの雇用を含んでいる。それにもかかわらず，発展途上経済全体での潜在的な雇用は十分である。なぜならば，以上の統計ではこれら三つの発展途上経済がすでに世界の再生可能エネルギー雇用の65％を占めているためである。

26 ＿＿ Modi, Vijay, Susan Mcdade, Dominique Lallement and Jamal Saghir (2005).

27 ＿＿ Barker, T., Bashmakov, L. Bernstein, J. E. Bogner, P. R. Bosch, R. Dave, O. R. Davidson, B. S. Fisher, S. Gupta, K. Halsnaes, G. J. Heij, S. Kahn Ribeiro, S. Kobayashi, M. D. Levine, D. L. Martino, O. Masera, B. Metz, L. A. Meyer, G.-J. Nabuurs, A. Najam, N. Nakicenovic, H.-H. Rogner, J. Roy, J. Sathaye, R. Schock, P. Shukla, R. E. H. Sims, P. Smith, D. A. Tirpak, D. Urge-Vorsatz and D. Zhou (2007), "Technical summary," In B. Metz, O. R. Davidson, P. R. Bosch, R. Dave and L. A. Meyer (eds), Climate Change 2007:Climate Change 2007: Mitigation of Climate Change, Cambridge, Cambridge University Press: 25-94.

28 ＿＿ 運輸分野からの温室効果ガス排出量データは，CAIT, version 6.0, 2008からのものである。

29 ___ Barker, T., Bashmakov, L. Bernstein, J. E. Bogner, P. R. Bosch, R. Dave, O. R. Davidson, B. S. Fisher, S. Gupta, K. Halsnaes, G. J. Heij, S. Kahn Ribeiro, S. Kobayashi, M. D. Levine, D. L. Martino, O. Masera, B. Metz, L. A. Meyer, G.-J. Nabuurs, A. Najam, N. Nakicenovic, H.-H. Rogner, J. Roy, J. Sathaye, R. Schock, P. Shukla, R. E. H. Sims, P. Smith, D. A. Tirpak, D. Urge-Vorsatz and D. Zhou (2007).

30 ___ World Bank (2006), Promoting Global Environmental Priorities in the Urban Transport Sector: Experience from World Bank Group - Global Environmental Facility Projects, Washington, DC, World Bank.

31 ___ Baum-Snow, Nathaniel (2007), "Did highways cause suburbanization?" Quarterly Journal of Economics, 122 (2): 775-805.

32 ___ Kawabata, Mizuki, and Qing Shen (2006), "Job accessibility as indicator of auto-oriented urban structure: a comparison of Boston and Los Angeles with Tokyo," Environmental and Planning B: Planning and Design 33 (1): 115-30.

33 ___ Litman, Todd (2006), Transportation market distrortions, Berkley Planning Journal, 19: 19-36.

34 ___ Winston, Clifford, and Ashley Langer (2006), "The effect of government highway spending on road users' congestion costs," Journal of Urban Economics, 60 (3) : 463-83.

35 ___ World Bank (2006).

36 ___ Hymel, Kent (2009), "Does traffic congestion reduce employment growth?" Journal of Urban Economics, 65 (2): 127-35.

37 ___ Winston, Clifford, and Ashley Langer (2006).

38 ___ Baker, Judy, Rakhi Basu, Maureen Cropper, Somik Lall and Akie Takeuchi (2005) , Urban Poverty and Transport: The Case of Mumbai, Policy Research Working Paper no. 3639, Washington, DC, World Bank.

39 ___ Sperling, Daniel, and Deborah Salon (2002), Transportation in Developing Countries: An Overview of Greenhouse Gas Reduction Strategies, Arlington, VA, Pew Center on Global Climate Change.

40 ___ Renner, Michael, Sean Sweeney and Jill Kubit (2008).

41 ___ United Nations Economic and Social Commission for Asia and the Pacific (2008) .

42 ___ Glaeser, Edward L., Matthew E. Kahn and Jordan Rappaport (2008), "Why do the poor live in cities? The role of public transportation," Journal of Urban Economics, 63 (1): 1-24.

43 ___ Sanchez, Thomas W. (1999), "The connection between public transit and employment," Journal of the American Planning Association, 65 (3): 284-96.

44 ___ Gomes, Carlos (2009), Global Auto Report, January 8, Toronto, Scotiabank Group.

45 ___ Pollin, Robert, Heidi Garrett-Peltier, James Heintz and Helen Scharber (2008), Green Recovery: A Program to Create Good Jobs and Start Building a Low-carbon Economy, Washington, DC, Center for American Progress.

3 生態系の保護

　前章では，グローバル・グリーン・ニューディール（GGND）の一環として低炭素経済の構築に向けた対策についてくわしくみてきた。この対策は，世界経済を環境・経済的に持続可能な発展路線に移行させると同時に，今後1，2年の間に景気を回復させ，雇用を創出することができる。これは高所得のOECD経済，新興市場経済，そして低所得経済すべての国で優先して実施されるべき取り組みである。

　この低炭素対策はGGNDにとって重要であるが，本章では他の重要な領域に注目する。それは「生態系の保護」で，世界的な貧困の撲滅という目標にとっても不可欠な課題である。GGNDが真に世界規模のものになるためには，世界経済に差し迫っているすべての課題に対応しなければならない。第Ⅰ部で強調したように，世界的な極度の貧困は緊急に取り組むべき課題の一つである。

　したがって，GGNDは発展途上国によるミレニアム開発目標の達成にも貢献し，その結果，2025年までに世界的な極度の貧困を終焉させることを主な目標にしなければならない。本章では，まず生態系の破壊と貧困層の生活との関係を確定する。そして国内の取り組みが，環境被害の減少，自然資源管理の改善，また世界的な水資源の管理に向けて前進すると同時に，貧困層の生活も改善できるいくつかの方法を概観する。

生態系の破壊と貧困

　生態系の破壊とは，多種多様な生態系からの恩恵，または生態系が人間活動によって搾取される「サービス」の損失によって示される__1。

　第Ⅰ部で述べたように，この問題は世界的にますます深刻になっており，多くの必要不可欠な生態系サービスの喪失という形で表れている。環境悪化を無視した世界的な景気回復は，生態系や水資源を絶滅あるいは枯渇の脅威にさらしつづけることになるであろう。過去50年間にわたり，食糧，淡水，森林，繊維類（木材・綿・絹など）そして燃料への高まる需要を満たすために，生態系は人類の歴史上類をみないほど速くまた広範囲に変化してきた。その結果，生物多様性に対して重大で不可逆的な損失を与えた。主要な24の生態系サービスのうち，淡水，漁業，空気・水の浄化，そして気候，自然災害，また疫病の制御・調節などを含む約15のサービスは，持続不可能な状態にまで劣化している__2。

　発展途上諸国の貧困層は特に，危機的な生態系サービスの喪失に対して脆弱である__3。世界人口の20％を占める約13億人の発展途上経済の貧困層は，環境の劣化や水ストレスにさらされやすい土地や，高地，森林帯，乾燥地帯といった脆弱な土地で暮らしている（Box1.2を参照）。そのうちの約半分（6億3100万人）は，農村の貧困層である__4。世界の貧困層が希少な水資源を利用できないため，「水貧困」問題が生じている。発展途上国全体で5人に1人は十分にきれいな水を利用できず，また世界人口の約半分である26億人は最低限の衛生設備が利用できないのである。その衛生設備を利用できない人々のうち6.6億人以上は1日2ドル以下で生活をしており，3億8500万人以上は1日1ドル以下で生活している__5。

　世界的な経済危機がますます深刻となり拡大していくと，この危機がもたらす経済的な結果に対して最も弱い立場にある貧困層の生活は影響を受ける。生態系の破壊が進むことで，彼らの脆弱さは高まっていく。

　そのためGGNDは，直接的に世界の貧困層の脆弱さを低下させる対策

を実施するだけではなく，生態系の破壊が引き起こす世界的な極度の貧困にも緊急に取り組む必要がある。

　本章は，発展途上経済の三つの主要領域における取り組みが，貧困層の脆弱さを改善する方法を概観する。

- 持続可能で効率的な自然資源の利用とそれに依存した生産を拡大し，またこれらの活動から生じる収益を長期的な経済発展のために必要な産業活動，インフラ，医療サービス，教育・技能などへ再び投資されるように促す政策，投資そして改革を実施すること。
- 農村の貧困層，特に脆弱な環境で暮らす人々の生活を改善することに，投資や他の政策手段を向けること。
- 極度の貧困層が依存している生態系サービスを保護し，また改善すること。

　しかしながら，もしGGNDが世界的な貧困の削減に永続的な影響を与え，世界の持続可能な景気回復を確実にするためにあるならば，その時，GGNDはわれわれの前に迫りつつある世界的な生態系破壊の問題の一つである，新しい水危機への対策も考えなければならない。

　この新しい水危機には二つの側面がある。一つ目は，世界全体で淡水に対する需要の増加に比べて，その供給が不足していることである。二つ目は，発展途上地域の何百万人の貧困層がきれいな水や衛生設備を利用できないことである。本章は，これら二つの課題に応じるため，いかにして世界的な水資源管理を改善するのかについても概観する。

一次産品生産の持続可能な方向への改善

　発展途上経済が一次産品の生産を持続可能な方向へ改善することは，世界の貧困を削減するという目標を達成する上で重要な方法の一つである。ほとんどの発展途上諸国では，そこで暮らす人々の大多数が自然資源の

搾取に直接頼った生活をしている。こうした経済の多くは，輸出による収益の大部分を一次産品が占めており，その中でも一つあるいは二つの主要な商品が輸出の大部分を構成している__[6]。これらの国々では平均的に農作物の付加価値はGDPの約40％を占め，そして労働力のおよそ80％が農業あるいは何らかの資源に携わった活動に従事している__[7]。さらに2025年までに，農村の人口は約32億人にまで増える見込みである__[8]。

発展途上諸国の農村で暮らす人々の多くは，生活に最低限必要なものを満たし，市場で現金収入を得るため，農業，畜産業，漁業，基礎資材そして燃料といった形で，自然資源の搾取とその環境に直接頼った生活をしている。水の供給，衛生設備，そして他のインフラが不足しているため，これら最低限のサービスの公的な拡大は，多くの人々にとって強く望まれている。また急速な土地利用の変化は，多くの自然環境・生息地が急激に失われていくことを意味しており，淡水資源，漁業資源，そして他のきわめて重要な自然資源からの恩恵も含む重要な生態系の破壊をもたらす。発展途上諸国で重要な生態系の中でも，マングローブの35％，珊瑚礁の30％，そして熱帯林の30％が失われている__[9]。

前述のように，発展途上国の人口およそ13億人のうち25％の人々の生活は，特に生態系サービスの喪失に対して脆弱であり，1日2ドル以下で暮らす極度の貧困層の多くを占めている（Box1.2を参照）。これらの人々は，灌漑を利用できず，やせた農地や急勾配な土地で暮らし，または脆弱な森林帯で生活している。2015年までに，世界的に極度の貧困層の割合は低下していくにもかかわらず，1日2ドル以下で生活する人々は約30億人に達する見込みである。Box3.1は，多くの低・中所得経済では，慢性的な資源への依存，脆弱な土地への人口集中，そして農村での貧困という特徴をもち，そのことが絶え間ない資源利用の典型例となっていることを示している。

Box3.1

低・中所得経済と資源利用の典型例

多くの低・中所得経済は絶え間ない資源利用の悪循環に陥っており，それは慢性的な資源依存，脆弱な土地への人口集中，また農村での貧困によって特徴づけられる。次の表では，71の発展途上国が，少なくとも人口の20%以上の（Box1.2で定義された）脆弱な土地で暮らす人々と，輸出全体に占める一次産品の割合で定義された資源依存度との関係を分類している。各国の括弧内の数字が示しているのは，その国の貧困線以下で暮らしている農村人口の割合である。

資源依存と脆弱な土地に住む人口の割合

資源依存度	脆弱な土地に住む人口の割合		
	50%以上	30〜50%	20〜30%
90%以上	バルキナ・ファッソ(52.4)、チャド(67.0)、コンゴ共和国(入手不能)、ラオス(41.0)、マリ(75.9)、ニジェール(66.0)、パプアニューギニア(41.3)、ソマリア(入手不能)、スーダン(入手不能)、イエメン(45.0)	アルジェリア(30.3)、アンゴラ(入手不能)、ベナン(33.0)、ボツワナ(入手不能)、カメルーン(49.9)、コモロ(入手不能)、赤道ギニア(入手不能)、エチオピア(45.0)、ガンビア(63.0)、ガイアナ(入手不能)、イラン(入手不能)、モーリタニア(61.2)、ナイジェリア(36.4)、ルワンダ(65.7)、ウガンダ(41.7)	エクアドル(69.0)、コンゴ共和国(入手不能)、リベリア(入手不能)、ザンビア(78.0)
50〜90%	エジプト(23.3)、ジンバブエ(48.0)	中央アフリカ共和国(入手不能)、チャド(67.0)、グアテマラ(74.5)、ギニア(入手不能)、ケニヤ(53.0)、モロッコ(27.2)、セネガル(40.4)、シエナ・レオネ(79.0)、シリア(入手不能)、タンザニア(38.7)	ボリビア(83.5)、ブルンジ(64.6)、コートジボワール(入手不能)、エルサルバドル(49.8)、ガーナ(39.2)、ギニア・ビサウ(入手不能)、ホンジュラス(70.4)、インドネシア(34.4)、マダガスカル(76.7)、モザンビーク(55.3)、ミャンマー(入手不能)、パナマ(64.9)、ペルー(72.1)、トーゴ(入手不能)

資源依存度	脆弱な土地に住む人口の割合		
	50%以上	30〜50%	20〜30%
50%以下		コスタリカ(28.3), ハイチ(66.0), レソト(53.9), ネパール(34.6), パキスタン(35.9), 南アフリカ(入手不能), チュニジア(13.9)	中国(46.0), ドミニカ共和国(55.7), インド(30.2), ジャマイカ(25.1), ヨルダン(18.7), マレーシア(入手不能), メキシコ(27.9), スリランカ(79.0), ベトナム(35.6)

___ 出典

第一次産品が輸出に占める割合（資源依存度）は，低所得または中所得国の1990から1999年にかけての平均輸出割合であり，Barbier, Edward B. (2005), Natural Resources and Economic Development, Cambridge, Cambridge University Press. による。脆弱な土地に住む人口の割合は，World Bank (2002), World Development Report 2003, Washington, DC, World Bank. による。丸かっこ内の数字は，その国の貧困線以下で生活している農村人口の割合であり，World Bank, (2008), World Development Indicators 2008, Washington, DC, World Bank. による。

　これら発展途上国のうち55カ国は，輸出に占める一次産品の割合が50%以上であることから，資源依存度が高いとみなされ，また農村での貧困も高い。つまり，農村人口の20%以上が貧しいということである。資源依存度は低い（輸出に占める一次産品の割合が50%以下）が，農村で多くの人口を抱える16カ国でも依然として農村での貧困が高い。そのうちヨルダンとチュニジアの2カ国のみが，農村での貧困率が20%以下である。

　脆弱な土地への人口集中と資源依存には何らかの関係がありそうである。資源依存度の高い55の国のうち4カ国を除いたすべての国では，少なくとも人口の30%が農村の脆弱な土地で暮らしている。このうち10カ国は，少なくとも人口の50%が脆弱な土地に集中している。対照的に，資源依存度の低い16カ国では，人口の50%以上が脆弱な土地で生活していない。

　発展途上経済は，一次産品の生産を持続可能な方向へ改善することで，資源依存経済のままで複数の開発目標を達成することができるであろう。

しかし将来的に，一次産品の輸出は，持続的な経済発展の財源として海外直接投資，国内の民間・公共投資，そして対外借入を促すための収入や貯蓄の主要な源泉として残りつづけることが予測される。長期的に必要な貯蓄・収入を生むために，一次産品からの持続的な収益が不可欠なのはもちろん，十分な資金が，長期的な発展に向けて物的資本，インフラ，技術，医療サービスそして教育機会への投資に充てられるためにも重要である。

　その国に存在する自然資源からの一次産品の生産を促すことが，広範な貧困，特に農村の貧困を緩和し，脆弱で資源の乏しい土地に集中する多くの人々の生活を改善するものでなければ，それは真に持続可能ではない。発展途上経済ではよくあることだが，輸出に特化された一次産品の生産活動は主に孤立した地域で行われている。この地域はその他の地域と産業連関効果をもたない。その地域で所得や雇用といった利益が得られるのは，その分野に幸運にも参加できた生産者や労働者そして起業家たちに限られ，大多数を占める農村の人々，未熟練労働者，そして伝統的な産業はほとんど利益が得られない。さらに，発展途上経済はしばしば，一つか二つの主要な一次産品の輸出・生産に特化している。その一次産品はあらゆる生産工程が垂直的に統合されているが，必ずしもその他の産業・分野と水平的な関係をもたないのである。

　輸出に特化した一次産品の生産拡大への投資は，富める投資家には魅力的である。しかし悪い面として，多くの発展途上国政府は自分たちに利するように，市場や活動意欲を常に歪ませるような政策を行うことで富める投資家達を過度に引きつけている。その結果，しばしば無駄な自然資源の利用，高コストで効率的ではない生産活動，そして汚職や不十分なガバナンスといった長引く問題を助長してしまう⸺10。

　GGNDは，世界的に一次産品の生産を持続可能な方向へ改善するよう努め，それと同時に，世界的な極度の貧困を緩和するという目標へ貢献するべきである。

　次節では，一次産品の生産，自然資源の管理，そして経済発展を持続可能な方向へ改善するという目標を達成するために，発展途上国政府が採用

できる取り組みの事例を示す。

資源依存経済の持続可能な発展

　発展途上国は，その国に存在する自然資源，生産する一次産品の種類，そして経済発展の水準でさえ国によってさまざまである。そのため，すべての国にあてはまるような資源利用や生産工程を持続可能で効率的な方向へ改善するための政策，投資，そして改革の処方箋を規定することは困難である。

　しかし，その処方箋は，次の三つの条件を満たしている必要がある。第一に，自然資源あるいはそれに依存した生産工程を最大限の経済的な収益が生み出せるように利用・進展することである。第二に，資源管理や一次産品の生産を統治する政治や法制度が，浪費や汚職，そして不法行為などを抑制することである。そして第三に，一次産品からの収益の再投資により補完的な生産工程や他の産業の生産力を拡大し，対人関係能力，健康・教育水準を高め，そして経済を多角化することである。

　資源依存型の発展途上経済が，これらの目標を達成するために実施しうる特定の戦略を説明するために，大きな発展を遂げた三つの経済，マレーシア，タイそしてボツワナに焦点をあてる。これら三つの国はすべて，長期的に見てGDPの25％を超える投資率と4％を超える年平均成長率を達成した。これらは，いずれも高所得経済に匹敵するものである[11]。マレーシアやタイの例が示すのは，発展途上経済が一次産品の輸出による収益を再投資することで，経済を多角化させることができるということである。またボツワナは，資源が豊富な経済の例である。そこでは，経済全般に大きな利益がおよぶ一次産品の生産や自然資源の管理に有効な制度や政策が示されている。

　マレーシアは，一次産品の生産活動，なかでも鉱物産業および林業からの収益を改善する多くの政策を実施し，これら事業からの収益を経済の多角化に再投資してきた（Box3.2を参照）。結果として，ここ数十年で，マレー

シア経済の資源依存は急速に低下し，雇用，賃金，暮らし向きは全体的に改善され，そして教育や職業訓練の機会も拡大している。しかしながら，多くの発展途上経済と同じように，マレーシアの急速な発展は，森林の農地への転換はもちろん，鉱物，木材，そして他の自然資源をかなり枯渇させてきた。とはいえ全体としては，このマレーシアの開発戦略は成功しており，資源利用や一次産品の生産から得られた投資資金を使い，資源の枯渇を相殺するように物的・人的な資本形成を行った。

Box3.2

一次産品生産の持続可能な方向への改善：マレーシア

現在マレーシアではプランテーション加工作物（熱帯林産物を含む）を輸出し，輸出志向型で労働集約的な製造業を中心として発展している。Box3.1で示したように，マレーシアの人口の20〜30％はいまだに脆弱な土地に集中しているが，輸出に占める一次産品の割合は3分の1である。この割合が1965年には94％，1980年1月には80％であったことを考えると，マレーシアの資源依存の低下は特に顕著である。

長期的に見て，マレーシアの経済成長は力強いものであり，これは，一次産品の輸出からの収益を物的・人的資本へ再投資しつづけたことが反映されている。マレーシアの長期的な年平均成長率は4％，GDPに占める長期総固定資本形成の割合は平均28％であり，これは高所得経済の平均を上回っている。さらに，鉱物・木材の枯渇を調整しても長期的な純投資は，ある1年を除きすべての年でプラスであり，国内純生産は年2.9％で上昇している。マレーシアの小・中学校の入学率は，他の低・中所得国と比べてかなり高く，小学校の入学率については高所得国と同じである。このように一次産品からの収益の再投資は，マレーシア経済の多角化を成功させた鍵となっており，そこには資源依存の急速な低下，農村の賃金の上昇，そして農業労働力の絶対的または相対的な減少も含まれている。他にも，都市と農村で処理済みの水道を利用できる人々が増加するなど，経済全般に

も利益が及んでいる。

　他の低・中所得経済と同様に，マレーシアの発展も熱帯林を犠牲にした大規模な農地の拡大を伴っている。こうして転換された多くの土地は，アブラヤシや天然ゴムのような多年生のプランテーション作物の生産を拡大するために用いられている。マレーシアはまた，主要な熱帯林作物の輸出国であり，世界有数の木材パネルの輸出国でもある。このようにして，かなりの投資が農産工業や森林関連産業へ向けられ，それは国内のプランテーション作物や熱帯林作物と産業連関効果をもっている。

　ガバナンスに関しては，政治の安定性，説明責任，政府機能の有効性，規制体制，法の支配，そして汚職の抑制といった項目については高所得経済に匹敵している。また民主的な選挙がうまくいっており，比較的順調な政権移行が行われている。人口の大多数を占めるマレー人，多数の中国人，そして少数のインド人という民族の多様性を考えると，長期的に政治が安定しているのはめずらしいことである。概して，マレーシアは，自然資源という富を長期的に管理し，経済を多角化し，また豊かなものにするために資源からの収益を再投資しており，「良い統治」の状態にありそうである。

　マレーシアでは，一次産品生産の拡大から得られた収益を再投資するという戦略を成功させるために重要な政策がいくつかあった。第一に，1970年代以降，鉱物・木材産業からの収益は国内総投資のおよそ3分の1に達しており，そして最も効果的な政策は，これらの主要な収益を生み出し再投資することを目標としていた。これらの政策には石油の生産分与契約が含まれており，それは探鉱に必要な資金と技術の提供を受けるために国際石油会社から投資を誘致し，同時に石油からの収益をマレーシア国内で確保する。またマレーシア島嶼部の永久林の設立は，森林関連産業の長期的な森林管理を改善する一方で，木材からの収益を持続している。かなりの数の熱帯林が伐採されたが，それが輸出向け樹木作物プランテーションの拡大をもたらすように森林・土地利用政策が実施された。さらに大部分が農業研究への公的投資のおかげで，材木産業は先駆けとなり，また世界的

な生産者にもなった。このことは，他の多くの熱帯諸国では森林伐採が非生産的な土地の劣化をもたらしていることとは対照的である。最後に，鉱物，木材そしてプランテーション作物の輸出から得られた相当な収益を再投資へ向けたことが，輸出志向型で労働集約的な製造業を中心とした発展にとって重要であった。そして，このことは今日のマレーシア経済の多角化をもたらしている。このようにして，マレーシア経済は，鉱物，木材そして他の自然資源の枯渇を相殺するような物的・人的な資本形成のため，資源利用や一次産品から得た投資資金を用いることで，全体として成功したということである。

最近では，このようなマレーシア経済の多角化が，土地の劣化と森林伐採の削減に関する「好循環」を生み出しており，それは漁業資源や他の再生可能資源の枯渇をとどめ，農村の貧困も克服している。たとえば，マレーシア島嶼部での森林伐採の削減と農村の貧困緩和は，その地域の急速な経済発展や多角化によるところが大きい。労働集約的な製造業におけるより良い雇用機会は，農村部からの労働流出をもたらし，それは農業の実質賃金の上昇と労働力の減少を促した。その結果，脆弱な土地において沿岸・海洋の生態系への圧力があまりなくなった。農村から都市への移動，また農業労働力の減少は，実質賃金の上昇と農村の貧困層が抱くより良い雇用への期待によって生じたといえる。最後に，農村の資源や土地への圧力が低下したことで，マレーシアは農業・漁業に対する資源管理政策が行いやすくなった。たとえば，米や天然ゴムの小自作農のための土地機能修復計画が実施され，土地分割の課題を克服し，また小作農の経済的な自立を促した。漁業に関しては，漁獲量を抑えながら収益を高めることで，伝統的な沿岸地域での乱獲を防ぐための政策が推進されている。

しかし，マレーシアではすべての資源管理戦略がうまくいったわけではない。農業に関しては，経済的に自立できない小自作農の土地機能を修復するためにかなりの補助金が無駄に使われ，同時にその政策が土地市場を硬直化させ，本来生産性が高い遊休地を増やしてしまった。沿岸地域での乱獲を管理する政策が実施されたが，遠洋漁業の大部分は誰でも自由に利

用できる状態である。それに加えて，マレーシアの資源管理戦略はたびたび，経済的な純利益の最大化よりも，物的生産の最大化を重視してきた。この事実は，森林，石油そして漁業のような重要な分野に公企業が直接関わることで悪化している。マレーシア島嶼部の森林関連産業を育成するために，サバ州やサラワク州に残っている熱帯林保護地を乱開発することはやっかいな問題を引き起こしている。その問題は丸太の輸出規制や木材パネル，家具産業の保護といった長期的政策によってあおられ，木材加工業の過剰設備や非効率性につながっていく。最近では，アブラヤシ・プランテーションの拡大が過剰な森林伐採に与える影響についての懸念も高まっている。

出典

Auty, Richard M. (2007), "Natural resources, capital accumulation and the resource curse," Ecological Economics, 61 (4): 600-10.

Barbier, Edward B. (1998), "The economics of the tropical timber trade and sustainable forest management," In F. B. Godlsmith (ed.), Tropical Rain Forest: A Wider Perspective, London, Chapman and Hall, p199-254.

Barbier, Edward B. (2005), Natural Resources and Economic Development, Cambridge, Cambridge University Press.

Coxhead, Ian, and Sisra Jayasuriya, (2003), The Open Economy and the Environment: Devepolment, Trade and Resources in Asia, Northampton, MA, Edward Elgar.

Gylfason, Thorvaldur (2001), "Nature, power, and growth," Scottish Journal of Political Economy, 48 (5): 558-88.

Kaufmann, Daniel, Aart Kraay and Massimo Mastruzzi (2003), Governance Matters Ⅲ : Governance Indicators for 1996-2002, Policy Research Working Paper, no.3106, Washington, DC, World Bank.

Vincent, Jeffrey R., Razali M. Ali and Associates (1997), Environment and Development in a Resource-rich Economy: Malaysia under the New Economic Policy, Cambridge, MA, Harvard University Press.

World Bank (2008), World Development Indicators 2008, Washington, DC, World Bank.

　当初，タイ経済の多角化や持続可能な発展へ向けた取り組みは，マレーシアと同じであった（Box.3.3参照）。しかし，タイでの成功は，豊富な鉱物や木材の蓄えの恩恵を受けずに経済発展を達成した点が注目に値する。タ

イ経済の発展は，プランテーション作物，食料作物，そして漁業と産業連関効果をもつ農産工業への十分な投資を通して達成された。その結果，農業分野は，活力があり労働集約的な製造業などを含む他分野と比較して縮小し，それにともない農村の賃金は上昇し，土地転換や森林伐採が進まずに作付面積は減少した。一方では，他の分野での問題も生じている。たとえば，沿岸部ではマングローブの生態系を犠牲にしたエビ養殖が過剰に拡大し，貧困層の暮らす高地地帯の開発戦略は欠如したままである。しかしながら全体として，タイの事例からは，食料品輸出農業を中心とした経済への慎重な政策や投資，そして結果的に生じた収益の再投資を通して，経済の多角化や経済発展が達成できることが示される。

Box3.3

一次産品生産の持続可能な方向への改善：タイ

多くの点で，タイの成功はマレーシアと似ている。1970年代から，タイは輸出志向型で労働集約的な製造業を中心とした発展とともに，食料品の輸出国にもなっている。結果として，タイの資源依存は着実に低下している。輸出に占める一次産品の割合は1965年には95％，1980年1月には68％であったが，現在は30％である。人口の80％がいまだに農村で暮らしているが，農村の貧困率はたったの18％である。タイ経済の多角化と資源依存の低下は，農村の賃金の上昇と農業労働力の相対的かつ絶対的な減少によって起きたものである。

タイ経済の多角化戦略の成功は，長期的な成長と投資で反映されている。1人当たりGDPの年成長率はこの数十年にわたって平均4.7％であり，GDPに占める総固定資本形成は平均28％である。どちらも世界平均および高所得経済の平均を上回っている。加えて，小・中学校の入学率は低・中所得経済以上であり，世界の入学率に匹敵する。タイ経済の発展は，主として多年生のプランテーション作物用の農地として，熱帯林を犠牲にした大規模な農地の拡大からもたらされた。タイでの成功は，大きな収益

を生み出すのに十分豊富な鉱物・木材の蓄えからの恩恵を受けずに経済発展を達成した点が注目に値し，特にプランテーション作物，食料作物そして漁業と産業連関効果をもつ農産工業への十分な投資が行われていることにある。タイの長期的な発展戦略の成功には，「良い統治」も非常に重要であったようである。

　タイ経済では，輸出向けの食料作物とプランテーション作物生産は高地・低地の農業両方に行きわたっている。そのため，高地の森林伐採への圧力は高地と低地の間での労働移動によって変わってくる。低地での労働需要の増加は，森林伐採を減らし，高地の農地面積を減少させることになる。そこで，産業連関効果をもつ農産工業と労働集約的な製造業における収益の再投資を重視することで，土地の劣化と森林伐採の減少，漁業資源や他の再生可能資源のより良い管理，そして農村の生活改善という「好循環」が生み出されてきた。しかし，この循環の秘訣はタイ経済の大規模な構造変化にあった。それは，主に非農産品である非貿易財の価格上昇，非農業投資の増大，そして非農業部門の労働生産力の上昇を反映したものであった。したがって，農業以外での雇用機会は高まり，農村の賃金が上昇し，相対的に農産物価格が下落し，その結果農家の収益や投資を減少させた。全体的には，他の分野と比較して農業分野が縮小し，作付面積の減少をともない，さらに土地転換や森林伐採の圧力を低下させた。その間，農業分野は，より効率的で商業志向となり，また国際競争力をもつことを余儀なくされた。したがって，高地から低地へのかなりの労働移動が生じ，都合がよく生産性のある土地で農業を商業化することによって農村で賃金が上昇した。さらに，全般的に農村での雇用機会が落ち込み，作付面積も減ってしまった。そして，タイが実施した貿易改革は，労働集約的な製造業にさらなる刺激を与えた。つまり，農村以外での雇用機会が大きく拡大し，土壌，森林そして水源への圧力もかなり減少した。

　漁業のような他の分野では，エビのような輸出志向型の産業が奨励された。1979年以来，タイは世界の主要なエビ生産者であり，国際市場で扱われるエビの3分の1はタイ産である。エビは沿岸漁業で捕獲されるもの

だが，タイ産のエビの大部分は養殖である。エビの輸出による収益は年間10〜20億ドルであり，政府は輸出をさらに拡大したがっている。また，タイでは区域割り（ゾーニング）によって沿岸漁業の管理を行おうとしている。1972年から，タイ南部での小規模で伝統的な海洋漁業のために，3キロメートル沖合の沿岸区分けが行われている。その結果，タイ湾は四つの大きな区域に，そしてアンダマン海は五つに分けられている。

　こうした対策にもかかわらず，タイでは資源管理戦略上の問題がいくつも起きている。第一に，森林地域の所有権が明確に定義されていないことで，高地での過度な森林伐採や，マングローブをエビの養殖場に変える急速な土地転換が起きている。歴史的に，これはタイの森林地域に共通した問題である。森林管理局を通して，表向きは森林地帯を所有・管理している状況だが，実際は誰もが侵入できて利用できるようになっている。マングローブからエビ養殖場への土地転換の大きさの推定は，研究によりさまざまであるが，1975年以来タイのマングローブの50〜65％がエビ養殖場になったと考えられている。バンコクに近い州の中には，エビ養殖場の開発によってマングローブ地帯が壊滅させられたところもある。こうしたことは，マングローブを中心とした生産活動やマングローブがもたらす沿岸生態系サービスに依存した地域社会にとってかなりの損失となるだけではなく，沿岸部の人々を熱帯性暴風雨に対して脆弱にしてしまう。第2に，農業の商業化に加えて製造業や農産工業を立ち上げることは，土地・水の管理を改善するかもしれないが，一方で特にバンコクのような都市部での汚染や混雑，有害・産業廃棄物，農薬の過剰使用と発生地を特定できない汚染といった他の環境問題を悪化させている[12]。最後に，農業の商業化が進むことで，耕地整理，省力化改革の採用，そして作付け率の低下は続きそうである。その結果，農業分野での労働代替と雇用機会の低下が強まるであろう。こうしたことによって，生産性の低い限界高地での食料生産は行われなくなるが，低地での農村の雇用機会もあまり得られず，高地から移動してきた農村の貧困層への仕事は減ることになりそうである。

　タイでは，次のような高地対策が必要であろう。一つ目としては米や自

給作物の生産から，トウモロコシ，園芸，樹木作物，酪農そして畜産といった商業志向がある多様な農業事業への移行を管理することである。また二つ目は，好ましい微気候で浸食の影響を受けにくいような，農業と生態系の関係に最もふさわしい高地へ農業事業を誘致することである。さらに三つ目は，小自作農を対象とした適切な収穫後処理・市場施設を拡大し，高地の農業事業と農産工業開発戦略を統合するための研究開発を援助することである。最後に四つ目としては，高地の農村貧困層へ雇用を創出するために，高地農業の商業化を奨励することである。

出典

Barbier, Edward B. (2005), Natural Resources and Economic Development, Cambridge, Cambridge University Press.

Barbier, Edward B., and S. Sathirathai (eds.), (2004), Shrimp Farming and Mangrove Loss in Thailand, Cheltenham, Edward Elgar.

Coxhead, Ian, and Sisra Jayasuriya, (2003), The Open Economy and the Environment: Devepolment, Trade and Resources in Asia, Northampton, MA, Edward Elgar.

Feeny, David (2002), "The co-evolution of property rights regimes for man, land, and forests in Thailand, 1790-1990," In John F. Richards (ed.), Land Property and the Environment, San Francisco, Institute for Contemporary Studies Press: 179-221.

Gylfason, Thorvaldur (2001), "Nature, power, and growth," Scottish Journal of Political Economy, 48 (5), p558-88.

Kaosa-ard, M., and S. S. Pednekar (1998), Background Report for the Thai Marine Rehabilitation Plan 1997-2001, Bangkok, Thailand Development Research Institute Foundation.

Kaufmann, Daniel, Aart Kraay and Massimo Mastruzzi (2003), Governance Matters・: Governance Indicators for 1996-2002, Policy Research Working Paper, no.3106, Washington, DC, World Bank.

Pingali, Prabhu L (2001), "Environmental consequences of agricultural commercialization in Asia," Environmental and Development Economics, 6 (4): 483-502.

World Bank (2008), World Development Indicators 2008, Washington, DC, World Bank.

ボツワナの事例では，アフリカ経済であることや，鉱物の輸出による収益に完全に依存した国であることが，持続的な経済発展を達成する障害に

はならないことが示される。ボツワナで成功した要因の一つは，景気変動に対して適切で安定的な経済政策を採用したことである。その政策とは，まず好況時に過度な物価の高騰を避けるために為替レートを管理すること。次に，好況期の終わりには景気の下支えとなるよう外貨準備や財政収支を増強するために，予期せぬ歳入を用いること。そして，大規模な財政支出を控える代わりに，教育やインフラへの公共投資を目標とすること。最後に，労働集約的な製造業やサービス業を適度に拡大させるような経済の多角化戦略を実行することである。ボツワナではまた，長期的な経済運営を促し，政治の安定性を強め，汚職を抑制し，そして万人のための教育への投資を促すように補完的な法・政治制度を展開している。ボツワナの成功が続いたのは，公共投資に過度に依存せず，非貿易財の生産から輸出財の生産への転換を奨励し，そして農村の貧困層や脆弱な土地で暮らす人々を対象とした農業戦略を展開したためである。

Box3.4

一次産品生産の持続可能な方向への改善：ボツワナ

　ボツワナは，鉱物とりわけダイヤモンドの輸出による収益に依存しつづけている。ダイヤモンドは輸出される一次産品のほとんどを占めており，GDPの3分の1，政府収入の半分に達している。その高い資源依存のために，1970年代からボツワナは周期的かつ実質的な輸出による好況を経験し，予期せぬ歳入を得てきた。一方で，1965年以降の長期的な成長率は世界有数の高さであり，またGDPに占める教育支出の比率も非常に高い。ボツワナのGDPに占める投資の割合はマレーシアやタイの水準に等しく，小・中学校への入学率も比較的高い。したがって，鉱物に依存する多くの経済とは異なり，ボツワナは資源による富を物的・人的資本に再投資することで，かなりの成功を収めているといえる。

　ボツワナで景気対策が成功したのは，適切で安定的な経済政策を採用したことが大きい。それは，好況時に過度な物価の高騰を避けるために為替

レートを管理し，好況期が終わるときに景気の下支えとなるよう外貨準備や財政収支を増強するため予期せぬ歳入を使用し，大規模な財政出動を控え，代わりに教育やインフラへの公共投資を目標とし，そして労働集約的な製造業やサービス業の適度な拡大を促す経済の多角化戦略を実行することである。しかしながら，このような長期的に安定した経済運営を行うには，法・政治制度がうまく機能する必要がある。ボツワナは，高所得経済に匹敵するくらい政治が安定しており，また内戦もない。加えて，ボツワナ政府は「誠実な行政」という国際的な評価を受けており，ボツワナはアフリカで最も汚職が少ない国と言える。

　ボツワナ政府の長期開発政策の要は，資源収益の回収と再投資であった。数十年にわたる鉱山への課税・使用料を通じて，平均して鉱山収益の75％を徴収している。徴収した歳入は公的資本に再投資されており，公共投資は総固定資本形成の30～50％を占めている。公共投資の多くは，道路や水道の拡張，電力，通信などのインフラに費やされてきたが，教育・医療への投資も重視されており，近年では資本開発予算のうち平均24％を占めている。

　1990年代半ばから，ボツワナの公共投資実行の指針として用いられているのが持続可能な予算指標（SBI）である。この指標は簡単にいえば，経常収入に対する非投資支出の割合を表す。この指標が1.0以下の場合は，公共支出は持続可能であると解釈される。なぜならば，公共支出が鉱物以外のすべての歳入から賄われており，鉱物からのすべての歳入が公共投資に回っているからである。SBIが1.0より大きい場合は，公共支出は鉱物からの歳入に一部依存していることを意味し，それは長期的にみて持続可能な状況ではない。しかし，SBIを用いて経済計画を行うことの欠点としては，経済が公共投資へ過度に依存してしまうことである。長期的には，こうした過度な依存は，国防あるいは農業補助金・支援プログラム，純粋な移転支出など他の非生産的な投資を含むさまざまな支出を継続させてしまう。また，HIV/AIDSウイルス対策のために公共支出は増加しており，それには国民全員に手頃な価格で薬を提供するという公約も含まれている。

そこで，鍵となる投資戦略の一つは，外貨準備と金融資産を増加させることである。なぜならば，短期的な不景気および鉱物埋蔵量が枯渇するような長期の間，輸出収入が減少したときに用いるために，予期せぬ歳入を蓄えるためである。全体として，この戦略は成功しており，この数年で，外国金融資産からの歳入は鉱物税・使用料に次いで，最大の歳入源となっている。

　ボツワナ政府はまた，労働集約的な製造業やサービス業を中心として，適度な経済の多角化を進めている。これは，直接的には製造分野における公共投資を通して，そして間接的には好況期であっても国内通貨の高騰を避ける安定化政策を採用することで達成された。GDPに占める製造業の付加価値の割合は5％しかないが，製造業は拡大している。また，製造業とサービス業の雇用は増加しており，公式ではそれぞれ全体の25％と32％を占めている。

　農業の成長を促す計画は，それほどうまくいっていない。政府開発予算の平均7％が農業にあてられ，農業を支援するための公共支出は平均すると農業分野のGDPの40％以上になるが，この10年で農業分野によるGDPへの寄与は4％未満に低下している。低下の主な原因は，長引く干ばつに加え，村落の水資源の枯渇，水質汚濁問題，過放牧，放牧地の劣化，そして森林の荒廃といった形で農村の資源を過度に圧迫していることにある。

　ボツワナ経済が成功を維持するために，近い将来取り組む必要のある構造的な不均衡がいくつか存在する。第一に，ボツワナ経済は公共投資に大きく依存しており，相対的に民間資本の割合がかなり低下している。第二に，製造業やサービス業の成長は，経済が多角化している証拠であるが，これらの分野が主に非貿易財を生産しているということである。全体として，ボツワナ経済は輸出による収益の点においては鉱物が依然として影響力をもち，民間資本の割合が低下しているのは，経済全体の多角化が実現するにはもうしばらく時間がかかることを示している。最後に，農業分野への政府の投資計画は大部分が失敗している。しかし，農業発展は今でもボツワナ経済にとって重要である。農業は労働力の70％以上を占め，農村

の貧困層にとって重要な収入源でありつづけるであろう。Box3.1で示されたように，ボツワナの人口の半分以上はいまだに農村におり，そのうち30〜50％は脆弱な土地で暮らしている。さらに，人口の47％近くが貧しい暮らしを続けている。

出典

Barbier, Edward B. (2005), Natural Resources and Economic Development, Cambridge, Cambridge University Press.

Gylfason, Thorvaldur (2001), "Nature, power, and growth," Scottish Journal of Political Economy, 48 (5): 558-88.

Iimi, Atsushi (2007), "Escaping from the resource curse: evidence from Botswana and the rest of the world," IMF Staff Papers, 54 (4): 663-99.

Kaufmann, Daniel, Aart Kraay and Massimo Mastruzzi (2003), Governance Matters・: Governance Indicators for 1996-2002, Policy Research Working Paper, no.3106, Washington, DC, World Bank.

Lange, Glenn-Marie, and Matthew Wright (2004), "Sustainable development and mineral economies: the example of Botswana," Environmental and Development Economics, 9 (4): 485-505.

Sarrf, Maria, and Moortaza Jiwanji (2001), Beating the Resource Curse: The Case of Botswana, Environmental Department Working Paper, no.83, Washington, DC, World Bank.

World Bank (2008), World Development Indicators 2008, Washington, DC, World Bank.

以上三つの国の事例を通して，他の資源依存経済が一次産品の生産を持続可能な方向へ改善するための教訓が得られる。

第一に，その国に存在する自然資源や生産している一次産品の種類は，戦略を成功させる上で障害になるとは限らないことである。ボツワナ経済は多いに鉱物に依存し，タイはもっぱら農産物の輸出者として始まり，そしてマレーシアは鉱物・木材の備蓄で最初の成功を築き，次にプランテーション作物，そして最後に高度に多角化した経済の発展で成功を築いた。

第二に，その国に存在する自然資源，生産している一次産品の種類，そして歴史・文化・経済・地理的環境は国によってさまざまであるので，各国が採用する開発戦略も多様な形をとるということである。たとえば，タイやマレーシアは一次産品生産や資源利用を持続可能な方向へ改善するた

めに，当初は同じ戦略をとっていた。しかし，経済的・社会的条件の違いや，タイでの農業の重要性などを背景として，結局タイとマレーシアの多角化戦略は異なっていったことがわかる。

　第三に，開発戦略は総合的なものでなければならない。一次産品の競争力を高め，輸出力を発揮し，資源の過剰利用・浪費を抑え，そして収益や歳入を増加させることは必要なことであるが，それだけでは十分ではない。長期的な経済発展のためには，一次産品の生産から得た資金は，産業活動，インフラ，医療サービス，教育そして技術へ再投資しなければならない。

　最後に，完全な戦略というものは存在しない。三つの国すべてにおいて，主要な一次産品の生産を持続可能な方向へ改善することによって，今なお利益を必要とする重要な分野や人々が存在する。マレーシアの中でも特に遠方のサバ州やサラワク州では，継続している森林破壊やアブラヤシのプランテーション計画の拡大が懸念されている。またタイでは，マングローブの喪失，汚染問題の拡大，そして高地開発の失敗が主要な問題である。そしてボツワナでは，停滞する農業分野，脆弱な土地で暮らす多くの人々，そして広範囲にわたる農村の貧困に取り組まなければならない。資源依存経済を持続可能な方向へ改善する対策の効果を高める方法を見つけることは，今後の重要な目標としなければならない。

貧困層の生活改善

　多くの発展途上経済では脆弱な土地へ貧困層が多く集中しており，これは世界的な極度の貧困を削減するために取り組むべき差し迫った問題である。

　これらの人々は，生活のために土地・自然資源の搾取に直接依存しているだけでなく，熱帯雨林，サンゴ礁，マングローブ，そして他の生態系の破壊の結果，生態系が悪化していくことに対して脆弱である。たとえば，Box3.5では，この複雑な関係が発展途上経済で広く行きわたっている多く

の例を示している。したがって，脆弱な土地や生態系を管理することは，貧困層の生活を改善するために重要な取り組みの一つである。同様に，脆弱な土地で暮らす貧困層により多くの経済的機会を提供し，彼らの生活水準を引き上げることによって，生態系への圧力を低下させていくことができる。

Box.3.5

生態系と貧困層の生活

　貧困層の生活にとって，沿岸生態系，サンゴ礁，森林流域，そして氾濫原といった生態系が欠かせないものであることはよく報告されている。

　タイの事例では，地域社会がマングローブから集めた林産物による純所得は，1996年のドルで換算した1996年から2004年までの正味現在価値（NPV）で1ヘクタール当たり484〜584ドルであったと推定されている。伝統的な沖合漁業を支える繁殖・保育地としてのマングローブの正味現在価値は，1ヘクタール当たり708〜987ドルで，防風としてのサービスは1ヘクタール当たり8966〜10821ドルであった。このような利益は，沿岸部の人々の平均所得と比較すると相当大きいものである。2000年7月に二カ所の沿岸部でのマングローブに依存する四つの地域社会で行われた調査では，一つの村当たり平均年間所得は，2606〜6623ドルであったことを示している。貧困率（年間所得が180ドル以下）は，四つの地域社会の中の三つの村を除くすべての村で，タイの農村全体の平均8%を超えていた。マングローブから集めた林産物による所得を除くと，貧困率は二つの村で55.3%と48.1%に，他の二つの地域社会では20.7%と13.6%に上がるだろう。このような例はめずらしいものではない。発展途上国の貧困層は典型的にマングローブから多くの恩恵を受けており，また，マングローブが生み出す財・サービスよりも，マングローブの存在自体に価値を見出している。

　サンゴ礁は発展途上国を重要な生息地の一つとしていて，貧しい沿岸部

の地域社会が行う沿岸漁業を支え，海岸線を護るという貴重な役割も果たしている。インドネシアでは，海岸を護り，また伝統的な沿岸漁業を支えているサンゴ礁の破壊による損失を1平方キロメートル当たり正味現在価値で推計した。サンゴ礁を脅かすものは主に，毒漁，ダイナマイト漁，サンゴ採掘，陸上での伐木による堆積，そして乱獲である。全体としてこれらの脅威は，破壊されたサンゴ礁（1平方キロメートル）当たり約41万ドルの沿岸漁業の損失，および1.1～45.3万ドルの海岸保全の損失に達する。ケニアでは，サンゴ礁が漁場における幼生の分散にとって重要であり，それは群体の再生と最終的には漁場の再開をもたらし，海洋保護区や閉鎖された漁場の有効性に影響を与えるだろう。また，サンゴ礁は近隣の沿岸地域社会にとって重要な文化的および存在・遺産価値をもつ。つまり，多くの文化・宗教的な伝統は，熱帯サンゴ礁地帯で発展しており，地域社会による隣接したサンゴ礁への依存を尊重し，こうした生活様式を将来へ遺す価値を反映したものである。

　また，森林流域は，貧困層の生活に多くの水サービスを提供している。それは，水のろ過・浄水，季節的な水流規制，浸食・堆積の制御，そして生態系の保護といったものである。こうしたサービスは，発展途上経済での水供給に比べて使用量が増加しているためにますます重要になっている。さらに，上流域の森林は，そこで暮らす貧しい地域社会に木材，非木材作物（キノコ・山菜・果物など），そして住民林業といった数多くの直接利用されるサービスを提供している。しかし，上流域での土地利用を維持・改善することによって，その恩恵は下流での水サービスとして現れるようである。たとえば，ボリビアの中央高地では，流域保護を増進し，また農地の土壌浸食を防ぐプロジェクトは，約3490万ドルの正味現在価値をもたらすが，その利益の大部分は下流域での帯水層のかん養による利用可能な水量の増加や洪水の予防によるものである。同様に，インドのカルナタカでも，上流域の改善は下流の農家にかなりの利益をもたらした。これは，植林および貯水池，人工池，砂防ダム，そして他の埋め立て構造物の建設を通して，地下水のかん養を増進し利用可能な地下水の量を増やしたこと

で，灌漑の費用が削減され，井戸の新設や既存の井戸の拡張を行う必要がなくなったことによるものである。インドネシア西部流域の上流での植林がもたらした下流での水量の増加は，下流の農家に対して年間利益の1～10％（3.5～35ドル）に等しい経済的な価値を生み出している。一方で，熱帯流域では森林以外の土地利用でも流水量が増え，利益がもたらされるかもしれない。たとえば，コスタリカのリオ・チキートの上流域では，森林を家畜の放牧地に転換したことで実際に下流の水量が増え，放牧地1ヘクタール当たり250～1000ドルの正味現在価値をもたらした。

　多くの発展途上地域の下流域で重要な生態系として，季節的に氾濫するサバンナあるいは森林に覆われた氾濫原がある。季節的な洪水により，水はしばしば主要な河道から離れ，氾濫原を浸水させる。洪水が弱まると，自然に灌漑された土壌に作物が作付けでき，魚は水が引くときに簡単に捕れ，そして増加した沖積層が森林，野生生物，そして他の収穫される資源の生産性を高めている。マリのニジュール内陸デルタ，ボツワナのオカバンゴ・デルタ，スーダンの上ナイル州のスッド湿地，そしてザンビアのカフエ湿地のように，アフリカの全湿地面積の約半分が氾濫原からなり，そこには数千平方キロメートルの巨大な生態系が含まれている。アフリカ大陸中の何百万という人々が氾濫原に直接頼った生活をしており，減水農業，漁業，放牧そして河畔林からの木材および非木材作物の収穫といった生産活動を行っている。また周囲が乾燥地に覆われている人々は，飲み水や灌漑に氾濫原が生み出す地下水のかん養のサービスに頼っている。同様の恩恵は，バングラデシュのような非常に貧しい国々にもあり，ガンジス川，ブラフマプトラ川，メグナ川，そして他の川が合流してできた氾濫原がそうである。

　たとえば，ナイジェリア北東部のハデジャ・ジャマレ氾濫原に頼る何百万という貧しい農家の経済的生活は，上流のダム開発によって脅かされている。すべてのダム開発と大規模な灌漑計画が完全に実施されると，農業，燃料用木材，漁業といった点で，2020～2090万ドルの純損失を人々が被ると推計されている。加えて，平均ピーク浸水域の減少は，氾濫原湿

地の貯留水によってかん養される浅い帯水層の地下水レベルを1メートル引き下げると予測されている。これは、掘り抜き井戸で灌漑される乾季農業が約120万ドル、農村部の水消費量が476万ドルという年間損失をもたらす。バングラデシュでは、漁業と減水農業は、自然の氾濫原を利用する貧しい農家にとって重要な連産品である。氾濫原の漁業は、主に土地をもたない農家に恩恵をもたらす。結果として、自然の氾濫原は、農業というよりむしろ漁業にあてられた土地であり、洪水を抑え、農地を増やし、そして下流での作物生産を拡大する上流のダム開発という伝統的な管理計画と比べると、実際により高い経済的収益を生み出している。

出典
Barbier, Edward B. (2008), "Poverty, development, and ecological services," International Review of Environmental and Resource Economics, 2 (1): 1-27.
Sukhdev, Pavan (2008), The Economics of Ecosystems and Biodiversity: An Interim Report, Brussels, European Communities.

　前述したように、次の二つの方法は、GGNDが貧困層の生活改善を目標とする場合に一定の役割を担っている。それは、脆弱な土地や生態系の管理を通じて貧困層の生活の改善に取り組むのか、または貧困層により多くの経済的機会を提供し生活水準を引き上げることにより生態系への圧力を低下させるか、である。現在、開発による脆弱な土地や生態系への圧力と重要な生態系の保護による恩恵を両立させる取り組みとして、環境サービスに対する支払いや危機的な生態系や生息地を保護させる動機付けに焦点があてられている。そのような支払いや誘導策が貧困層に直接恩恵を与えているならば、結果として彼らの生活は改善され、危機的な生息地は保護されることになるだろう。しかし、地理的対象など他のもっと直接的に貧困を解決する方法も考えられるべきである。貧困層を対象にした投資計画や対策は、開発による脆弱な土地や生態系への圧力も緩和できる。

　もし貧困層の生活が生態系サービスに依存しているならば、危機的な生態系や生息地を保護する動機を与える市場を創り出すことは貧困の削減に

も役立つだろう。発展途上地域の生態系サービスに対する「支払い」を確立する市場は，主に森林生態系に焦点を当てており，特にその中でも炭素隔離，流域保護，生物多様性の恩恵，そして景観の美しさといった四つのサービスが中心となっている__13。1990年代の初めにラテンアメリカで，生態系サービスに対する支払いが始まり，近年ではサハラ砂漠以南のアフリカやアジアでも採用されている。京都議定書におけるクリーン開発メカニズム（CDM）を通じた炭素隔離計画は近年，数の上では増加しているが，流域保護による水サービスのほうが際立っている。多くの国・企業が京都議定書の義務を果たすため，発展途上国でしきりと森林分野のCDMプロジェクトに融資したがっている理由の一つは，他地域と比べて熱帯地域における炭素隔離のコストが小さいことにある。たとえば，ヨーロッパでのCDM森林プロジェクトは1トン当たり777ドルであるのに対して，熱帯地域では最も費用のかかる計画でも128ドルである__14。

　生態系サービスを市場原理に任せることで貧困が緩和する三つの原則的な方法がある。第一に，生態系サービスを維持・拡大するために，そのサービスに対する支払いが直接農村の貧困層へなされれば，彼らは必要な現金収入を得ることができる。第二に，たとえ農村の貧困層が直接支払いを受け取らなくても，生態系サービスが改善される結果，間接的な恩恵を受けられるかもしれない。第三に，農村の貧困層は，植林や他の保護への投資が生み出す雇用のように，その支払いがもたらす新たな経済的機会を利用することで利益を得るかもしれない。しかしこれらの方法には，支払い制度が貧困の緩和を達成する上での限界もありそうである。

　現在のところ，生態系サービスに対する支払いを導入する主な目的は，市場原理を通じて土地所有者に環境サービスの価値を認識させ，土地利用の決定に影響を与えることである。そのような制度に参加する人々は，支払う資格を得るために公式の土地所有権を証明する必要のない時もあるが，発展途上地域における農村の貧困層の多くは，公式の所有権がないだけではなく，実際に土地利用の権利がないのである。他には，土地をもたない人々や，あったとしてもとても狭い土地のため，森林保護・植林計画

に参加するのが難しい人々もいる。ラテンアメリカでは，流域の水サービスの保護への支払に参加する土地利用者は，裕福な人々である傾向が高い。たとえばコスタリカの場合，多くの参加者がかなりの非農業収入のある都市の人々であった[15]。同様に，メキシコでの森林生態系サービスに対する支払いは，特に共同体が所有する森林を対象としている。この制度に登録されている土地面積の86.3%が貧しい共同体で所有されているものであるが，参加した人々のうち貧困線以下に分類されるのは31%だけである[16]。

　生態系サービスへの支払いは，意図しなかった副次的な効果を貧困層に与え，それには良い面と悪い面の両方がある。インドの流域では，多くの村が支払い制度に参加することで，森林共有地を管理する地域社会の協力が高まった。しかし，非木材作物を収穫するために森林共有地を利用することがその制度によって制限される場合には，女性や牛飼いのようにその制度に参加できず，また土地をもたない人々の生活は悪化した[17]。ラテンアメリカのいくつかの制度では，遊休状態にある森林地に法的な資格を与え，不法占有や土地への侵入を防ぐことによって，保有権の保証が改善すると考えられた。しかし，特に保有権や所有権が未解決の場合には，生態系サービスへの支払いが限界地の価値を引き上げることにより，富裕層に土地を私有化させる動機を与えている[18]。結局，支払い制度は，土地をもたない貧困層への雇用機会創出に対して相反する効果をもちうる。生態系サービスに対する支払いが農村部での植林や造林をもたらすことにより，単純労働への需要が相当生み出される一方で，この制度が地域の森林の大部分が伐採されたり農業へ転用されたりすることを無視する場合には，土地をもたない人々にとっては雇用が減ることに繋がるかもしれない[19]。

　要するに，生態系サービスへの支払いでは，主要な目的が土地所有者に危機的な生態系や生息地を保護する動機を与えることなので，必ずしも貧困層が多い地域を対象にすることはできないのである。そのような制度は，農村の貧困層の高い参加率や彼らの生活が大いに改善することを必ず

しも保証することはできない。この制度の定義上，土地をもたないか，あるいはそれに近い人々はしばしば除外されてしまうのである。それでもなお，できる限り貧困層の参加を増やし，農村の人々に新たな就労機会を創り出すと同時に参加しない人々へ与える悪い影響を抑え，そして貧しい小自作農に望み通りの土地利用を行わせるように，技術援助，融資，またはその他の支援を行うことを目標として，この支払い制度は設計されるべきである。さらに，土地をもたないか，あるいはそれに近い人々が直接参加できるような制度を設計することにより多くの努力を充てるべきである。

　生態系サービスの増強へ投資する結果，農村の貧困層を減らせることが期待できる代案は，農村の貧困層の生活を改善することを直接対象にし，その結果，環境資源への依存を低減させる投資である。そのような農村の貧困層の「地理的対象」は，適切に設計できればうまくいくことが示されている[20]。

　たとえば，エクアドル，マダガスカル，そしてカンボジアでは，「貧困地図」が開発され，相対的な貧困状況に応じて地理的に分類された人々を公共投資の対象にしている[21]。それは実際に貧困の緩和を増進している。特にその地図は，地区・村といった小さな行政単位を対象にすることにより，投資を計画・実行する上で役立つ。しかし，この利点は，地域・州単位とは対照的に村単位で制度が施行されるため高い行政コストがかかることで，部分的には相殺されてしまう。さらに，裕福で権力のある地域集団が対象となる投資の割当に影響を与えうるかどうかは明らかではない。

　世界銀行は，48カ国で122の「対象プログラム」を調査・検証し，それらが貧困の削減に有効かどうかを分析した[22]。その研究では，中央値のプログラムは，対象がない場合より，25％以上多くの利益を低所得層へ移転したという。しかし，食糧補助金を含む対象プログラムの中には後退したものもあり，そこでは一般的な場合と比べて貧困層への利益は少なくなった。比較すると，労働要求の義務づけを含む地理的対象プログラムは，人口のうち40％の最貧困層が利益の割合を高めることにつながった。これが機能した制度的な背景には，政府機能の有効性や説明責任，保有権や財

産権の保証，そして官僚の能力などがあり，それらはこのプログラムが農村の貧困を緩和する能力に大きな影響を与える。明らかに，地理的対象プログラムを慎重に設計・実行することが，貧困の削減を成功させるために欠かせないであろう。

　場合によっては，政府が貧困層の住む僻地に対して効果的なサービスを供給・管理できないという「制度的失敗」を対象にすることが，脆弱な環境で暮らす貧困層の生活改善における基本的な障害を克服する上で重要である。途上国における灌漑用水，飲料用水，漁業，そして森林地の管理に関するさまざまな事例によると，効果的なガバナンスが存在しない状況で自然資源の管理へ民間部門の参加を奨励することは，開発と貧困の目標を達成するだけでなく，さまざまな環境上の利益も高めることができる[23]。一方で，補完的な規制能力を向上させ，また政府による監視を行うことで，長期的な環境上の利益を保証し，さらにその利益を広く最貧困層の人々に分配することができる。それに加えて，市場が有効に機能するかどうかは，法的，経済的，文化的な要件に多いに依存している。

　地域社会の利益のために自然資源を管理する制度的な取り決めが不十分である，という長引く問題に関しては，まったく新しい行政組織が開発される必要があるかもしれない。たとえばある研究では，有効な財産権が存在せず，地域社会と外部の投資家との間で対立が生じていることが，タイの沿岸部におけるエビ養殖の拡大と他の商業開発のための過度なマングローブの転換の根底にある長引く問題であることを明らかにした[24]。そして，タイ沿岸部でのマングローブ管理のために新しい行政組織を開発することで，地域社会は経済的な生活を改善しながら，マングローブを再生・保護する動機が高まる。そのような組織は次のような特徴をもつ。第一に，残っているマングローブ地帯には，保護地区と経済地区を指定すべきである。そしてエビ養殖や天然資源の採取，たとえば木材伐採権は，経済地区のみに限定するべきである。しかしながら，マングローブ林からの林産物や水産物の収穫に頼る地域社会は，そうした収穫活動が持続可能な基準で行われるかぎり，二つの地区をともに利用できるようにするべきであ

る。第二に，経済地区と保護地区で同様にマングローブ林の共同体を設置すべきである。森林の過度な利用，劣化，そして他の土地利用への転換を防ぐため，その地域の規則を効果的に実行し，また管理を行う共同体の能力に基づいて地域管理がなされるべきである。さらに，そのような共同体の権利は，森林全体の所有権ではなく，使用権という形態をとるべきである。第三に，そのマングローブ林の共同体は，政府と地域社会によって共同で管理されるべきである。そのような共同管理を有効なものにするためには，既存の沿岸部での地域組織の積極的な参加が必要であり，また，その組織の代表者はマングローブ資源の利用に関連する管理計画・規制について意見を述べ，意思決定を行う権利が与えられる。最後に，政府はマングローブ林の管理に参加する地域組織に対して技術的，教育的，そして財政的な支援を行うべきである。たとえば，使用権が共同体に与えられているだけだと，マングローブ保護や植林への投資を行う際，公式金融市場の利用が制限されるかもしれない。政府は，そのような地域を中心とした活動を支援するために特別な融資方法を提供する必要がある。

　貧困層を対象にすることは，この重大な経済危機の時であっても急を要している。人的資本への過小投資や金融債権が利用できないことは，極度の貧困の慢性的な特徴であり，特にそのような貧困層は脆弱な土地に集中している。こうした人々は，十分な貯蓄がなく，継続的な負債をかかえ，高い短期金利の非公式な金融市場に依存している。

　結果として人的資本の増進へ向けられる民間投資は，ほとんどの農村の貧困層にとっては贅沢なものであり，同様に，教育を受けられず手に職がないために，農村の貧困層の所得獲得能力だけでなく，より豊かな農村や都市の人々と比べて政治的な交渉力も限られてしまう[25]。貧困層は金融あるいは人的資本を利用できないため，この危機が経済全体に及ぼす影響に対する脆弱さを高めてしまう。加えて，長引く危機の間，貧困層は生活を守るために，短期的に劇的な行動をとりやすい。つまり，彼らはより多くの借金を負い，土地や家畜などの重要な資産を売り，教育支出を差し控えてしまうのである。そのため，この経済危機が貧困層に与える影響は長

引いてしまう可能性がある。たとえば，1997年8月の東アジア経済危機の長期的な影響に関する研究では，2002年以前にインドネシア経済は回復していたものの，2002年のインドネシアの貧困層の半分はその経済危機の影響によるものであるとしている__26。

こうした状況では，貧困層を対象にした2種類の政策や投資計画が必須である。

第一は，特定の社会的セーフティネット・プログラムを設計することであり，それは，何の保険にも入っていないか，あるいは自己保険へ多額の支出をしている人々を保障する機能を果たす。たいていは地域や家族に頼った危険共同負担を通して，通常の経済状態の時でも貧困層は非公式な保険を利用するが，この経済全体に及ぶ危機はしばしば地域社会全体にさえ影響し，非公式な保険の仕組みを無視してしまう。不幸なことに，多くの発展途上国ではセーフティネット・プログラムが不十分なので，貧困層の保護にも限界がある。さらに悪いことには，政府はしばしば経済全般を対象とした食糧・燃料補助金のような計画を慌てて実行するが，その結果，この補助金は非効率となり，莫大な財政負担となり，めったに貧困層に恩恵を与えることはなく，そして取り消すことも難しくなる。しかしながらBox.3.6で議論されるように，経済危機のとき適切に貧困層を保障するような総合的で対象を絞ったセーフティネットを設計することは可能である。そして，経済危機によって一時的に失業しているか，あるいは不完全な就業状態にある貧困層を支えるような失業救済や，貧困層が教育・医療支出を差し控えないことを条件とした現金・現物給付を行うプログラムが理想的である。

Box3.6

世界の最貧困層の救済

世界銀行は，発展途上経済では経済危機の際に，貧困層に対象を絞った総合的なセーフティネット・プログラムの設計・実施が必要不可欠である

と助言している。貧困層の住む地域へ資金が向かうように「貧困地図」を使うか，あるいは主な受取人を貧しい家庭の女性とすることで，対象を特定するコストはかなり削減できる。セーフティネットは，経済危機から貧困層を守るのに効果的な保障を提供するものであり，一時的にでも経済状態が改善されるまで，助けを必要とする人のみがそのプログラムに参加するよう奨励するという特徴をもつ。一番うまくいくのは，たいていは現金・現物給付と失業救済の組み合わせである。現金・現物給付は，経済危機のあいだ働くことができず，教育費のような重要な支出を控える特定の集団を対象にすることができる。失業救済は，経済危機の結果として失業したか，あるいは一時的に失業している貧しい労働者を支援するものである。

　理想的なセーフティネット・プログラムは，次のような特徴をもっている。

　失業救済としては最低賃金保証をすべきである。この制度では，貧困層だけが参加し，いったん経済危機が去ったならば，より賃金の高い仕事を求めてこの制度から離れられるような賃金水準に設定すべきである。

　その仕事は，貧困層が住む地域により提供されるべきである。この救済への取り組みは地域のニーズに応じたものであり，その地域の貧困層に評価されたものを生み出すことを確実にするためである。

　そのための予算は，保証された賃金で仕事をしたい人は誰でも雇用できるように十分な規模でなければならない。もし仕事が制限されてしまうと，貧困層の保障としての効果は弱まってしまう。

　失業救済への需要が急速に拡大することは，働くことのできない特定集団，あるいは教育・医療への支出を控えるような人々を対象とした，現金・現物給付を実施する兆しとして考えるべきである。

　適切に設計された失業救済プログラムは，ルーズベルトのニューディール政策以来，景気対策における重要な計画の一つである。最近では1997年8月の東アジア金融危機のとき，インドネシアと韓国では大規模な失業救済プログラムが導入された。メキシコは1995年の「ペソ危機」で，ペ

ルーは1998年から2001年にかけての景気後退で，アルゼンチンは2002年3月の金融危機において，同様のプログラムを実施した。条件付き現金給付（CCT）プログラムは，教育・医療への支出を減らすことのないように，発展途上国における経済危機の際に徐々に使われ出してきている。この制度の典型的な特徴としては，給付を受ける家族が子どもの就学証明を行い，また最低限の健康管理を維持する証拠を提出する必要がある。そのような制度は，バングラデシュ，ブラジル，インドネシア，そしてメキシコで使われており，また成功している。

　総合的なセーフティネット・プログラムはまた，経済全般に恩恵をもたらす。もし経済危機が効果的なセーフティネットを貧困層に提供する機会を生み出すならば，それは恒久的かつ自動的な対策となるだろう。つまり，経済危機のときに拡大するが，通常の経済状況のもとでも地域によっては根強い貧困問題を緩和するため常に機能することになる。貧困層の子どもたちを学校へ通わせる動機付けや，貧しい地域社会で価値ある資産を形成させるために失業救済を用いるといったセーフティネット・プログラムのいくつかの特徴は，長期的に貧困を削減するために持続される。セーフティネット・プログラムはまた，経済全体の需要に対して追加的に即効性のある刺激を与えるだろう。貧困層を対象とした新たな所得増加は，地域経済あるいはより広範な経済における急速な消費の増加につながる可能性がある。

　　　出典
Development Research Group (2008), Lessons from World Bank Research on Financial Crises, Policy Research Working Paper, no.4779, Washington, DC, World Bank.
Ravallion, Martin (2008), Bailing out the World's Poorest, Policy Research Working Paper, no.4763, Washington, DC, World Bank.

　経済危機の間，貧困層を対象にした教育・医療サービスは維持されるべきであるし，可能ならば拡大されるべきである。1997年8月の東アジア

金融危機におけるインドネシアの例が示したように，経済が回復してきても，その危機が貧困層に与える影響は長引いてしまった。特に，貧困層，農村の住民，そして女性への最低限の教育・医療サービスは経済危機の長期的な影響を緩和するために重要である。というのも，そのような投資は成長を促し，貧困削減の手助けとなるだけでなく，所得の不平等を小さくするからである。不幸なことに，経済金融危機の間，医療・教育サービス支は発展途上国政府によって最初に削減される支出項目となる傾向がある。

　しかしながら，発展途上経済に対して，一次産品の生産を持続可能な方向へ改善する政策や改革・投資の実施，社会的なセーフティネット・プログラムへの投資，そして教育・医療サービスの維持を求めるのは，深刻で世界的な経済危機においては無理難題であるように思われる。2008年11月のG20会合の提案で，世界銀行が主張したように，「特に低所得経済のような発展途上国は，緩やかな輸出の増加，送金の減少，物価の下落，そして支援国からの援助の減少により影響を受けるであろう。また，経済危機は民間投資を減少させ，弱い経済が内在的な脆弱性に対処し，開発ニーズに応じる可能性をますます低くさせる。物価の高騰は，多くの石油輸入国の現行の財政赤字を厄介な水準まで拡大させており（途上国の約3分の1でGDPの10％を超えている），その後もかなり増加し，現在では石油を輸入している発展途上国の外貨準備は輸入割合の低下とともに減少している。さらに，インフレ率は高く，周期的な理由と高い物価の負担軽減のために政府支出が増加しているため，財政状況は悪化している」[27]。

　一方で，世界銀行の主張では，「危機の間に，より良い成果を上げる国々は，マクロ的な金融の脆弱性を改善させ，投資率を高め，輸出市場を多角化し，そして生産力を回復させるのをやり遂げる国であると主張した。発展途上国は，対象をよく絞り込んだ社会的セーフティネットを導入し，貧困層に与えられる資源の対象を改善することで，資源を最も良い状態にさせ，また最も効率的に利用させなければならない」[28]。

　大きな景気後退期における主要な対策の優先順位は次の通りである。ま

ず，経済の多角化のために十分な資金を確保する目標をもつ一次産品生産の持続可能な方向への改善である．次に，人的資本の形成である．そして最後に，貧困層を対象にした社会的セーフティネットやそれ以外への投資である．この優先順位に沿って政策が実行できなければ，極度の貧困問題が悪化し，経済状態が改善したときにこれらの政策を改めて実行するコストを増加させてしまう．

　たとえば，世界銀行は，発展途上国で1％成長率が下がると2000万人以上の人々が貧困に追いやられると推定している．食糧・燃料危機の結果，極度の貧困層は少なくとも1億人増えると予測されている．また，現在貧困層の人々は，さらに貧しくなっていく．たとえば，近年，都市で増加した極度の貧困層のうち88％はもともと貧困層であったのがさらに貧しくなったもので，一方で貧困ではなかった人々が貧困になったのは12％でしかない．こうした影響のため，すべての貧困層の所得を貧困線まで引き上げるために必要なコストは年間380億ドルであり，それは発展途上国のGDP全体の0.5％に相当する[29]．

　さらに，あまりにも多くの発展途上経済が短期間で希少な資源を浪費しているが，これらの危機に対しては，物価高騰を相殺する減税や経済全般への補助金や所得補助のための支出増大のような非効率的な反応を示している．IMFが行った161の発展途上諸国に関する研究の結果，燃料，食糧そして経済危機への反応として，27％の国々が燃料への税率を引き下げ，57％近い国々が食糧への税率を引き下げたことがわかった．一方で，22％の国々が燃料への補助金を引き上げ，おおよそ20％の国々が食糧への補助金を引き上げた[30]．Box.3.6で示したように，そのような「経済全般への」減税・補助金に依存するのは，貧困層を対象とした総合的なセーフティネットや投資の代案としては不十分でコストのかかるものである．一般減税や補助金はしばしば逆進的で，コストがかかり，いったん行われると取りやめることが難しくなる．燃料補助金はたいてい食糧補助金よりも逆進的で，さらに環境的な不利益も生じる．また，そのような非効率な財政手段への依存は，途上国が長引く経済危機において本来必要な政策である，

対象を絞ったセーフティネットや公的な医療・教育サービスの規模や範囲の拡大への投資に充てる財源が足りなくなることを示している。

水資源管理の改善

　本章の導入で述べたように，世界的な新しい水危機は生態系の破壊問題の一つである。そしてGGNDの目標が世界的な貧困の削減に永続的な影響を与えるだけではなく，世界的な景気回復を持続可能なものにすることにあるならば，この問題にも取り組まなければならない。

　この新しい水危機には二つの側面がある。一つは，需要の増加に比べて淡水の供給が足りないことである。もう一つは，発展途上地域の何百万人の貧困層がきれいな水や衛生設備を利用できないことである。

　専門家はそれが差し迫った世界的な水不足の問題であるかどうかにかかわらず議論するであろうが，利用できる淡水供給の不足は主に四つの理由で悪化している。第一に，人口増加を通じた需要の増加である。第二に，世界全体が都市化するにつれて，非常に集中し大規模となる需要を満たすために大量の水が配分される必要がある。第三に，経済発展が進み，貧困が緩和するにつれ，1人当たり水消費量も増加するであろう。第四に，気候変動，また淡水生態系や流域の改善は利用できる水の供給量に影響を与える可能性がある[31]。

　「水不足」の定義やその計測方法に関する明確な合意はなく，その影響を明らかにするデータは少ししか存在しない（Box.3.7を参照）。発展途上国はすでに地球全体の取水量の71％を占めており，その需要は2025年までに27％増加すると予想されている。最近のデータが示しているのは，利用できる水の量がほとんどの国々で経済成長の足かせとなっていないということであるが，例外は中程度または極度の水不足を示す西アジアあるいは北アフリカ地域であり，近い将来に悪化すると予想されている。2025年までに，アジアもまた中程度か高い水ストレス（水の量と質の限界）に達すると予想されている。二つの最も人口の多い国，中国とインドは，地球全体

の取水量の35％近くを占めている。両国はすでに，中程度か高い水ストレスに達しており，2025年までに悪化すると予想されている。しかし，この問題は，依然として各国の特定の河川流域で悪化している。こうした河川流域のいくつかは，100％を超える臨界比率（再生可能な水資源の量に対して人間が取水する推量の比率）をもつか，あるいは数年のうちにもつことになるであろう。そしてそれは，極度の水不足という慢性的な問題を示している。悪化する水ストレスや水不足に直面する他の国々には，パキスタン，フィリピン，韓国そしてメキシコが含まれる。

Box3.7

水不足とその影響

　利用できる淡水の総量を測る最も一般的な方法は，国・地域の再生可能な水資源の総量であり，それは年間平均表面流出量と降水による地下水かん養を足し合わせ，さらに他国・地域からの表面流入量を足したものから構成される。水文学者は通常，再生可能な水の総供給量を国・地域の年間総取水量と比較することで，水ストレスや水不足の大きさを測る。「取水」とは，淡水資源から取り出され，あるいは採取されて，人間の目的すなわち工業，農業，または国内での水利用のために用いられる水のことである。この年間の淡水資源総量に対する取水量の割合はしばしば，「相対的水需要」や「水の臨界比率」と呼ばれる。一般的には，臨界比率が0.2から0.4の間が中程度の水ストレスを示すと考え，一方で0.4を超えた値は厳しい取水制限の状態を反映する。

　発展途上国はすでに，地球全体での取水量の71％を占めている。これらの国の水需要は，2025年までに27％増加すると予測されている。臨界比率はすべての発展途上国では低いままであるけれども，地域的には例外が存在する。2025年までに，アジアは中程度の水ストレスを示すと予想される。西アジアあるいは北アフリカは現在厳しい取水制限に直面しており，この問題は2025年までに危機的な水準に達すると予想される。次の表が

示すように，水ストレスや水不足の問題は主要な発展途上国・地域で悪くなる可能性がある。世界で二つの最も人口の多い国である中国とインドは，地球全体での取水量の約35％を占めている。両国はすでに，中程度の水ストレスを示しており，2025年までにはさらに悪くなると予想される。しかし，特定の河川流域地域ではすでに問題は悪化している。これら河川流域のいくつかは，近い将来には臨界比率が100％を超え，それは極度の水不足の長期化を示している。水ストレスや水不足の悪化に直面している他の国々には，パキスタン，フィリピン，韓国，メキシコ，エジプト，そして西アジアや北アフリカのほとんどすべての国々が含まれる。

　水不足や水ストレスが特定の河川流域で生じ，必ずしも経済全体では生じていないという事実は，水供給に対する現在の水利用パターンが経済発展を妨げているのかどうかを確定するのが困難であるという一つの理由かもしれない。163カ国の水利用と経済成長に関する研究では，物理的な取水制限が世界的な経済発展を抑制しているという意味で，現在の世界的な水不足が広範囲に及ぶ問題であるという証拠はないことが確認された。例外としては，中程度または極度の水不足を示す西アジアや北アフリカの少数の国々である。それにもかかわらず，危機的な河川流域での水利用の増加は，近い将来に多くの国々の経済成長を抑制するほど厳しいものになるかもしれない。

発展途上国・地域の水の臨界比率

地域・国	総取水量（立方キロメートル）			再生可能な水の供給量に占める総取水量 (%)		
	1995年	2010年	2025年	1995年	2010年	2025年
ホワイ河	77.9	93.7	108.3	83	100	115
ハイ河	59.2	62.1	62.9	140	147	149
黄河	64	71.1	79.5	89	99	111
長江	212.6	238.5	259.1	23	26	29
松遼	51.5	59.2	67.6	26	30	34
内陸	89.5	98.9	111.2	299	330	371
南東	8.3	9.7	12.3	1	1	2
中国合計	678.8	759.5	845.5	26	29	33
シャハドリ・ガッツ	14.9	18.7	20.8	14	17	19
イースタン・ガッツ	10.5	13.7	11.6	67	87	74
コーヴェリ川	11.8	12.8	13.1	82	89	91
ゴダヴァリ川	30.2	33.3	38.8	27	30	35
クリシュナ川	46.2	51.4	57.5	51	57	63
インド沿岸水路	34.8	46.9	43.6	108	145	135
チョータナグプール	7.2	10.9	14.3	17	26	34
ブラフマリ	25.5	27.2	31	24	22	26
ルニ流域	41.9	43.1	50.8	148	140	166
マヒ・タプティ・ナルマダ川	31.4	34.3	36.3	36	39	42
ブラフマプトラ川	5.5	7.2	9.2	1	1	1
インダス川	159.1	178.7	198.6	72	81	90
ガンジス川	255.3	271.9	289.3	50	54	57
インド合計	674.4	750	814.8	30	33	35
パキスタン	267.3	291.2	309.3	90	98	105
フィリピン	47	58.2	70	24	29	35
韓国	25.8	34.9	35.9	56	75	78
メキシコ	78.6	86.2	94.2	24	26	29
エジプト	54.3	60.4	65.6	89	99	108
西アジアまたは北アフリカ	143.2	156	171.5	116	125	139

注：トルコを除く

___ 出典

Rosegrant, Mark W., and Ximing Cai (2002), Water for food production, in Ruth S. Meinzen-Dick and Mark W. Rosegrant (eds.), Overcoming Water Scarcity and Quality Constraints, Washington, DC, International Food Policy Research Institute: table B.3.

Barbier, Edward B. (2004), "Water and economic growth," Economic Record, 80 (1), p1-16.
Cosgrove, William J. and Frank R. Rijsberman (2000), World Water Vision: Making Water Everybody's Business, London, Earthscan.
Rosergrant, Mark W., and Ximing Cai (2001), "Water for food production," In Ruth S. Meinzen-Dick and Mark W. Rosegrant (eds.), Overcoming Water Scarcity and Quality Constraints, Washington, DC, International Food Policy Research Institute: 4-5.
Vorosmarty, Charles J., Pamela Green, Joseph Salisbury and Richard B. Lammers (2000), "Global water resources: volunerability from climate change and population growth," Science, 289 (July 14): 284-8.

　水不足や水利用の競合が，特に発展途上経済の農村においては貧困を削減するための主要な脅威になっていることは共通認識である。あるいは，UN-Water（淡水のあらゆる側面に関する多くの国連機関の作業を調整する枠組み）が，「何よりもまず，水不足は貧困の問題である」と述べている__32。

　利用できる水，衛生設備，そして健康に関するいくつかの指標は，発展途上国での水問題の大きさを示している。現在，43カ国で約7億人が水ストレスの状態で生活しており（1人当たり1700立方メートル以下），そのうち5億3800万人は中国北部の人々である。水ストレスと水不足が発展途上国地域で高まるにつれ（Box3.7参照），2025年までに18億人が中程度または極度の水ストレス状態である国・地域に住むことになり，その結果30億人が水ストレスに直面することになるであろう。今日，発展途上国の5人に1人が，十分きれいな水を利用できず，そして都市部の貧困層は典型的に，水道水を利用できる人よりも5倍から10倍以上をきれいな水の利用に対して支払っている。エルサルバドル，ジャマイカ，そしてニカラグアの人々のうち20%を占める最貧困層は水に対して所得のうち平均10%を支出しているが，一方では，比較するとイギリスでは所得のうち3%を支出することは困窮とみなされる。発展途上地域の何百万人もの女性が水を集めるために1日数時間を費やしているが，それは水供給において日に見えない追加的な費用である。発展途上世界の人口のおよそ半分にあたる26

億人は最低限の衛生設備を利用できない。その衛生設備を利用できない人々のうち6.6億人以上が1日2ドル以下で暮らし，3億8500万人が1ドル以下で暮らしている。発展途上世界の人口の約半分近くが，汚れた水と乏しい衛生設備が引き起こす健康問題に耐えており，それは急性呼吸器感染症による子どもの死亡で，二番目に主要な原因となっている。水に関連した疾患が原因の子どもが病気によって，毎年4億4300万日の授業日（登校日）を失っていることになる——33。

　高所得国を含む多くの経済において，水の配分の方法にかなりの歪みがあるために，淡水は日常的に浪費され，非効率的に使われている。この問題は特に，世界の淡水供給の70〜90%を使う灌漑農業において深刻である。加えて，世界の表層水の灌漑システムは，水源から作物までの移動で，水の半分から3分の2を失っている。多くの国において，灌漑用水は助成されているため，使用価値はもちろん，農家までの配水のコストは価格に反映されていない。すべての水の消費需要を管理し，特に非効率的な灌漑用水の使用を減少させることは，水利用が競合するにつれて淡水がますます不足している世界においては重要な課題となる。水の価格付け，水利権の取引，そしてそれ以外の市場を利用した手段は，将来の効率的な水管理活動を確実なものにする方法として徐々に採用されている——34。いくつかの制度的な改革では，民間部門が信頼できる水道サービスの供給でより大きな役割を果たすことにより，効率的な配水・利用を促進している。たとえば，現在，民間部門の出資による水道会社やプロジェクトによって，世界人口の約7%に対して水道・廃水サービスが供給されている——35。

　世界有数の河川流域と主要な水源の多くは国境とは関係しないことが，水資源管理の問題をさらに複雑にしている（Box3.8を参照）。世界の5人に2人が複数の国で共有された河川（流域）で暮らし，そして現在39カ国は水の大半を外部の水源から引いている。多くの国々は，国内の水資源を配分し，水紛争を解決するための制度・政策をもつが，国際的に水資源を割り当て管理するために実現できる協定について交渉・施行することは困難である。

Box3.8

利用できる越境水

　多くの国々では，河川流域，大規模な湖，帯水層，そして淡水域といった水源を，国境をまたいで共有している。そのような越境水は世界的な水供給において重要である。たとえば，世界の5人中2人が複数の国が共有している国際河川流域で生活している。アマゾン川は，9カ国で共有しており，ナイル川は11カ国である。時に，越境水は国々で平等に配分されるが，それは共有に関する協定の合意を容易にするものである。あるいは，外部からの水源は国々にとって最重要な供給源ではないのかもしれない。しかしながら，次の表が示すように，39の国は現在，国境の外から水の大半を受け入れている。2カ国以外はすべて発展途上経済である。

外部から水源を受け入れている国

地域	外部水源から水の50〜70%を受け入れている国	外部水源から水の70%以上を受け入れている国
中東	イラク，イスラエル，シリア	バーレーン，エジプト，クウェート
東アジアと太平洋諸国	カンボジア，ベトナム	
ラテン・アメリカとカリブ海諸国	アルゼンチン，ボリビア，パラグアイ，ウルグアイ	
南アジア		バングラデシュ，パキスタン
サハラ以南のアフリカ	ベニン，チャド，コンゴ，エリトリア，ガンビア，モザンビーク，ナンビア，ソマリア，スーダン	ハンガリー，モルドヴァ，モンテネグロ，ルーマニア，セルビア，トルクメニスタン
東ヨーロッパと中央アジア	アゼルバイジャン，クロアチア，ラトビア，スロヴァキア，ウクライナ，ウズベキスタン	オランダ
高所得OECD諸国	ルクセンブルク	

> 出典
> UNDP (2006), Human Development Report 2006: Beyond Scarcity: Power, Poverty and the Global Water Crisis, New York, UNDP.

　GGNDは世界的な水資源管理の改善を目標とすべきだし，同時に貧困層への水サービス供給という目標にも貢献すべきである。これらの目標を達成することは，すべての経済における三つの主要な領域の進展を通して可能となる。

- 貧困層へのきれいな水と衛生設備サービスの供給を改善することに投資や他の対策を割り当てること。
- 効率的な配水・利用を促し，また水需要を管理するために，補助金や他の誘導策による歪みをなくし，必要に応じて，市場原理に基づく手段や他の対策を実施すること。
- 越境水を共有する管理・利用方法におけるガバナンスを進め，協調性を高めること。

　次節で示される国内の取り組みに関するいくつかの事例は，こうした三つの領域においてあらゆる政府が採用できるものである。

水不足，リスク，そして脆弱さの管理

　世界的な水不足問題で最も蔓延している兆候は，世界の最貧困層はきれいな水や衛生設備を最も利用できず，利用できる人々は最も高い料金を支払っており，そして水の利用における最も高いリスクを引き受けているということである。したがって，安全な飲み水と改善された衛生設備を提供することは，開発と貧困緩和という二つの目標にとって非常に重要なものであり，GGNDの主要な目標とするべきものである。
　国連は，ミレニアム開発目標の一つとして，2015年までに安全な飲み水

と最低限の衛生設備が持続的に利用できない人口の割合を半分にするという目標を立てた。この目標が達成できても，2015年には，依然としてきれいな水を利用できない人々が8億人以上，衛生設備を利用できない人々が18億人以上いるであろう[36]。しかし，近年の経済危機が起きる前でさえ，この目標を達成するための国際的な取り組みが軌道に乗るかどうかについて懸念があった。この安全な飲み水に関する目標は，すでに南アジア，ラテンアメリカ，そしてカリブ諸島において達成されており，2018年までに東アジアと太平洋諸国で達成されそうであるが，サハラ砂漠以南のアフリカとアラブ諸国は2040年以前に目標を達成する見込みがないと考えられている。アジア，アラブ諸国，ラテンアメリカ，そしてカリブ諸島すべては2015年かそのすぐ後までに衛生設備に関する目標を達成すると予想されているが，サハラ砂漠以南のアフリカは2076年以前に衛生設備を利用できない人口の割合を半分にするのは無理だと考えられている。本章の前半で述べたように，重要なことは，発展途上国がすでに医療やそれに関連する支出を削減しているということである。民間投資もまた大幅に減少しているし，政府開発援助は十分に増えてはいない。それゆえ，近年の世界的な景気後退は，発展途上地域によるこのミレニアム開発目標の達成に向けた取り組みをたいへん危うくしている。

　GGNDの最優先課題は，2015年までにきれいな水と衛生設備に関するミレニアム開発目標を達成するために必要な投資を復活させることである。

　国連開発計画は，この目標を達成するために最低限必要なコストは世界全体で年間100億ドルになると推定している[37]。そして，景気後退前には一般的にきれいな水や衛生設備の提供にGDPの0.5%以下しか支出していなかった発展途上国に対し，少なくともGDPの1%を目標とすることを推奨している。

　GGNDの一環として，すべての発展途上国はこの推奨に従い，少なくともGDPの1%に相当する金額をきれいな水や衛生設備への投資に配分すべきである。

また国連開発計画は，このミレニアム開発目標の達成により，世界規模での投資の経済的な利益が年間約380億ドルになると推定している。サハラ砂漠以南のアフリカだけだと年間150億ドルになり，これは最近のアフリカ大陸への援助額の約60％に相当する。他の便益としては，この投資によって約100万人の子どもたちの命がこの先10年間守られ，そして2015年までに子どもの死亡者数が毎年平均して年間20万3000人減少する。加えて，下痢による病気の減少によって，2億7200万日の就学日数が得られるだろう。Box3.9にまとめられているように，貧困層は病気に費やす日数が減ることで収入を得て，医療サービスや薬代が減ることで支出を抑え，そして収入を生み出す活動や生産活動に使える時間が増えることによって便益を得るだろう。あらゆる発展途上経済でこのような広範な便益が生じるならば，きれいな水や衛生設備の対策での投資1ドル当たりの利益は5〜11ドルになり，低コストの場合には5〜28ドルになる。

Box3.9

安全な飲み水と衛生設備の改善による経済的な便益

　発展途上経済に関する研究では，きれいな水や衛生設備サービスを貧困層が利用できるようにすることによる経済的な便益を説明するものが増えつつある。その便益のほとんどは，このような不可欠なサービスの利用による利益だけではなく，利用できない時に人々が用いなければならない水の処理・回避などによる暗黙の費用の削減からも生じる。

　たとえばブラジルのマナウスでは，改善された水処理サービスに対して人々が支払っても良いと思う金額は月6.12ドル以上と測定された。しかしながら，この金額は，人々が現在汚れた水に支払っている金額より十分に低いものである。ネパールのカトマンズでは，人々が公共の設備から水を集め，備蓄し，そして使う前に時間を費やして水を処理していることが確認された。また人々の中には，公共のタンク車や民間業者からの水だけでなく瓶詰めの水にもお金を費やす者がいる。さらに，人々は貯蔵タンク，

水こし器，掘り抜き井戸，科学薬品，そしてこれらの設備の維持に対して投資をしている。このような「処理コスト」は平均すると，1人1月当たり3ドルであり，これは現在の所得の1％に等しく，毎月の水利用料金のほぼ2倍である。さらに，それは水サービスの改善に対して支払っても良いと思う金額の平均よりも十分に低い。

　これらの結果は，多くの発展途上経済・地域に当てはまるものである。世界保健機関（WHO）の世界的な推計によると，きれいな水や衛生設備への対策による費用・便益について，ほとんどの発展途上地域やほとんどの対策に関して，投資1ドル当たり5〜11ドルの経済的な便益に達するという。2015年までにきれいな水や衛生設備を利用できない人口の割合を半分にするというミレニアム開発目標を達成する対策については，投資1ドル当たりの利益は5〜28ドルである。この対策では，すべての人々が安全な水や改善された衛生設備を利用できる機会を高め，それだけではなく利用時点での消毒も行われる。これらの対策による高い便益は主に，病気に費やす日数の減少，公共医療や薬への支出を控えることによる貯蓄，そして所得創出または生産活動に費やす時間の増加などが関係している。

> ＿＿出典
> Casey, James F., James R. Kahn and Alexandre Rivas (2006), "Willingness to pay for improved water service in Manaus, Amazonas, Brazil," Ecological Economics, 58 (2): 365-72.
> Hutton, Guy, and Laurence Haller (2004), Evaluation of the Costs and Benefits of Water and Sanitation Improvements at the Global Level, Geneva, WHO.
> Pattanayak, Subhrendu K., Jui-Chen Yang, Dale Whittington and K. C. Bal Kumar (2005), "Coping with unreliable public water supplies: averting expenditures by households in Kathmandu, Nepal," Water Resource Research, 41 (2): 1-11.

　水供給，衛生設備，そして衛生状態の大幅な改善には，主要なプロジェクトや管理プログラムでのかなりの投資が必要となる。結果として得られる水質の改善は，しばしば貧困層への雇用機会の創出といった複数の便益をもたらす。Box3.10のインドのガンガ・アクション・プラン（GAP）で示されているように，雇用上の便益はかなり大きくなる。単純労働の雇用に

関するガンガ・アクション・プランの正味現在価値は約5500万ドルに達しており，それは雇用と単純労働者への所得再分配による所得の増加によるものである。もし，貧困層から単純労働者への雇用が重視されると，こうした便益はおよそ1億9000万ドルにまで達する。

Box3.10

ガンガ・アクション・プランの費用便益分析

　ガンガ・アクション・プランは，インドのガンジス川の水質を改善するために1985年2月に立ち上がった。1985年から1995年までのこのプラン実施のための最終的な投資コストは，（1995年の価格で）3億1800万ドルであった。さらに，水質汚染産業は，その汚染削減のために投資する必要があり，それは廃水処理に年間1050万ドルを必要とする。このプランの結果，ガンジス川沿いの地域の中にはわずかな影響にとどまったところもあるが，改善された溶存酸素量，生物化学的酸素要求量（BOD），そしてリン酸・硝酸塩の濃縮度の点で水質の改善が観察された。結果的にガンジス川の浄化は多くの利害関係者に多様な便益をもたらした。

　ガンジス川浄化による主な便益は，宗教上の目的も含め，沐浴のためにその川を訪れる住民，旅行者，そして巡礼者にもたらされる。しかしながら，他の重要な便益は，ガンジス川が支える生物多様性を将来世代に遺したいという欲求，ガンジス川がきれいに保たれ水生生物が保護されるという安心，そして水による伝染病からガンジス川の近隣住民を保護したいという願望などから生じる。ガンガ・アクション・プランによるこのような便益は，家計調査から推定された。さらに，ガンジス川の水質改善は，その水を利用する近隣住民にさまざまな健康上の便益を生むが，それはガンジス川の水利用者が病気により失われた労働日数を短縮することを通じた所得の増加から推定された。ガンジス川流域の町・都市からの下水汚泥や廃水が小規模農家により有機肥料や灌漑として再利用されるのにともない，ガンガ・アクション・プランを通じて建設された下水処理施設は増加

し，また農家がより大きな面積を灌漑することや伝統的な肥料を処理済み汚水に代替することが認められた。この農業上の便益は，肥料コストの節約と灌漑による利益の増加から測定された。最後に，このプランを通じた単純労働者の雇用による社会的な便益があり，それはインド経済で最低所得層の人々の雇用と単純労働者への所得再分配による所得の増加から生じる。

ガンガ・アクション・プランの費用便益分析と所得分配効果
1995年と1996年価格（100万ドル）

			所得分配効果	
		現在価値	$\varepsilon=1.75$	$\varepsilon=2.00$
便益：	娯楽・アメニティ	0.83	0.08	0.06
	不使用	195.2	12.49	8.39
	健康	23.49	72.42	81.64
	農業生産性	16.33	48.58	56.76
	未熟練労働の雇用	54.53	162.17	189.49
費用：	産業	42.74	4.1	2.91
	政府	129.81	129.81	129.81
正味現在価値		117.83	161.83	203.62
便益費用比率		1.68	2.21	2.53

＿＿注
a ＿＿10％の割引率で，1985年または1986年から1996年または1997年にわたり測定。
b ＿＿国民1人当たりの所得に等しい集団に対して，各利害関係者集団の費用や便益に与えられる加重値である。

　この表は，可能性のある所得分配効果に関する感度分析と，ガンガ・アクション・プランによるさまざまな便益・費用の正味現在価値を測定したものである。分析が示すように，このプランの正味現在価値は十分にプラスとなる。さらに，多くの便益が農家，ガンジス川の水の利用者，または単純労働者のような貧困層に生じるため，このプランの所得分配効果は十

分に高い。これらを考慮すると，ガンジス川浄化の正味現在価値と便益費用比率は，かなり高まる。

___ 出典

Markandya, Anli, and M. N. Murty (2000), Cleaning up the Ganges: A Cost-Benefit Analysis of the Ganga Action Plan, New Delhi, Oxford University Press.
Markandya, Anli, and M. N. Murty (2004), "Cost-benefit analysis of cleaning the Ganges: some emerging environment and development issues," Environmental and Development Economics, 9 (1): 61-81.

　効率的な水配分を促すためには，あらゆる経済が水への補助金や他の誘導策による歪みをなくし，市場原理に基づく手段や他の対策を実施すべきであろう。

　水の価格付けや他の配分方法への改革は，水サービスを改善し，経済のあらゆる分野で水の生産性を高めるために重要である。衛生設備を含む水サービスの供給において，官と民との協力を強めていくこともまた重要であるかもしれない。前述したように，このような対策は高所得経済においてだけでなく，発展途上経済においても世界的に利用されている。現在のところ水市場は，オーストラリア，カナダ，そしてアメリカで行われているが，他の多くの国・地域と同様に，ブラジル，チリ，中国，メキシコ，モロッコ，南アフリカ，そしてトルコでも行われている。Box3.11で示されるように，市場原理に基づく手段と水市場の改革は，特定の分野の必要に応じて変化し調整されることがわかっている。

Box3.11

水分野での市場原理に基づく手段と市場改革

　さまざまな水分野では市場原理に基づく手段，市場改革，あるいは類似の対策に関する国際的な経験が高まりつつあり，よく知られるようになってきている。次の表は，さまざまな水分野で採用されてきた対策をまとめたものである。

水分野における市場原理に基づく手段と市場改革

分野・適用	市場に基づく手段・市場改革
きれいな水供給	民間部門連携，民間・公営提携，関税・課税，水取引・市場
流水修正，表面水超過取水，地下水超過取水，淡水生態系・流域の保護	供給源・取水許可制度，現実的な水の価格付け，エネルギー・農業補助金や貸付補助設備の縮小・排除，水・湿地銀行業務，生態系サービスへの支払い
公衆衛生・下水処理	民間部門連携，民間・公営提携，関税・課税，起債
水質管理（栄養素，農薬，堆積物）	規制，産業汚染・農業雨水に対する罰金・課税，許可証取引，生態系サービスへの支払い，土壌保全・有機農法に対する補助金
有害化学薬品管理	規制と罰金

　市場原理に基づく手段や市場改革は，普及しているにもかかわらず，比較的限られたものとなっている。世界的な水市場の研究からわかったこととして，一つの問題は，水市場が有効であるためにはいくつかの条件が存在するということである。

・水の権利あるいは水利権が確立され，それが量で示され，そしてその土地の権利からは分離されること。
・水利権は登記され，そして人々は水の取引について精通していること。
・取引された水がその所有者へ届くことを保証するための組織または管理する仕組みが機能していること。
・送水のためのインフラは，水の新たな所有者へ別の道でも送れるくらい十分に柔軟であること。
・販売に直接関わらない当事者が水の販売により生じた被害に対して「適当な」保護を受けられる仕組みが機能していること。
・水利権と水利用の変化についての紛争を解決する仕組みが機能していること。

出典
Easter, K. William, and Sandra Archibald (2002), "Water markets: the global perspectives," Water Resources Impact, 4 (1): 23-5.

　広範にわたる水分野に関して，市場原理に基づく手段や市場改革は増えているが，効率的な水の配分とサービスの提供を促す効果は発揮されていない。Box3.11で概説したように，水市場・取引の拡大にともなう問題の一つは，こうした水の取引の仕組みがいくつかの条件を満たすときにのみ有効になるということである。たとえば，エジプトでの灌漑用水への課金はモロッコほどうまくいかなかった。その理由の一つは，エジプトの灌漑システムはモロッコのシステムと同じように容積課徴金や水利権取引を用いなかったことにある。同じことがインドとインドネシアの灌漑システムにもいえる。さらに，エジプトとインドでは，地下水水利権も法的に定められていないのである。ウクライナでは，灌漑用水は大規模な「区画」で供給されるのに対して，農家は小規模で民営化されているという問題がある。最後に，あらゆる国に関して，現在普及している灌漑用水の配分方法がコストを回収するための課金を行わない場合，農家は水市場への移行に抵抗する[38]。

　現在，越境水の配分を管理する条約・協定は200ほどある。そのような協定は，資源を共有するという意味での相互依存性のために必要である。たとえば，上流の国が川の水を使うことで，下流の国で利用できる水の量，時期，そして水質はどのような影響を受けるのであろうか。また，帯水層や湖を共有する国々は水の共同利用から影響を受ける。近年では，国際社会が越境水域の管理に関する国際的な会議，宣言そして法的な声明を行っている一方で，河川流域を共有する国々が総合的流域管理戦略を確立している。しかし，多くの国際河川流域や他の共有される水資源については，共同管理の仕組みが欠如しており，いくつかの国際協定やすでにある共同管理の仕組みは改善が必要である。共有される水資源に関する国家間の武力衝突の可能性は低いが，水紛争を解決するための協調性に欠けてい

る__39。サハラ砂漠以南のアフリカにあるチャド湖の縮小のようないくつかの例では，協調性の欠如が共有する水システムに悪影響を与えている__40。南アジアでは，1996年にインドとバングラデシュの間でガンジス川の水共有に関する条約が結ばれた。しかしこの条約は，ネパールからの水の輸送による河川流量の増加を認める方向に拡張されないかぎり，流域の供給量に比べて将来の水利用の増加が予想されるため，深刻な危機に陥るだろう__41。それゆえ，越境水の管理・利用に関するガバナンスを進め，また協調性を高めることは，GGNDの重要な目標の一つであるにちがいない。

要約と結論

　GGNDは世界の生態系を保護することを目標とし，同時に世界的な極度の貧困を削減する目標に貢献することが必要である。今回の経済危機が深刻であったとしても，貧困には早急に取り組む必要がある。人的資本への過小投資や金融債権が利用できないことは極度の貧困層の慢性的な特徴であり，特にこうした貧困層は脆弱な土地に集中している。深刻な景気後退期における主要な対策の優先順位は次の通りである。まず，経済の多角化のために十分な資金を確保するという目標をもつ一次産品生産の持続可能な方向への改善である。次に，人的資本の形成である。そして最後に，貧困層を対象にした社会的セーフティネットやそれ以外への投資である。この優先順位に沿って政策が実行できなければ，極度の貧困問題が悪化し，経済状態が改善したときにこれらの政策を改めて実行するコストを増加させてしまう。

　世界の淡水供給が不足していることや，発展途上地域の何百万人もの貧困層がきれいな水や衛生設備を利用できないことについても，GGNDが取り組むべき優先事項としなければならない。きれいな水や改善された衛生設備の提供は発展途上経済の貧困緩和と経済発展の基盤であり，またより多くの雇用，健康，そして他の経済的な便益を生み出しうる。そのため，発展途上国は，国連開発計画が推奨するように，この分野に対して少なく

ともGDPの1%を支出すべきである。あらゆる経済は水への補助金や他の誘導策による歪みをなくし，市場原理に基づく対策をとり，すべての分野，特に灌漑農業における効率的な水配分を促す対策も考えるべきである。越境水の管理・利用に関するガバナンスを進め，また協調性を高めることは，GGNDの重要な目標の一つである。

―――注

1 ― Barbier, Edward B. (1989), Economics, Natural Resource Scarecity and Development: Conventional and Alternative Views. London, Earthscan, 96-7.
2 ― MA 2005（第1章注13参照）
3 ― OECD (2008); UNDP (2008); Sukhdev (2008)（すべて第1章注14参照）.
4 ― World Bank (2002); Comprehensive Assessment of Water Management in Agriculture 2007（ともに第1章注15参照）
5 ― UNDP (2006)（第1章注19参照）
6 ― Barbier, Edward B. (2005), Natural Resources and Economic Development. Cambridge, Cambridge University Press.
7 ― World Bank (2008)（第1章注40参照）
8 ― UN. "World urbanization prospects: the 2007 revision, executive summary." (http://esa.un.org/unupで入手可能).
9 ― Houghton, R. A. (1995), "Land-use change and the carbon cycle." Global Change Biology 1 (4): 257-87; MA (2005)（第1章注13参照）; Sukhdev (2008)（第1章注14参照）; UNEP (2006), Marine and Coastal Ecosystems and Human Well-being: A Synthesis Report Based on the Findings of the Millennium Ecosystem Assessment. Nairobi, UNEP; and Valiela, I., J. L. Bowen and J. K. York. (2001), "Mangrove forests: one of the world's threatened major tropical environments." BioScience 51 (10): 807-15.
10 ― Ascher, William (1999), Why Government Waste Natural Resources: Policy Failures in Developing Countries. Baltimore, Johns Hopkins University Press; Auty, Richard M. (ed.) (2001), Resource Abundance and Economic Growth. Oxford, Oxford University Press; Auty, Richard M. (2007), "Natural resources, capital accumulation and the resource curse." Ecological Economics 61 (4): 600-10; Baribier (2005)（注6参照）; Gylfason, Thorvaldur (2001), "Nature, power, and growth." Scottish Journal of Political Economy 48 (5) :558-88; Isham, Jonathon, Michael Woolcock, Lant Pritchett and Gwen Busby (2005), "The varieties of resource experience: natural resource export structures and the political economy of economic growth." World Bank Economic Review 19 (2): 141-74; Jensen, Nathan, and Leonard Wantchekon (2004), "resource wealth and political regimes in Africa." Comparative Political Studies 37 (7): 816-41; Stijns, Jean-Phipippe (2006), "Natural resource abundance and human capital accumulation." World

Development 34 (6): 1060-83; Torvik, Ragnar (2002), "Natural resources, rent seeking and welfare." Journal of Development Economics 67 (2): 455-70; Wunder, Sven (2003), Oil Wealth and the Fate of the Forest: A Comparative Study of Eight Tropical Countries. London, Routledge.

11 ___ Gylfason (2001)(注10参照). インドネシアもまた高い投資率と1人当たりGDP成長率を達成しているが, Gylfasonは次のように結論づけている。"たとえば政治的腐敗のなさといった経済的成功を測る広範な基準は, インドネシアを不利な状況におくだろう。さらに, インドネシアは, 1997-1998年の危機をマレーシアやタイほどうまく乗り越えていない"。

12 ___ 発生地を特定できない汚染とは, 肥料, 農薬, そして他の農家の活動からの廃物などにより汚染された水の流出のことであり, それは最終的に川, 湖, または他の水源へ流れていく。

13 ___ Alix-Garcia, Jennifer, Alain de Janvry, Elisabeth Sadoulet and Juan Manuel Torres (2005), An Assessment of Mexico's Payment for Environmental Services Program. Rome, Food and Agriculture Organization of the United Nations [FAO]; Barbier, Edward B. (2008), " Poverty, development, and ecological services." International Review of Environmental and Resource Economics 2 (1): 1-27; Grieg-Gran, Mary-Anne, Ina T. Porras and Sven Wunder (2005), "How can market mechanisms for forest environmental services help the poor? Preliminary lessons from Latin America." World Development 33 (9): 1511-27; Landell-Mills, Natasha, and Ina T. Porras (2002), "Silver bullet or fool's gold? A global review of markets for forest environmental services and their impact on the poor." In Verweij, P. A. (ed.). Understanding and Capturing the Multiple Values of Tropical Forest. Wageningen, the Netherlands, Tropenbos International: 89-92; Pagiola, Stefano, Agustin Arcenas and Gunars Platais (2005), "Can payments for environmental services help reduce poverty? An exploration of the issues and the evidence to date from Latin America." World Development 33 (2): 237-53; Ravnborg, Helle Munk, Mette Gervin Damsgaard and Kim Raben (2007), Payments for Ecosystem Services: Issues and Pro-poor Opportunities for Development Assistance. Report no. (2007-6), Copenhagen, Danish Institute for International Studies; Sukhdev (2008)(第1章注14参照)

14 ___ Van Kooten, G. Cornelis, and Brent Sohngen (2007), "Economics of forest ecosystem carbon sinks: a review." International Review of Environmental and Resource Economics 1 (3): 237-69.

15 ___ Pagiola, Arcenas and Platais (2005)(注13参照)

16 ___ Alix-Garcia et al. (2005)(注13参照)

17 ___ Kerr, John (2002), "Watershed development, environmental services, and poverty alleviation in India." World Development 30 (8): 1387-400.

18 ___ Pagiola, Arcenas and Platais (2005), Landell-Mills and Porras (2002)(ともに注13参照)

19 ___ Grieg-Gran, Porras and Wunder (2005)(注13参照)

20 ___ Barbier (2005)(注6参照); Barbier (2008)(注13参照); Binswanger, Hans P., and Klaus Deininger (1997), "Explaining agricultural and agrarian policies in

developing countries." Journal of Economic Literature 35 (4): 1958-2005; Coady, David, Margaret Grosh and John Hoddinott (2004), "Targeting outcomes redux." World Bank Research Observer 19 (1): 61-85; Dasgupta et al. (2005), (第1章注17参照); Elbers, Chris, Tomoki Fujii, Peter Lanjouw, Berk Özler and Wesley Yin (2007), "Poverty alleviation through geographic targeting: how much does disaggregation help?" Journal of Development Economics 83 (1): 198-213.

21 ___ Elbers et al. (2007) (注20参照)

22 ___ Coady, Grosh and Hoddinott (2004) (注20参照)

23 ___ Johnstone, Nick, and Joshua Bishop (2007), "Private sector participation in natural resource management: what relevance in developing countries?" International Review of Environmental and Resource Economics 1 (1): 67-109.

24 ___ Barbier, Edward B., and S. Sathirathai (eds.) (2004), Shrimp Farming and Mangrove Loss in Thailand. Cheltenham, Edward Elgar.

25 ___ Barbier (2005) (注6参照); Binswanger and Deininger (1997) (注20参照); Development Research Group (2008), Lessons from World Bank Research on Financial Crises. Policy Research Working Paper no.4779. Washington, DC, World Bank; Ravallion, Martin (2008), Bailing out the World's Poorest. Policy Research Working Paper no.4763. Washington, DC, World Bank; and World Bank (2005), World Development Report (2006): Equity and Development. Washington, DC, World Bank.

26 ___ Ravallion, Martin, and Michael Lokshin (2007), "Lasting impacts of Indonesia's financial crisis." Economic Development and Cultural Change 56 (1): 27-56.

27 ___ World Bank (2008) (第1章注5参照)

28 ___ World Bank (2008) (第1章注5参照); Development Research Group 2008 (注25参照).

29 ___ World Bank (2009) (第1章注1参照); World Bank (2008) (第1章注5参照)

30 ___ World Bank (2008) (第1章注5参照)

31 ___ UNDP (2006) (第1章注19参照); UNEP (2007), "Water." In UNEP. Global Environmental Outlook GEO-4: Environment for Development. Geneva, UNEP: 115-56; FAO. (2007), Coping with Water Scarcity: Challenge of the Twenty-first Century. Rome, FAO; UN (2006), Water: A Shared Responsibility. World Water Development Report no.2. New York, UN.

32 ___ FAO (2007) (注31参照)

33 ___ UNDP (2006) (第1章注19参照); FAO (2007) (注31参照)

34 ___ たとえば以下参照。Cantin, Bernard, Dan Shrubsole and Meriem Ait-Ouyahia (2005), "Using instruments for water demand management: introduction." Canadian Water Resources Journal 30 (1): 1-10; Easter, K. William, and Sandra Archibald (2002), "Water markets: the global perspective." Water Resources Impact 4 (1): 23-5; Howitt, Richard, and Kristiana Hansen (2005), "The evolving Western water markets." Choices 20 (1): 59-63; Rosegrant, Mark W., and Sarah Cline (2002), "The politics and economics of water pricing in developing countries." Water Resources Impact 4 (1): 5-8; Schoengold, Karina, and David

Zilberman (2007), "The economics of water, irrigation, and development." In Robert Evenson and Prabhu Pingali (eds.). Handbook of Agricultural Economics, vol. I. Amsterdam, Elsevier: 2933-77; Stavins, Robert N. (2003), "Experience with market-based environmental policy instruments." In Karl-Göran Mäler and Jeffrey Vincent (eds.). The Handbook of Environmental Economics, vol. I. Amsterdam, North-Holland/Elsevier: 355-435; Tsur, Yacov, Terry Roe, Rachid Doukkali and Ariel Dinar (2004), Pricing Irrigation Water: Principles and Cases from Developing Countries. Washington, DC, Resources for the future; and Young, Mike, and Jim McColl (2005), "Defining tradable water entitlements and allocations: a robust system." Canadian Water Resources Journal 30 (1): 65-72.

35 ___ Allison, Peter (2002), "Global private finance in the water industry." Water Resources Impact 4 (1): 19-21; Brook, Penelope J (2002), "Mobilizing the private sector to serve the urban poor." Water Resources Impact 4 (1): 9-12; Dosi, Cesare, and K. William Easter (2003), "Water scarcity: market failure and the implications for markets and privatization." International Journal of Public Administration 26 (3): 265-90; Johnstone, Nick, and Libby Wood (eds.) (2001), Private Firms and Public Water: Realizing Social and Environmental Objectives in Developing Countries. Cheltenham, Edward Elgar.

36 ___ UNDP (2006) (第1章注19参照)

37 ___ UNDP (2006) (第1章注19参照)

38 ___ Hellegers, Petra J.G., and Chris J. Perry (2006), "Can irrigation water use by guided by market forces? Theory and practice." Water Resources Development 22 (1): 79-86.

39 ___ Giordano, Meredith A., and Aaron T. Wolf (2003), "Sharing waters: post-Rio international water management." Natural Resources Forum 27 (2): 163-71; Wolf, Aaron T. (2007), "Shared waters: conflict and cooperation." Annual Review of Environmental and Resources 32: 241-69.

40 ___ UNDP (2006) (第1章注19参照)

41 ___ Bhaduri, Anik, and Edward B. Barbier (2008), "International water transfer and sharing: the case of the Ganges River." Environmental and Development Economics 13 (1): 29-51.

発展途上経済が直面する課題　4

　第2章と第3章で議論された炭素依存の低減と生態系の保護に向けて提案されたさまざまな取り組みは，低・中所得経済が実施する場合に多くの困難をもたらす。そこで本章では，発展途上経済がグローバル・グリーン・ニューディール（GGND）で提案された取り組みを行う際の主要な制限をみていく。

　発展途上経済が，低炭素型の成長路線へ速やかに移るためには，資金の格差，技術・技能の格差，そして将来の国際炭素市場の不安定さなど多くの重要な課題を克服する必要がある。

　もし発展途上経済がクリーンで低炭素な代替エネルギーへ投資しようと思うならば，資金調達が主な制限となる。急速に発展している低・中所得経済がクリーンで低炭素なエネルギー技術を大規模に採用することは，今後数十年にわたる温室効果ガス排出量を削減し，エネルギー安全保障を確保するために必要であろう。また，このことは大規模な設備投資も必要とする。たとえば，アジア経済全体で2020年までにエネルギー供給の20％をクリーンエネルギーでまかなうという目標を達成するためには，総額約1兆ドルの資金調達が必要であり，2020年まで毎年500億ドルを必要とするであろう[1]。同様に，もし発展途上国全体で2004年にボンで開催された再生可能エネルギー国際会議で合意した国際行動プログラムの公約を守るならば，2015年までに追加的に80ギガワットの再生可能エネルギー生産が必要であり，その投資に年間約100億ドルを必要とするであろう。

近年の政府開発援助では，発展途上国全体でさまざまなエネルギー・プロジェクトに対して年平均54億ドルが提供されているが，これは国際行動プログラムの下での現在の公約の20％以下である__2。発展途上経済は，国内の民間投資と世界または地域の金融市場からの融資によって，十分な資金を調達可能である。しかしながら，それには安定した投資の規制体制，好ましい市場の状態や動機付け，そして長期的な炭素価格の不安定の抑制が行われている場合に限られている。

このような「資金の格差」に加えて，低・中所得経済がクリーンで低炭素な技術を採用するときには，「技能・技術の格差」も存在する。多くの発展途上経済は，クリーンで低炭素な技術の研究開発にはほとんど支出せず，その技術を開発し適用するのに必要となる技能をもち合わせていない。その代わり，自国でクリーンエネルギー技術をもっている中国，インド，そしておそらく少数の大きな新興諸国は例外であるが，低・中所得国のほとんどが，他国で開発された技術・技能の輸入あるいは移転に依存している。新しい技術・技能の移転は，現地の技術や労働力の進展をもたらし，またさらなる技術革新や低炭素な技術の長期的な採用も可能にする。しかし，ほとんどの発展途上経済は，クリーンエネルギーや低炭素な技術の移転を誘致させるのに必要な最低限の研究開発や技能をもった労働力さえ欠いているのである__3。

クリーン開発メカニズム（CDM）は，発展途上経済が炭素依存を低減させる際のいくつかの制限を解くために重要な仕組みと見なされている（Box4.1を参照）。確かに，クリーン開発メカニズムは発展途上国においてクリーンで低炭素な技術への資金調達と移転を確保し，とりわけ国際炭素市場を効果的に創り出すことに成功している。しかし，現行のメカニズムにはいくつかの問題が残されている。一つは，クリーン開発メカニズムでのプロジェクトが中国やインド，ブラジル，そしてメキシコのような少数の大規模な新興市場経済に集中しており，特にアフリカのような低所得経済では，事実上プロジェクトが行われていないことである。2012年までに獲得が予想される認証排出削減量（CER）クレジットのほとんどは，温室

効果ガスの燃焼，電力網接続の再生可能エネルギー発電，燃料転換，送電損失の削減，そして一過性メタン排出の隔離など主に大規模プロジェクトによるものである。またもう一つの問題は，2012年以降の将来の国際炭素市場やクリーン開発メカニズムへの投資の不安定さが大きくなっていることである。この不安定さは，ポスト京都議定書に関する国際的な合意が得られていないことから生じている。その結果，将来的にはプロジェクトの認可数や2012年の取り組みによる認証排出削減量クレジットの大幅な減少が予想される。同様の不安定さは，受益国双方が二酸化炭素1トンに等しい排出削減単位（ERU）を得ることができる共同実施（JI）メカニズムでもあてはまる。クリーン開発メカニズムとは対照的に，共同実施は特に移行経済に狙いを定めているが，先進国間でのプロジェクトを対象にしている。2012年以後の国際炭素市場や炭素価格に対する投資の不安定さはまた，こうした移行経済での将来の共同実施プロジェクトや排出削減単位クレジットの誘致に影響を与えそうである。

Box.4.1

クリーン開発メカニズム

　クリーン開発メカニズム（CDM）は京都議定書の条項の一つであり，それは高所得経済が発展途上経済でのクリーンエネルギー技術へ投資することによって認証排出削減量クレジットを得ることができるという互恵的な仕組みとして計画された。実際クリーン開発メカニズムは，低・中所得国が温室効果ガスの排出から所得を稼ぐことができる国際的な制度になっている。さらに，クリーン開発メカニズムは，炭素の国際価格が効果的に設定されることにより，設備や専門的な知識などの低炭素な技術の移転を商業的に成立させ，受入国でのクリーンエネルギー技術への投資に必要な情報や資本移動の障壁を低くし，さらに，プロジェクト計画の援助や経営面での協力を通じて発展途上経済への技術移転の質も改善する。

　2009年1月現在，登録されたCDMプロジェクトは1306件である。そ

地域別の登録された CDM プロジェクト（合計1306件）

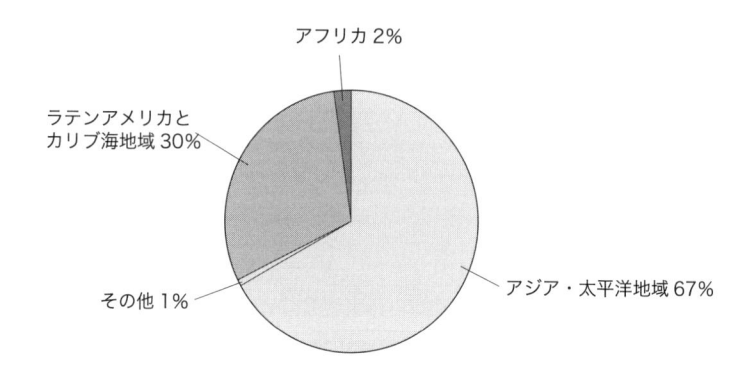

- アフリカ 2%
- ラテンアメリカとカリブ海地域 30%
- その他 1%
- アジア・太平洋地域 67%

のうちの3分の2はアジア・太平洋地域で行われ，30％がラテンアメリカとカリブ海地域，2％のみがアフリカで行われている。現在これらのプロジェクトにより予想される年間平均認証排出削減量は総計約2億4400万トンである。4200件以上のプロジェクトは現在，CDMパイプラインにあり，もしそれらが承認されると，2012年終わりまでに29億トンの認証排出削減量を生むと予想される。したがって，短期間で，クリーン開発メカニズムは発展途上経済の温室効果ガス排出を削減するために何十億もの公共・民間投資を動かしたのである。

　しかしながら，現在登録されているCDMプロジェクトからの認証排出削減量の85％は，中国（1億3200万），インド（3270万），ブラジル（1980万），韓国（1460万），メキシコ（800万）の五つの新興市場経済で行われている。同様に，CDMプロジェクトは85％が九つの国に集中している。それらは，インド（380件），中国（356件），ブラジル（148件），メキシコ（110件），マレーシア（35件），チリ（27件），インドネシア（21件），フィリピン（20件），韓国（20件）である。さらに八つの発展途上国では10～15件のプロジェクトが行われている。残りの36の経済では7件のプロジェクトであり，現在1，2件のプロジェクトだけの国が大多数である。

　大きな新興市場経済におけるCDMプロジェクトへの投資や認証排出削

減量クレジットの蓄積は，現在または将来の世界の温室効果ガスの重要な排出源となりつつあるため歓迎されるが，多くの低所得経済やアフリカではクリーン開発メカニズムのプロジェクトが実際には行われていない事実は重大である。一つの問題は，より貧しい国がほとんどのプロジェクトにとって必要な外国資本や技術移転を誘致するための投資環境や基本的な技術力に乏しいということである。さらに，貧困地域でのエネルギーサービスの分散化を目的とした水力電気，バイオマス，または太陽光システムのように，多くの低所得経済が必要とする小規模なクリーンエネルギー・プロジェクトは，クリーン開発メカニズムの下で十分な認証排出削減量クレジットを得る大規模あるいは低コストで温室効果ガス排出量を削減する方法ではない。たとえば，ブノワ・レグエとガーダ・エラベドによると，2012年に発行が予想される認証排出削減量のほとんどが，少数の大規模プロジェクトから生じていることが確認された。それらは，ヒドロフルオロカーボン，亜酸化窒素やペルフルオロカーボンの焼却（全認証排出削減量の40％），電力網接続の再生可能エネルギー発電，燃料転換と送電損失の削減（45％），そしてパイプライン，石炭メタンや埋立地ガスといった一過性のメタン排出の隔離（10％）である。小規模な風力，太陽光，水力，そしてバイオマスに関するプロジェクトは増えつつあるが，それは中国，インド，ブラジル，そしてマレーシアのような新興市場経済に圧倒的に集中している。

　そして恐らくさらに重大な問題は，2012年以降のクリーン開発メカニズムを取り巻く不安定な投資環境にある。一般的には，国際炭素市場が2012年以後も何らかの形で存続すると予測されている。他方で現在まで，ポスト京都議定書での国際的な合意が得られていないため，将来の国際炭素市場やクリーン開発メカニズムにはかなりの不安定さが存在する。アジア開発銀行によると，その不安定さは，投資家に2012年以後の認証排出削減量の価値を減じさせるか，まったく価値を見出させなくしてしまう，と報告している。2012年が近づくにつれて，クリーン開発メカニズムによる収入は次第に一時的なものと見なされている。そのため，プロジェクトの

現金収支に関する財務分析は，認証排出削減量からの収入を考慮せずに行われている。また，プロジェクト実行に必要な，それが「追加的」でありクリーン開発メカニズムの収入なしでは実行できないという証明を行うこともますます難しくなる。もし2012年以後の炭素市場やクリーン開発メカニズムに関する不安定がこのまま続くならば，将来の認可されるプロジェクトや獲得できる認証排出削減量は大幅な減少をもたらすであろう。

___出典

Carmody, Josh, and Duncan Ritchie (2007), Investing in Clean Energy and Low Carbon Alternatives in Asia, Manila, ADB.
Collier, Paul, Gordon Conway and Tony Venables (2008), "Climate change and Africa," Oxford Review of Economic Policy, 24 (2): 337-53.
Hepburn, Cameron, and Nicholas Stern (2008), "A new global deal on climate change," Oxford Review of Economic Policy, 24 (2): 259-79.
Leguet, Benoit, and Ghada Elabed (2008), "A reformed CDM to increase supply: room for action," In Karen Holme Olsen and Jorgen Fenhann (eds.) A Reformed CDM-Including New Mechanisms for Sustainable Development, Roskilde, Denmark, UNEP Risoe Centre: 59-72.
Lloyd, Bob, and Srikanth Subbarou (2009), "Development challenges under the Clean Development Mechanism: can renewable energy initiatives be put in place before peak oil?," Energy Policy, 37 (1): 237-45.
Schneider, Malte, Andreas Holzer and Volker H. Hoffmann (2008), "Understanding the CDM's contribution to technology transfer," Energy Policy, 36 (8): 2930-8.
Wheeler, David (2008), "Global warming: an oppotunity for greatness," In Nancy S. Birdsall (eds.), The White House and the World: A Global Development Agenda for the Next US President, Washington, DC, Center for Global Development: 63-90.

　発展途上経済は，第2章で概観したような持続可能な交通システム推進に向けた取り組みにおいても同様の課題に直面している。その制限は，発展途上経済が一般的に低炭素型の発展路線を採用する際に直面するものと同じである。それらは，公的・民間の金融資本の不足，新しい交通・車両技術を取り入れ，採用し，また開発するための技能や専門的知識，研究開発能力の不足，さらに発展途上経済がそのような課題を克服するのを助ける国際的な仕組みや制度の失敗である。

たとえば，国連気候変動枠組み条約では，第2章で概観したのと同様に，世界の交通対策には，2030年までに約880億ドルの追加的な投資，あるいは毎年約30億ドルの増資が必要であり，その40％は発展途上経済を対象とする必要があると予測している__4。世界的にみて，790億ドルはハイブリッドと他の代替燃料自動車の開発とすべての自動車交通の燃費向上のために必要であり，残りの90億ドルはバイオマス燃料のためである。投資の約3分の2が国内で調達され，6分の1は海外直接投資により，そして残りは対外債務と政府開発援助によるべきである。

　対照的に，現在急速に交通網を拡大している五つの発展途上経済（ブラジル，中国，インド，メキシコ，そして南アフリカ）では，国内での資金調達は交通投資の90％を占めており，海外直接投資は約8％，そして対外債務と政府開発援助は1％以下である。発展途上経済の交通に関する開発援助総額は82億ドルであるが，これは今日の発展途上経済の輸送分野への総投資額2110億ドルの約4％に相当する。この開発援助のうち，66％はアジア，24％はラテンアメリカ，そして10％はアフリカへ（南アフリカを除く）向けられている。したがって，公的・民間投資はあらゆる形で発展途上経済に流れているが，もし持続可能な交通システムの推進という目標を達成しなければならないならば，特に海外直接投資，対外債務，そして政府開発援助を急速に増加させる必要がある。

　発展途上経済でさらに難しいのは，クリーン開発メカニズムのような既存の国際的な資金源が，現在は交通プロジェクトへ十分な資金提供を行っていないということである。輸送・交通はクリーン開発メカニズムの優先事項の一つとして規定されているが，今のところ，当該分野は承認されたクリーン開発メカニズム計画全体の0.12％を占めるだけである__5。こうした計画には，コロンビアのボゴタにおけるバス高速交通システムや，インドのデリーの都市鉄道システムが含まれている。また近年では，クリーン開発メカニズムは発展途上経済における持続可能な交通システムを推進するための資金調達メカニズムとしてあまり適していないといった見解が大きくなっている__6。

恐らくブラジル，中国，インド，マレーシア，メキシコ，南アフリカ，韓国，そしてタイのような規模の大きい新興市場経済を除く，ほとんどの発展途上経済では，持続可能な交通システムの急速な改革に必要となるクリーンで低燃費の自動車，高速交通システム，次世代バイオマス燃料および他の不可欠な技術や専門的知識を採用・開発するための研究開発能力や熟練した労働力が欠けている。そのような戦略を補完するための持続可能な土地利用・都市計画に必要な教育もまた，多くの低所得国においては不十分である。またこうした経済の多くでは，道路課金，自動車税，燃費または温室効果ガス排出の基準，さらには燃料税のようなより洗練された交通に対する経済的な手段を施行できる財政的あるいは行政的能力も限られている。

　近年の世界的な経済危機はまた，発展途上経済が第3章で強調した政策の優先事項を実施する能力に深刻な制限を与えている。特に心配なのは，世界貿易の縮小であり，それは世界貿易機構（WTO）が主催する多角的貿易交渉のドーハ・ラウンドにおいて，一次産品の貿易の重要な側面について国際的な合意が長年なされていないことと関連する。また物価の変動は，発展途上経済の資金調達や適切な政策対応を計画・実施する能力に混乱を引き起こしている。また，開発援助不足は深刻で不利な条件を課している。なぜならば，そのような援助は発展途上国が，総合的かつ対象を絞った社会的セーフティネットを計画・実行し，医療や教育支出を維持・増加させ，そして生態系サービスに対する支払い制度を開発・拡大するために必要不可欠となるためである。

　とくにサハラ砂漠以南のアフリカのような多くの低所得国において，きれいな水や衛生設備を利用できない人々の割合を半分にするというミレニアム開発目標を達成するためには，開発援助が重要となるであろう。現在の経済危機が起きる前でさえ，貧困国への開発援助全体が10年前と比べて実質的に減少しているだけでなく，発展途上国経済のきれいな水や衛生設備などの分野への援助の割合はさらに低下している。たとえば，国連開発計画の水に関する2006年の報告書によると，水分野は開発援助の5％以

下で，ミレニアム開発目標を実現するには援助額を倍の年間36〜40億ドルに上げる必要がある推定している―7。この経済危機や政府収入の落ち込みにより，発展途上経済におけるきれいな水と衛生設備への海外援助の格差に対処することは，GGNDのもとで国際社会の優先事項となる必要がある。

　また発展途上経済には，技術的また制度的な援助も必要であろう。技術移転は大規模な水供給や衛生設備プロジェクトの増進にとって重要であるが，新しい技術を取り入れ，適応し，開発するための技術や研究開発能力が欠如していることも問題である。たとえば，利用できる水供給が，発展途上経済でのより効率的で生産的な地下水利用における主要な障害となっているわけではない。それよりむしろ大きな問題は，水源の範囲に関するデータが乏しいこと，地下水利用を管理するための規制体制が未開発であること，そして水源の管理当局が限られた知識しかもち合わせていないことである。地理情報システムや遠隔測定のように豊かな国々では利用されている水源管理のための基礎技術は，多くの発展途上経済で不足しているか十分には活用されていない。海水脱塩工場のような先進技術はより費用効率的であり，中国，メキシコ，トルコのような規模の大きい新興市場経済やペルシャ湾岸諸国にとっては手頃であり，その技術は小さな島国や海岸線の割合が高い国々にとって望ましいが，多くの低所得経済にはまだ広まっていない―8。

　第3章で議論したように，水分野における市場原理に基づく手段や市場改革を効果的に実施するには，克服すべき多くの条件がある。多くの低所得国は，どのような対策が自身の経済に適しているのかを判断するための支援が必要である。きれいな水，衛生設備，その他の水サービスの供給において官民の協力が不十分であることは，発展途上経済でこの取り組みをより広く行っていく上での阻害要因となるかもしれない。

注
1　Carmody and Ritchie (2007) で引用 (第2章注13参照)
2　"Content analysis of the International Action Programme of the International Conference for Renewable Energies, renewables2004," Bonn, June 1-4, 2004. (www.renewables2004.de/pdf/IAP_content_analysis.pdf; nad UNESCAP 2008で入手可能)(第2章注7参照)
3　Ockwell, David G. Jim Watson, Gordon MacKerron, Prosanto Pal and Farhana Yamin (2008), "Key policy considerations for facilitating low carbon technology transfer to developing countries." Energy Policy 36 (11): 4104-15.
4　UNFCCC (2007), Investment and Financial Flows to Address Climate Change. Bonn, UNFCCC.
5　CDM統計。
6　Sanchez, Sergio (2008) "Reforming CDM and scaling up: finance for sustainable urban transport." In Karen Holme Olsen and Jørgen Fenhann (eds.). A Reformed CDM-Including New Mechanisms for Sustainable Development. Roskilde, Denmark, UNEP Risoe Centre: 111-26.
7　UNDP (2006) (第1章注9参照)
8　Lopez-Gunn, Elena, and Manuel Ramön Llamas (2008), "Re-thinking water scarcity: can science and technology solve the global water crisis?" Natural Resources Forum 32 (3): 228-38.

5 結論：優先される国内での取り組み

　これまでの三つの章で提案されたグローバル・グリーン・ニューディール（GGND）の重要な要件は，近年，世界を苦しめている主に四つの危機によって形づけられた。それは，世界的な景気後退，燃料危機および食糧危機，そして新しい水危機である。GGNDはまた，気候変動，生態系の破壊，そして極度の貧困などの差し迫った問題に緊急に対処しうる取り組みを考えなければならない。

　第2部では，GGNDの下での国内の取り組みについて見てきた。この取り組みは，主要な二つの領域（炭素依存の低減と生態系の保護）での対策と，政府がかなり迅速に，今後2，3年で実施可能な政策，投資，そして改革に焦点をあててきた。

　本章は，GGNDが提案した主要な国内の取り組みをまとめ第2部を結論付ける。ある主要な経済では，すでにこの提案と合致した公共投資を計画している。2009年1月，韓国は炭素依存の低減と生態系の保護を図るために必要な取り組みとして，グリーン・ニューディール計画を実行すると公表した。この計画には，3年間で100万人近い雇用を創出するために360億ドルの支出を行うことが含まれている。本章の最後には，このグリーン・ニューディール計画の詳細を示す。

提案された国内の取り組み

　第Ⅰ部で強調したように，GGNDを真に世界的なものにするためには，各国政府が次のような目標をもった対策を幅広く採用しなければならない。それは，炭素依存の低減，環境破壊の抑制，そして世界的な極度の貧困の削減といった中期的な目標と，景気回復や雇用創出の促進といった短期的な目標を一致させたものである。第Ⅱ部で提案された取り組みは，基本的にこの目標に沿ったものである。

　その取り組みの中には，景気回復や雇用創出を促進するという点で明らかにはっきりとした影響をもつものがある。また，こうした対策は世界的な貧困を削減する可能性があるが，貧困の削減に与える影響を評価することは難しい。それ以外の取り組みは，世界中の貧困層が直面する差し迫った問題を直接扱い，結果的に成長や雇用を刺激するが，その影響を評価することはやはり難しいものである。

　また，提案された取り組みにかかるコストに正確な「値札」をつけることも難しい。しかし，政府がGGNDの二つの広範で優先的な領域で何に支出するべきかについての目安を示すことはできる。

　たとえば，第2章では，当面の景気回復や雇用創出を目的とした景気対策からなる高所得OECD諸国の低炭素戦略について述べた。それは，市場原理に基づく手段，燃料補助金の撤廃，そしてクリーンエネルギー，省エネルギー，大量輸送・貨物鉄道網，低燃費自動車の拡大への投資によって，低炭素経済への移行を促すものであろう。また，アメリカや他の高所得経済で，今後数年にわたり炭素依存を低減するための計画に必要な支出は，少なくともGDPの1％になるであろう。

　したがって，GGNDの一環として，アメリカ，EU，そして他の高所得OECD諸国は，今後1，2年でGDPの少なくとも1％を第2章で提案された取り組みへ支出し，炭素依存を低減させ，補助金や他の誤った奨励策を廃止し，そして補完的な炭素価格付けを採用すべきである。

また第2章で示したように，中国は主要な経済大国というだけでなく，温室効果ガス最大の排出国である。中国経済の炭素依存を低減させるための総合的な対策の内容は，Box2.3で示した。また第2章で注意したように，中国は持続可能な交通システムを推進するために緊急の投資をし，他の対策を実施する必要がある。すでに，中国は低炭素および他のグリーン投資に対し，今後の数年間でGDPの3％近くを支出すると公約している（Box1.1参照）。しかしながら，中国はそのような取り組みが必要となる大規模な新興市場経済や移行経済の中で孤立しているわけではない。ブラジル，インド，インドネシア，メキシコ，そしてロシアのような国々はもちろんG20を構成する他の発展途上国の多くが，その取り組みを中国と一緒に行えば，GGNDの効果は高まるであろう。世界経済や雇用はより早く回復し，世界のエネルギー使用量や温室効果ガス排出量はより急速に減少するだろう。

　しかし，今までにG20の中の少数の国でしかGDPの少なくとも1％という低炭素戦略に着手していない（図2.1参照）。その中には，中国（3.0％），韓国（3.0％），スウェーデン（1.3％），そしてオーストラリア（1.2％）が含まれる[1]。そして，GGNDの効果を高めるためには，すべてのG20政府がこれらの国々に続き，炭素依存を低減させるためにGDPの少なくとも1％の投資を今後2，3年で行うべきである。その時，総支出額は，今までG20が景気対策に充てていた約3兆ドルの25％に相当するであろう（Box1.1参照）。G20経済がこれらの対策の実施時期や実行を国際的に協調すれば，世界経済を低炭素型の景気回復路線へ移行させる効果のすべてを高めるであろう。

　G20諸国は，世界人口の約80％，世界GDPの90％，そして少なくとも温室効果ガス排出量の75％を占めている。そのため，もしこれらの国々が炭素依存を低減させるための取り組みを行えば，こうした対策が世界経済の景気回復や将来の持続可能な発展を保証するために重要であるという強力なメッセージを他の国々に送ることになるであろう。第2章で議論したように，もし発展途上国が提案された取り組みを行ったら，かなりの経済，

雇用，そして貧困削減による便益がもたらされる。それゆえ，各国が現状において，こうした取り組みへどのくらい支出するべきかを確定するのは難しいが，提案された対策を実行するのは彼らのためとなる。

そのような中で，第3章では，GGNDの一環として発展途上経済にとって急を要する最優先の二つの領域を特定した。貧困層は，経済危機の間，最も弱い立場となるため，発展途上経済ができる限り早く貧困層を対象とした総合的なセーフティネット・プログラムを実施することが不可欠であり，また，教育・医療サービスを拡大しないまでも維持することが絶対に必要である。発展途上地域の何百万人もの貧困層が，安全な飲み水や衛生設備を利用できないという問題に対処するためには，低・中所得経済は国連開発計画の推奨に従い，水や衛生設備の改善のためにGDPの少なくとも1％を支出すべきである。また，この対策は経済全般に利益をもたらすであろう。その大きさを測定するのは難しいが，すぐに景気回復と雇用創出という効果にかわるはずである。

また第3章では，発展途上経済が一次産品の生産を持続可能な方向へ改善するために採用すべき多くの重要な取り組みに焦点をあててきた。そこで議論されたように，そのような対策を採用することは，大きな景気後退期においてはなおさら重要となる。それは，特に一次産品生産の持続可能な方向への改善が，経済の多角化，人的資本の増強，また貧困層を対象にした社会的セーフティネットやその他の投資に必要な資金を生み出す場合にはなおさらである。GGNDの一環として，発展途上経済は第3章で述べた取り組みを，一次産品の生産活動を持続可能な方向へ改善するために行うべきであるが，現在の経済状況の下では，各国にとって何がこうした対策のコストなのかを確定することは難しい。

第3章はまた，あらゆる経済が世界的に水管理を改善するために採用する必要がある他の取り組みについても提案してきた。最優先されるのは，あらゆる経済が水補助金や他の歪みをなくし，効率的な水資源の利用を促すために市場原理に基づく手段あるいは類似の対策を採用し，さらに越境水のガバナンスを促すことである。

最後に第4章では，以上の取り組みを行うにあたり，発展途上経済が直面する重要な課題について概観してきた。これらの課題は，国際的に協調した取り組みや協力によってのみ克服しうるものである。加えて，政策に取り組む中で協調や調整が進み，その結果として，国際社会はGGNDの効果や成功を確かなものにすることができる。第3部では，GGNDで求められる国際的な取り組みについて説明する。

韓国のグリーン・ニューディール計画 —— 2

　第1章や第2章で述べたように，オーストラリア，中国，日本そして韓国といったアジア・太平洋の主要な経済は，景気対策の一環として，低炭素投資や他の環境改善を促進するという姿勢を示している。全体としてアジア・太平洋地域は近年の景気後退において，世界のグリーン投資の63％を占めており，その投資のほとんどは炭素依存を低減させるためのものであった。中国は，今まで，世界のグリーン投資の47％を占めており，日本や韓国はそれぞれ8％，そしてオーストラリアは1％である（図1.2参照）。

　第2章で議論したように，中国は景気対策において，GDPの約3％を占める多額のグリーン投資を行っている。第2章やBox2.3で議論された対策の多くが採用されており，その中には風力発電，低燃費自動車，鉄道輸送，電力網の改善，そして廃棄物・水・汚染の管理の促進が含まれる。市場原理に基づく手段として，ガソリン・ディーゼルへの増税，また低燃費自動車への減税が採用されている。日本のグリーン投資はGDPの0.8％ほどであり，太陽光発電の導入補助金，低燃費自動車や電気製品の購入奨励，効率的なエネルギーへの投資，バイオマス燃料の促進，そしてリサイクルが含まれる。オーストラリアは，炭素依存を低減させるためのグリーン投資に，GDPの約1.2％を支出している（Box1.1参照）。その投資には，再生可能エネルギー，炭素回収・貯蔵，エネルギー利用の効率化，そして「次世代」電力網の開発や鉄道交通の拡大を促進する対策が含まれている。また，2012年に施行される見込みのキャップ・アンド・トレード方式の排出

許可証取引制度を開発している——3。

おそらく，景気対策にグリーン投資を含めるという最も強い公約をしているのは韓国である。2008年後半の成長率と雇用の落ち込みを懸念し，2009年1月に企画財政部はグリーン・ニューディール計画を発表した。この計画では，2009年から2012年までに360億ドルを費やし，96万人の雇用を創出することを目標としている。

表5.1で示すように，このグリーン・ニューディール計画の大部分は9つの主要なプロジェクトに基づいており，その中には，炭素依存の低減と生態系の保護という本書で主張したものと同じ範囲の取り組みが含まれている。その低炭素プロジェクトには，鉄道・公共交通，低燃費自動車やクリーン燃料，省エネルギー，そして環境に配慮した建築の拡大が含まれる。これらの対策のみでGDPの1.2%以上を占めており，G20経済が低炭素戦略に対してGDPの少なくとも1%を支出すべきとした本書の提案について，韓国はすでに従っていることを示している。この計画には，さらに3つのプロジェクトが存在し，それらは4つの主要河川の修復工事，小・中規模ダムの建設，そして森林再生であり，水資源管理と生態系の保護の増進を目標としている。こうした戦略を通して，韓国政府はグリーン・ニューディール計画においてGDPの約3%に等しい支出を行うことを表明している——4。また，韓国政府は，これらの投資は景気回復や雇用創出といった目標と環境目標や低炭素の目標とが完全に一致することを示している。そのため，グリーン・ニューディール計画は，世界的な景気後退への対策のほぼすべて（95.2%）を占めているのである。

グリーン・ニューディール計画に加えて，韓国政府は技術開発および工場建設を含めた太陽光，風力，水力発電プロジェクトへ民間投資を呼び込むために，7220万ドルの再生可能エネルギー基金を設立することを発表した——5。この再生可能エネルギーの開発によって，2018年までに350万人の雇用が創出されることが期待されている。

2009年7月には，韓国がグリーン産業活性化五カ年計画に着手したことが発表された。この取り組みは基本的に，グリーン・ニューディール計画

表5.1 韓国のグリーン・ニュー・ディール計画

プロジェクト	雇用者数	100万ドル
大量輸送・鉄道の拡張	138067	7005
エネルギー保護(村や学校)	170702	5841
燃料効率的な乗り物とクリーンエネルギー	14348	1489
環境に優しい居住空間	10789	351
河川回復	199960	10505
森林回復	133630	1754
水資源管理(小・中規模ダム)	16132	684
資源リサイクル(廃棄物由来の燃料を含む)	16196	675
国のグリーン情報(地理的または情報システム)インフラ	3120	270
9つの主要プロジェクト合計	702944	28574
グリーン・ニューディール合計	960000	36280

出典
Ministry of Strategy and Finance, Government of South Korea.

を韓国の経済発展五カ年計画へ拡張したものであり，炭素依存の低減や他の環境改善に関して優先すべき分野に600億ドルの追加的な支出を行うものである[6]。グリーン・ニューディール計画への追加融資は，主にクリーンエネルギー技術，省エネ照明，廃棄物発電，環境プロジェクトの信用保証の提供，そして韓国産業銀行を通じたグリーン投資のための基金設立に支出されるだろう。こうした計画の下，韓国政府は2013年までこうした環境対策に毎年GDPの約2％を支出すると公約している。この計画はまた，韓国経済を低炭素かつよりグリーンな発展路線へ移行させるだけではなく，2020年までに150万～180万人の雇用を創出し，1627億ドルまで産出を増加させると予想している。

注

1　図2.1で，サウジアラビアはGDPの1.7％相当をグリーン投資に支出しているとあるが，この支出のほとんどはもっぱら上下水道，淡水化プロジェクトのためのものである。詳細については，Robins, Clover and Singh (2009), 24. (第1章注9参照) を参照。

2　韓国のグリーン・ニューディール計画に関する情報提供について，ILOのHeewah Choi, Peter Poschen, Kristof Welslauの三氏に感謝する。この情報の出典は"Briefing note for foreign correspondents," Ministry of Strategy and Finance, Government of South Korea. January 19, (2009).

3　中国，日本，オーストラリアのグリーンな景気回復の詳細についてはRobins, Clover and Singh (2009), 14-20. (第1章注9参照) を参照。

4　グリーン投資がGDPに占める割合の推定は，CIAの"The world factbook"より，2007年のPPP換算のGDPに基づいている (www.cia.gov/library/publications/the-world-factbook/rankorder/2001rank.html.で入手可能)。2007年の韓国のGDP推定値は，1兆2060億ドルである。

5　www.upi.com/Energy_Resources/2009/02/02/South_Korea_creates_renewable_energy_fund/UPI-41851233616799.

6　Robins, Nick, Robert Clover and Charanjit Singh (2009), A Global Green Recovery? Yes, but in 2010. New York, HSBC Global Research: 7-8.

第Ⅲ部

国際社会の役割

第Ⅱ部で提案した国内でのさまざまな取り組みは，グローバル・グリーン・ニューディール（GGND）に重要な要件ではあるが，それだけで十分ではない。

　発展途上経済が直面している課題を克服するには，国際社会による取り組みが求められる。また，国際協力や政策協調は第Ⅱ部で述べた国内の取り組みの有効性を高めるであろう。第Ⅲ部の目的は，各国がGGNDを採用するように促し，景気の回復，雇用の創出，貧困の削減，そして持続可能な発展により得られる便益を高めるために，国際社会はいかなる役割を果たすべきかを示すことである。

　第4章では，発展途上経済がGGNDを実施する際に直面する多くの課題を特定した。たとえば，今後1，2年での取り組みを妨げる深刻な「資本の格差」がある。同様の制限として，「技能・技術の格差」がある。ブラジル，中国，インド，ロシア，そして成長著しい新興市場経済の例外を除いた発展途上経済の多くは，研究開発能力や熟練した労働力をもち合わせていない。そこで，炭素依存の低減や生態系の保護に向けた投資のためには，新しい技能・技術を輸入し適用する必要がある。これら二つの格差は資金調達を拡大することで克服することはできるが，現在の世界的な経済危機が続くかぎり，新たな資金調達は難しい。また，資金提供国から援助される金額は増加せずむしろ減少しそうである。今回の経済危機は疑いもなく民間投資も減らしており，特に長期的な収益をもたらすリスクの高い投資はなおさらである。さらに，世界的に投資を促すための新しく革新的な金融メカニズムを開発する政治的な意思も弱まっているのかもしれない。こうした金融情勢は，あらゆる国が第Ⅱ部で提案した取り組みを今後1，2年で実施することに影響を与えるが，なかでも発展途上経済にとっては大きな

痛手となるであろう。

　貿易もまた，GGNDが提案する取り組みを動機付ける重要なものである。しかしながら，世界の1人当たり所得が減少するのに伴って，2009年に世界貿易は縮小した___1。今後数年間は世界経済の景気回復は弱いものとなる見込みであるため，貿易もまたゆっくり回復していくであろう。さらに過去2, 3年で，国際的な商品価格の不安定さは深刻化しており，なかでもエネルギー・食糧価格については当初は上昇していたが，その後世界的な景気後退が深まるとともに急速に下落した。発展途上経済の中でも特に資源依存度が高い国々は，国際収支の問題とともに輸出および歳入の不安定さに直面している。そのような状況では，一次産品生産の持続可能な方向への改善，医療・教育への支出の増加，貧困層を対象とした総合的なセーフティネット・プログラムの開発，そしてクリーンエネルギーや交通技術への融資に必要な投資・改革を実行することは困難である。また現在の経済情勢は，GGNDを支えるために必要なドーハ・ラウンドでの世界貿易交渉の進展を妨げている。

　第II部では，これらの金融および貿易の課題を克服し，GGNDの効果を高めるためには，国際的な政策協調が必要であることを強調している。現在のグローバル・ガバナンスには多くの失敗があり，それらに取り組まなくてはならない。ポスト京都議定書以後の国際的な協定がない中で，2012年以降の将来の国際炭素市場やクリーン開発メカニズムへの投資の不安定さが増している。また，今後の共同実施プログラムもその影響を受けるかもしれない。新しい貿易・金融メカニズムが求められ，国境を超える汚染や水の管理についての国際的な協定を交渉する必要があるが，今後2, 3年でこれらの取り組みを促進させるために適切な世界的な政策議論の場はどのようなものであろうか？

　国際社会がGGNDを支える取り組みや新しい貿易・金融の仕組みに合意すれば，これらの課題は克服されるであろう。その課題を克服するためには，以下の三つの領域での取り組みが必要とされる。

・グローバル・ガバナンスの改善
・資金調達の円滑化
・貿易奨励策の強化

　これらの三つの領域における国際的な取り組みを確定する上で重要な判断基準は，今後1，2年で国際社会による大きな進展や合意が可能となるか否かである。世界が直面している現在の景気後退といくつも重なった危機を鑑みると，GGNDは急を要する最優先事項である。もしここで提案される国際的な取り組みがGGNDを促進し，その便益を高める上で効果的なものならば，それは第Ⅱ部で提案された国内の取り組みと同時に実行されなければならない。

　以下の章では，これら三つの領域それぞれについて提案される国際的な取り組みについて議論する。

――― 注
1 ___ World Bank (2009)（第1章注1参照）

6 グローバル・ガバナンスの改善

　グローバル・ガバナンスの改善は，グローバル・グリーン・ニューディール（GGND）を実施する上で課題となる，金融，貿易，そして政策協調を克服するために必要である。今後数年間で，これらの世界的な課題を克服し，GGNDを進展させるために必要な指導力を発揮できる世界的な政策議論の場が存在しているのかどうかについて本章では議論していく。

　国連に代表される，ほとんどの国際的な議論の場は，GGNDを推進，展開，そして強化するために一定の役割を担っているといえる。しかし，これまでGGNDにおける国際的な取り組みを促すような政策議論の場は，ほとんどがG20によるものであった。

　G20は，GGNDを支える国際政策の協調・刷新に適した環境を提供しているが，それにはいくつかの理由がある。第一に，G20は，差し迫った経済危機に際し，各国の対策を調整する世界的な議論の場として登場したことである。そのためG20は，現在の経済危機への対応の一環として，本書で提案してきたGGNDへの取り組みを検討する場として最適なのである。また，ワシントンとロンドンでのサミットでは，G20がその役割を十分に果たせることを裏付けた。

　たとえば，グローバル・ガバナンスの専門家は次のような勧告をしている。「2008年11月15日のサミットにおける共同声明は，次のG20サミットを見据え，今後数カ月間あるいは数年間に及ぶ現在の世界的な金融・経済危機に対処する新しい体制として，G20を継続していくことを明らかにし

た。またわれわれは強く確信しているが，アメリカの新政権にとっては，金融危機とその後に対応しなければならない地球温暖化や貧困といった緊迫した問題に対処する上で，G20サミットという新体制を機能させることに焦点を当てるのが最善である。__1」その後のサミットでは，これらすべての問題を取り上げることはできなかったが，2009年4月2日のロンドン・サミットは，「世界経済が直面している問題を扱う多国間で首尾一貫した提案を示したという点では，G20の国・地域の指導者による誠実な取り組み」であったように思われる__2。またそのサミットでは，G20は現在の世界的な景気後退に対してIMFに指導的な役割を与え，IMFの資金基盤を拡充し，また融資可能額を3倍にし，さらに最近の融資制度改革を支持することにより，新しいグローバル・ガバナンス能力がG20にあることを証明した。さらに，「われわれは，持続可能な経済を構築するさらなる対策を見極めて共に行動していく」とロンドン共同声明を発表し，G20が行った公約を行動に移すことができることも示した。

第二に，G20の国・地域による取り組みの協調は，世界のグリーンな景気回復を進め，世界経済を低炭素路線へ移行させる上で大きな影響を及ぼすだろう。G20の国々を合わせると，世界人口のおよそ80％，世界GDPの90％，そして世界の温室効果ガス排出の少なくとも75％に相当する。また，G20の主要国は，国際機関による融資を含む国際援助の主要な資金拠出国でもある。もしG20がGGNDを支える国際政策の協調や刷新を主導するならば，GGNDは世界経済を回復させ，また差し迫った世界的な課題に取り組むために重要であると，G20以外の国々に力強いメッセージを伝えるだろう。

G20の強調した取り組みが世界のグリーンな景気回復へ関与していることを示す二つの点がある。

一つには，第5章でも指摘したように，G20のすべての政府が韓国，中国，そして他の少数の国々にならい，今後2,3年で少なくともGDPの1％分を炭素依存の低減のために投資するかどうかである（図2.1参照）。その際の支出総額は，現在までのG20による景気対策約3兆ドルのうちの25％

に相当する（Box1.1参照）。G20がこの低炭素投資の実施時期や実行について国際的に協調できれば，世界経済を低炭素路線へ移行させる影響を高めるであろう。

二つには，エネルギーや交通などの市場で行われている誤った補助金やその他の歪みをなくすことも含めた，価格政策や規制改革が進められるかどうかである。これを達成しうる一つの簡単な方法は，化石燃料補助金に取り組むことである。第2章で述べたように，世界GDPの0.7％に相当する年間およそ3000億ドルが化石燃料補助金に費やされている。この補助金の3分の2以上はG20の国々によるものだが，これは段階的な廃止に向けた協調ができるだろう。この補助金を廃止することによって，世界の温室効果ガスを6％削減し，またGDPを0.1％増加できる[3]。さらに，この財政上の節約分を，クリーンエネルギーや再生可能エネルギーの研究開発と省エネルギー推進への投資に向ければ，経済成長と雇用の創出をさらに押し上げられるだろう。

最後に，国際援助と国際機関における主要な資金拠出国として，G20はGGNDを支える国際政策に関わる。

たとえば，G20は，ポスト京都議定書の気候変動枠組み条約を確実なものとすることができるだろう。将来の世界的な気候変動対策の不安定さや取り組みの停滞による対策の遅れはともに，世界の温室効果ガス排出削減に向けた合意形成コストを著しく増加させる。また，2012年に迎える京都議定書の失効は，発展途上国における炭素削減プロジェクトやクリーンエネルギー分野への投資のための世界的な資金調達リスクを高めている。

気候変動に関する新しい合意がどのような形であっても，発展途上国の中でも今後数年間に排出量が急速に上昇すると予測される国々を取り込む必要がある（Box2.1参照）。その合意への発展途上国の参加が長引くほどに，その合意形成コストは増え，温室効果ガス排出量の効率的な削減は難しくなっていく[4]。今までにもさまざまな政策の枠組みが提案されてきたが，一般的な見解としては，より柔軟性をもたせた枠組みが中国やロシアといった新興市場経済の中で大国に位置する国々を迎え入れる上で最も

うまく機能するとしている＿5。これら主要な発展途上国はすでにG20に加盟しているため、気候変動合意の総合的な枠組みに向けた交渉を開始するにあたっては、G20は国際的な議論の場として理想的である。

また、ポスト京都議定書に関する国際的な合意の必要性は差し迫っている。GGNDに必要不可欠なものの一つとして提唱された、低炭素で持続可能な交通システムへの投資の多くは、京都議定書が失効する2012年以降の国際炭素市場における不安定さに影響されるであろう。それは、EUが2020年までに温室効果ガス排出量を20％削減し、そして「コペンハーゲンでの気候変動に関する野心的で包括的な国際合意」の枠組みの中でその削減幅を30％まで拡大することで合意するのを促したが、いずれにしても気候変動対策の国際交渉は早急な進展が求められる＿6。将来の世界の気候変動対策の不安定さと取り組みの停滞による対策の遅れは、国際的な合意形成コストを著しく増加させている＿7。また効果的な気候変動対策が遅れると、大量の排出削減が求められる今後の合意形成コストにも影響が及ぶだろう。このように短期的な取り組みの停滞は、長期的に政策を順守するコストを著しく増加させ、さらにそれは投資や政策決定に及ぼす不安定さの影響により一段と増加させられる。

ポスト京都議定書における気候変動合意の最も総合的な枠組みの一つとして、キャメロン・ヘップバーン氏とニコラス・スターン氏が提案したものがある。その提案では、各国の広範な国際合意による自国の責任と目標が明確にされており、次の六つの特徴がある。

- 2050年までに50％の排出削減という世界目標と、先進国がそのうち少なくとも75％の削減に寄与するための道筋。
- 排出削減費用を引き下げるための国際排出量取引制度。
- 分野別もしくは標準的な排出削減を拡大するためのクリーン開発メカニズム改革。
- 低炭素型のエネルギーに関する研究開発資金の拡大。
- 森林破壊による温室効果ガス排出を削減するための合意形成。

・気候変動に適応した資金調達__8。

　ポスト京都議定書の最終的な気候変動合意が以上の提案を採用するか否かを問わず，この総合的な枠組みは合意形成に向けての交渉の基礎とするべきである。またこの合意を成功させるには，G20の先進国と新興市場経済すべての参加が基本的には必要であるので，この面でもG20という議論の場は経済力のある国々が交渉を開始する上での理想的な機会を提供しているといえる。

　新しい世界的な気候変動政策がどのような形であっても，最も重要な特徴が二つあり，それらは排出削減費用を引き下げるための国際排出量取引制度の強化とクリーン開発メカニズムの改革である。第Ⅱ部で論じたように，2012年以降の国際炭素市場とクリーン開発メカニズム（CDM）の見通しを確実にすることは，GGNDが提案する数多くの取り組みを成功させるために必要不可欠である。また総合的な気候変動合意よりも，発展途上国が自国の気候変動対策のために資金調達できる国際炭素市場が継続している方が，世界の温室効果ガスの排出削減目標を達成するには有効だと言われている__9。

　第Ⅱ部で論じたように，クリーン開発メカニズムは，途上国が資金調達とクリーンで低炭素型の技術移転を行う上では成功を収めてきたが，現在三つの懸案事項がある。

　第一に，クリーン開発メカニズムで実施されているプロジェクトは，中国，インド，ブラジル，メキシコなど高成長が続いている一部の新興市場経済に集中する傾向がある。発展途上経済の中でもサハラ砂漠以南のアフリカ諸国でのプロジェクトの実施事例は，極めて稀である。

　第二に，2012年までに発行が見込まれる認証排出削減量クレジットの多くは，温室効果ガスの燃焼，電力網接続の再生可能エネルギー発電，燃料転換，送電損失の削減，そして一過性メタン排出の隔離など，大規模プロジェクトによるものである。交通，建設，植林と再植林，農村部での小規模な電力プロジェクト，エネルギー利用の効率化といった重要分野は，現

在のCDMプロジェクトでは十分に取り扱われていない。たとえば，発展途上国ではバングラデシュのグラミン・シャクティによって創始された少額融資を活用したプロジェクトが数多くある。手頃な再生可能エネルギー技術を農村部の貧困層に提供し（Box2.7参照），次世代セルロース系バイオマス燃料技術をサハラ砂漠以南のアフリカ諸国に移転（Box2.9参照）するプロジェクトなどに関しては，クリーン開発メカニズムを通して資金調達ができるようにしなければならない。

第三に，CDMパイプラインは増加傾向にあるが，クリーン開発メカニズム自体の規模を拡大する必要がある。その結果，より多くの資金調達と温室効果ガスの排出削減が可能になる。さらに，規模を大きくするためには，より単純で透明性の高い仕組みが必要かもしれない。たとえば，企業は目標とされた排出強度の達成により認証排出削減量クレジットを受け取れるような分野別の基準，もしくは二酸化炭素の回収・貯蔵，次世代型バイオマス燃料，または家庭用太陽光システムといった新技術を含む技術的な基準などが挙げられる[10]。

クリーン開発メカニズムの規模拡大や改革については，より低所得の国々やサハラ砂漠以南のアフリカ諸国などを対象に増やし，さらに多くの分野・技術を含めるようなさまざまな提案が出されている[11]。こうした提案は，2012年以降に国際社会がクリーン開発メカニズムと国際炭素市場を拡大する最善の方法について合意形成する際に役立つはずである。

したがって，GGNDを成功させるためには，できることならば世界的な気候変動合意の一環として，2012年以降に国際社会がクリーン開発メカニズムの拡大に合意し，より多くの発展途上国や分野・技術を対象に増やし，そして世界的な温室効果ガスの排出削減のための資金調達を拡大していけるようにメカニズムの改革を行うべきである。

GGNDが提案する取り組みをさらに効果的にしたいならば，他のグローバル・ガバナンス領域でも改善が必要である。

第3章では，生態系，特に二酸化炭素の回収に役立つ森林流域の保全を長期的に管理するために，いくつかの発展途上国では生態系サービスへの

支払いが重要な対策の一つになってきていることを述べた。しかし，現在の支払い制度は貧困の緩和には役立っておらず，その役割は限定されている。そのため，生態系サービスへの支払いを改善するよういっそうの国際的な取り組みが求められる。そうすることで，保護される生態系の対象範囲は広がり，貧困層や小規模土地所有者，そして土地を持たない人々による支払い制度への参加が促進されるのである。

また第3章では，越境する水資源の管理について重要性が増していることについて，なかでも，水不足の増加と淡水の供給を複数の国で共有した水資源に著しく依存した発展途上国が増えてきていることについても論じた。越境する水資源の配分方法を決める約200の条約・協定があるものの，国際河川流域および他の共有される水資源の多くは，今なお共同管理の仕組みを構築できずにいるため，国際協定や共同管理の仕組みを更新もしくは改善する必要がある。第3章で推奨したのは，各国は，共有する水資源の管理・利用に関するガバナンスを進め，相互の協力を高めるよう取り組むべきという点である。そのような取り組みは，世界共通の水問題に対する国際社会からの働きかけがあれば，大いに前進することであろう。

結局，生態系の破壊や水不足が世界中の貧困層に強いる負担にGGNDがうまく対処するためには，貧困層を対象とした生態系サービスに対する支払い制度を構築し，生態系の対象範囲を広げ，そして越境する水資源のガバナンスと共同利用の方法の改善に対する国際社会の支援が必要なのである。

注

1 ___ Bradford, Colin, Johannes Linn and Paul Martin (2008), Global Governance Breakthrough: The G20 Summit and the Future Agenda, Policy Brief no. 168, Washington, DC, Brookings Institution.
2 ___ Bird, G. (2009), "So far so good, but still some missing links: a report card on the G20 London summit," World Economics, 10 (2): 149-58.
3 ___ United Nations Environmental Programee (2008).
4 ___ Bosetti, Valentina, Carlo Carraro and Massimo Tavoni (2008), Delayed Participation of Developing Countries to Climate Agrements: Should Action in

the EU and US be Postponed? Working Paper no. 2008.70, Milan,FEEM. また，Hepburn, Cameron, and Nicholas Stern (2008), "A new global deal on climate change," Oxford Review of Economic Policy, 24 (2): 259-79. また，McKibbin, Warwick J., Peter J. Wilcoxen and Wing Thye Woo (2008), Preventing the Tragedy of the CO_2 Commons: Exploring China's Growth and the International Climate Framework, Global Economy and Development Working Paper no. 22, Washington, DC, Brooking Institution. また，Nordhaus, William D (2007), "To tax or not to tax: alternative approaches to slowing global warming," Review of Environmental Economics and Policy 1 (1): 26-44. そして，Wheeler, David (2008), "Global warming: an opportunity for greatness," In Nancy S. Birdsall (ed.), The White House and the World: A Global Development Agenda for the Next US President, Washington, DC, Center for Global Development: 63-90.

5 ___ これらさまざまなポスト京都議定書の気候変動の枠組みの議論や比較は，本書の範囲を越えている。提案されたさまざまな枠組みに関しては，Aldy, J. E. and R. Stavins (eds.)(2007), Architectures for Agreement: Addressing Global Climate Change in the Post-Kyoto World, Cambridge, Cambridge University Press. また，Aldy, J. E., A. J. Krunpnick, R. G. Newell, I. W. H. Parry and W. A. Pizer (2009), Designing Climate Mitigation Policy, Working paper no. 15022, Cambridge, MA, National Bureau of Economic Research. また，Barrett, Scott (2009), "Rethinking global climate change governance," Economics: The Open-Access, Open-Assessment E-Journal 3 (2009-5). (www.economics-ejournal.org/economics/journalarticles/2009-5/で入手可能である). また，Hepburn, Cameron, and Nicholas Stern (2008). また，Lewis, Joanna, and Elliot Diringer (2007), Policy-based Commitments in a Post-2012 Climate Framework: Working paper, Arlington, VA, Pew Center on Global Climate Change. そして，Nordhaus, William D (2007), and Wheeler, David (2008).

6 ___ Council of the European Union (2008), "Brussels European Council 11 and 12 December 2008: presidency conclusions," Brussels, Council of the European Union.

7 ___ Bosetti, Valentina, Carlo Carraro, Alessandra Sgobbi and Massimo Tavoni (2008), Delayed Action and Uncertain Targets: How Much Will Climate Policy Cost? Working Paper no. 2008.69, Milan, FEEM.

8 ___ Hepburn, Cameron, and Nicholas Stern (2008).

9 ___ Bosetti, Valentina, Carlo Carraro, Alessandra Sgobbi and Massimo Tavoni (2008).

10 ___ Hepburn, Cameron, and Nicholas Stern (2008).

11 ___ Coller, Paul, Gordon Conway and Tony Venables (2008), "Climate change and Africa," Oxford Review of Economic Policy, 24 (2): 337-53. また，Lloyd, Bob, and Srikanth Subbarao (2009), "Development challenges under the Clean Development Mechanism: can renewable energy initiatives be put in place before peak oil?" Energy Policy, 37 (1): 237-45. また，Hepburn, Cameron, and Nicholas Stern (2008). また，Stehr, Hans Jurgen (2008), "Does the CDM need an institutional reform?" In Karen Holme Olsen and Jorgen Fenhann (eds.),

A Reformed CDM-Including New Mechanisms for Sustainable Development, Roskilde, Denmark, United Nations Environmental Programee Risoe Centre: 59-72. また，Schneider, Malte, Andreas Holzer and Volker H. Hoffman (2008), "Understanding the CDM's contribution to technology transfer," Energy Policy, 36 (8): 2930-8. そして，Wheeler, David (2008).

7 資金調達の円滑化

　前章で主張した国際的な取り組みや改革を実行すれば，グローバル・グリーン・ニューディール（GGND）に必要な資金調達や技術移転を促せるはずである。しかしながら，世界的な資金調達の円滑化に関する問題が残っている。

　民間投資が景気後退前に比べて減少していることがその難しさの一つである。この現在進行形の問題の主な原因は，国際金融システムへの信頼が失われていることである。それは過大評価された資産や不良資産を取り除くために調整されたのに伴う世界的な信用収縮とも結びついている。国際金融システムに膨大な救済措置がなされていたならば，世界の信用または資本市場は破局的な結末を回避できたのかもしれない。しかし，そのシステムは2008年に崩壊の危機に瀕し，世界大恐慌以来の史上最悪の世界的な経済危機を回避することができなかった。これにより民間投資は影響を被り，国際金融システムの新しい枠組みの構築に対する要望が出されたのは当然であった。2009年4月のロンドン・サミットにおいて，G20は国際金融システムへの信頼を回復し，景気後退を引き起こした金融不安のリスクを低減するために数々の提言を行った。その提言内容は次のとおりである。

・ヘッジファンドと信用格付機関を含む金融の監視・規制体制を強化し，タックス・ヘイヴン（租税回避地）に関する情報をさらに開示すること。

・世界的な金融の安定性とリスクを監視する責任をもつ金融安定理事会（旧金融安定化フォーラム）の権限を拡大すること。
・IMFの貸出能力を3倍に引き上げ，経済危機の期間中には，新興市場経済に対し迅速にかつ十分利用できるだけの融資が行えるようにIMFに貸出の主導権を保証すること。
・IMFと国際開発金融機関は低所得経済への貸出を増強すること。

　これらの提言は印象的であるが，国際金融システムの新しい枠組みを構築するには不十分である。さらにある時事解説者が指摘したように，「正しいことを言うのは，正しいことを行うのと同じではない。私たちがすべきことは，G20の声明での提案が行動に移されるか否かを静観することだ。」とくに金融の監視・規制体制の改善に注目すべきである__1。

　国際金融システムに求められる諸改革に関する議論は，本書が対象とする範囲を超えている。しかし，健全な金融システムはGGNDを成功させ，より有効なものにするために不可欠である。第Ⅱ部では，GGNDの一環として，さまざまな取り組みへの投資を世界的に拡大することを提案した。民間投資や信用は，これらの目標の達成にとって重要である。したがって，今後数年でのGGNDの実施を支えるために，どのような国際金融システムの総合的な改善が求められるのかを検討することは重要である__2。

　多くの議論では，国際金融システムの新しい枠組みでは金融市場の規制強化を想定しているようである。しかしながら，この想定にはいくつかの点で誤りがある。

　第一に，現在の経済危機の原因は，規制の欠落というよりもガバナンスの失敗や透明性の欠如の方にあるかもしれない。国際金融システムは，すでに数多くの規制や手続きによって統制されている。多くの国々では金融活動をあらゆる観点から監督する諸機関—中央銀行，民間銀行，証券取引所，証券取引委員会，住宅金融公庫，そしてその他の公的金融機関が存在している。信用格付機関やリサーチ・アナリストといった独立評価機関も存在し，あらゆる金融機関には社内独自の与信審査や監査手続きがある。

その上，今回の金融危機は規制がゆるい新興市場経済で発生したのではなく，ヨーロッパやアメリカといった金融市場への規制が最も厳しい国々で発生したことに注目すべきである。つまり，国際金融システムの諸改革は規制強化ではなく，ガバナンスの改善に焦点が当てられるべきである。実際のところ，規制強化は透明性を下げ，またガバナンス能力も低下させる可能性がある。

　したがって各国が金融システムに対する規制強化を行うのではなく，金融安定理事会のような世界規模で金融の安定性を監視する国際機関の権限を強化するというG20の提言を支持するのはもっともであろう。こうした機能は，特に国際金融システムにおけるリスクの大きさを監視し，各国での監督協定や規制の違いが世界的なリスクを過度に高めるような金融サービス・商品を拡大させないようにするという点でも重要である。しかし，金融安定理事会に新しい権限が付与されるのかどうか，またその金融リスクの監視が今まで以上にうまくいくのかどうかは定かではない[3]。

　国際金融システムの規制強化ではなく，そのガバナンスの改善に焦点を当てた場合には，次の主要な二つの目標が必要である。それは，(1) 透明性と簡潔性，(2) 動機付け構造との整合性である。そして，これらの達成には次のような改革が必要である。

- 無分別な貸出を許さず，かつ確固とした基準設定のため中央銀行が融資基準を一致させなければならない。たとえば，アメリカやヨーロッパの低所得者向け住宅ローン市場における100%〜110%の担保掛金の貸出に対して，資産の市場価値の70%を限度とすべきである。
- 信用調査は，格付けも含めて，利害対立を回避するため，投資家と貸主によって代価が支払われるべきであり，債券発行者であってはならない。株式調査は，動機付け構造の観点から整合的であることが望ましい。なぜならば投資家は間接的に仲介業者が行う調査費を支払っているためである。しかし理想をいえば，あらゆる調査は，投資家または取引所によって委託され，また費用が支払われなければいけない。

・金融機関の経営幹部の給与は，理事会に対し透明性確保の観点から報告がなされ，また短期的な利益ではなく長期的な実績と整合的でなければならない。
・金融派生商品の取引やヘッジファンドは，リスクに偏った資産の提供によって現在の取引動向から将来生じ得る資本コストも含めた，将来のリスクやコストに備え，できるだけ控え目な利益を想定して提供することが求められる。金融派生商品を取り扱う銀行がリスクと資本評価に自行のリスク管理システムを使用するため，バーゼル資本基準で与えられた柔軟性のような従来の慣行は排除，もしくは制限されるべきである。

　このようなガバナンスの改善は複雑な道のりではなく，国際金融システムを通じて公正かつ迅速に実施しうるものである。世界的な信用システムの信頼回復と民間投資の刺激のために，これらの取り組みはできるだけ早く採用される必要がある。なぜならば，健全な国際金融システムと借入能力を保証することはGGNDに必須の目標であるため，国際社会は透明性と簡潔性を高め，そして動機付け構造を整えるような国際金融システムのガバナンス改革をできるだけ早く実行すべきである。

　第二に，GGNDが示した政策構想の多くの資金調達に関する問題は，特に主な対象分野への開発援助額が不足していることである。今回の経済危機が発生する以前から，毎年54億ドルの政府開発援助が世界のエネルギー・プロジェクトに与えられてきた。しかし，この金額はアジア・太平洋地域で予想される低炭素型のエネルギーへの投資額83億ドルや，発展途上国全体で必要となる300億ドルを下回ったものである——4。今日，運輸分野への開発援助額は発展途上国全体で82億ドルに達するが，それは運輸分野への投資総額2110億ドルのわずか4％に過ぎない。すでに第Ⅱ部で議論したように，国連気候変動枠組み条約では，もし発展途上国がハイブリッド車とその他の代替エネルギー自動車の導入，交通輸送における効率性の改善，次世代のバイオマス燃料の開発に着手するならば，150億ドル

近くの開発援助が必要であると勧告している。この開発援助額の不足は，発展途上国における一次産品の生産を持続可能な方向へ改善するという目標の達成さえ非常に危うくしているのである。2006年度の上下水道・衛生分野への開発援助額は全体の5％以下であったが，2015年までにこれらのサービスを利用できない人口を半減させることを目指したミレニアム開発目標の達成には2倍の援助額が求められており，そのためには毎年36億～40億ドルに援助額を増加させなければならない。

　このような開発援助額の格差は緩和する見込みであったが，昨今の経済危機により開発援助額は一段と不足してきている。しかしながら良いニュースもいくつかある。

　前述したように，G20は今回の経済危機に対応してIMFの貸出能力を3倍まで増加することを支持している。さらに特別引出権（SDR）の追加配分として，低所得国への貸出を190億ドルまで認めた。そしてG20は，IMFが保有している金の売却により，低所得国へ60億ドルの追加融資を提案した。全体として，G20が提案した新興市場経済と発展途上経済への新規貸出額は合計1兆1000億ドルとなった。

　これだけの資金が放出されれば，この経済危機の間，発展途上経済への援助に役立つことは間違いない。しかし援助国の多くが，合意した二国間目標額や国際機関への資金拠出額を満たせなかったために，この追加援助は，経済危機の発生前から低下傾向にあった国際援助額を埋め合わせることになった___5。しかし，おそらくGGNDの立場からより重要なことは，G20が提案したIMFと国際開発金融機関を通じた援助は，低炭素エネルギーへの投資，持続可能な交通や一次産品の生産，そして水・衛生サービスの改善といった発展途上国における政策上の優先分野を対象にしていない点である。

　世界銀行においても，経済危機に対処するため，開発援助を促進する計画を立てている___6。今後3年間で約1000億ドルを上限とした新しい援助の約束を行い，2009年度の貸出額は，前年度の実績額である135億ドルに対し，約3倍増加の350億ドルを超えた。また世界銀行は，発展途上国に

対する優先基金として金融危機機関を創設した。この機関の新設によって，世界の最貧国を対象とした420億ドルの基金からの融資の承認過程が加速化することになる。こうした国々に対し最初は20億ドルが迅速に貸し出され，インフラ，教育，保健・医療，学校給食・母子栄養プログラムなどの社会的セーフティネット・プログラムへの公共支出に充てられる。援助資金の増加は，経済危機下において貧困層の生活改善を目指すGGND戦略とも一致している。より多くの融資機関や開発機関は，この世界銀行の戦略に従うべきであり，今後，数年間にわたっては最貧国に対する援助額の増加だけでなく，これらの国々の貧しい生活状況そのものを対象とするべきである。

今回の経済危機は世界中の貧困問題を悪化させるだろうと予測されているため，ロバート・ゼーリック世界銀行総裁は，発展途上国において貧困層を対象とした総合的なセーフティネットの整備を行い，低炭素技術プロジェクトや中小企業支援，小規模融資事業支援を含むインフラ投資のため，世界的な「脆弱国向け基金」に対し高所得国が景気対策の0.7％の拠出をするよう呼びかけている[7]。同様に，世界的な食糧危機に関する国連のハイレベル・タスクフォースは，援助国に食糧支援，その他の栄養補助に関する支援，セーフティネット・プログラムのための財政支援を倍増し，今後5年以内に食糧および農業開発への投資における援助比率を現行の3％から10％にするよう呼びかけている[8]。

総じて，世界的な経済危機下において，これらの支援対象となった分野の選択は賢明であり，GGNDの目的にも合致している。しかし，これらの対策にはさらなる国際援助が必要とされる。二国間，または多国間援助は，開発援助額を今後数年間で増加させるべきだし，GGNDを構成する主な要件となる分野・取り組みを対象にすべきである。

また国際社会は，GGNDの目標達成を促す革新的な金融の仕組みづくりを行わなければならないのかもしれない。本書では，妥当と思われる三つの提案を簡潔に紹介する。

第一の提案は，イギリスの財務省と国際開発省が構築した国際金融ファ

シリティ（IFF）の拡大である。国際金融ファシリティの意図は，20年から30年以上かけて返済される長期債券を発行することによって，国際資本市場から資金を移動させることにある。こうした取り組みはすでに，2006年にイギリスその他のヨーロッパ諸国，南アフリカ共和国が始めた予防接種のための国際金融ファシリティ（IFFim）で用いられている。これらの国々は20年間に53億ドルを与える約束をしている[9]。予防接種のための国際金融ファシリティは，こうした政府の長期にわたる寄付金を迅速に基金へと転換するため，資本市場で債券を発行し資金調達を図っている。2006年，初回債権発行では10億ドルを調達し，2008年の第2回目の発行では2億2300万ドルが追加された。投資は「ワクチンと予防接種に関する世界同盟（GAVI）」という，発展途上国における官民共同での予防接種事業の主要関係者を通じて行われている。

　ゴードン・ブラウン（当時のイギリス首相）とヌゴジ・オコンジョ・イウェアラ（当時のナイジェリア財務相）は，発展途上国でのきれいな水と衛生設備に関するミレニアム開発目標を達成するために，予防接種のための国際金融ファシリティにならった国際金融ファシリティ機関を構築することができると提案した[10]。このミレニアム開発目標の達成は，GGNDの重要な目的でもある（第4章参照）。また，投資資金が迅速に調達されるが，返済の多くを後まで延期できる国際金融ファシリティの仕組みは，収益率がかなり有利であるため，水・衛生設備のプロジェクトにとって望ましいと彼らは示唆している（第5章参照）。

　（トービン税として知られている）通貨取引税，航空旅行・燃料税，開発のための特別引出権の創設のような，国際開発金融の新しい潜在的な財源は，国際金融ファシリティと比較すると，多くの国による国際合意が求められる点で，いささか魅力に欠けるという研究結果がある[11]。一方では，国際金融ファシリティの取り組みは果たして，ミレニアム開発目標の達成に必要とされる開発援助額の不足分を補うために十分な資金をもたらすのか，という疑問を投げかける研究もある[12]。予防接種のための国際金融ファシリティにならった水・衛生サービスのための国際金融ファシリティ

が，債券市場から3年間で12億ドル調達できれば，2015年までに同サービスを利用できない人口割合を半減するとしたミレニアム開発目標の達成に必要とされる毎年36億〜40億ドルの援助額の一部をまかなうであろう。しかし，このような国際金融ファシリティの基金だけでは必要な額を調達できないだろう。それでもやはり，水・衛生サービスのための，あるいはGGNDが提案する他の特定分野への投資のための国際金融ファシリティは，革新的な金融の仕組みであることがわかるであろう。

その他に考え得る資金調達方法として，気候投資基金（CIF）がある。これは現在クリーンテクノロジー基金（CTF）と戦略的気候基金（SCF）から構成されており，世界銀行と他の多国間開発銀行によって運営されている。気候投資基金は発展途上国へ補助金，譲与的な条件貸付，そしてリスク軽減対策として支出されている。クリーンテクノロジー基金は，発電，交通，エネルギー利用の効率化における低炭素技術の移転・導入を促すプロジェクトおよびプログラムへ投資される[13]。戦略的気候基金は，特定の気候変動課題や経済分野を対象とした新しい試験的な開発や，さまざまな取り組みの拡大などのプログラムに直接充てられる基金である[14]。初期には，気候回復のための試験的プログラム，森林投資プログラム，再生可能エネルギー・プログラムの拡大などが含まれている。

気候投資基金は新しい金融の仕組みであるため，その政策効果を評価するには時期尚早である。2008年1月にアメリカがクリーンテクノロジー基金を提案し，最初の3年間に20億ドルを基金に支出することを約束した。それ以降，その他の援助国も気候投資基金への融資を公約に掲げ，イギリス15億ドル，日本12億ドル，ドイツ8億8700万ドル，フランス5億ドルを含めて，合計61億ドルに上った。

気候投資基金，特にクリーンテクノロジー基金が次の気候変動に関する国際合意で拡張・統合されるという提案もなされている[15]。もし次の国際合意が排出許可証の競売による基金も含むならば，これらの基金の中には気候投資基金の資金を増やすために配分できるものがある。この方法により気候変動基金で少なくとも120億ドルが追加的に確保できると推計さ

れる。もしこの資金が二国間援助と組み合わせられれば，気候投資基金は現在の4倍以上も投資可能な資金を得ることができる。

　最後の融資提案は，アメリカの国立再生可能エネルギー研究所（NREL）の提言によるアメリカ主導のグローバル・クリーンエネルギー協力（GCEC）プログラムである[16]。その提言では，アメリカに三つの戦略実施を推奨している。第一の戦略は，アメリカのクリーンエネルギー投資促進プログラムの資産構成を再生させることである。それにより，政府の国際クリーン投資プログラムは，アメリカ企業によるエネルギー利用の効率化と再生可能エネルギー分野への十分な投資のために統合と拡大がなされるであろう。第二の戦略は，再生可能エネルギーとエネルギー利用の効率化技術における，世界的な協力体制の構築を加速することである。これら技術の世界的な開発・利用は，戦略的な研究開発，実証と展開協力体制を通じて拡大できる。第三の戦略は，主要な新興経済国との協力体制を拡大し，クリーンエネルギー市場への転換を促すことである。協力体制は，ブラジル，中国，インドのような巨大な新興経済国を対象とし，またアフリカ，アジア，ラテンアメリカや，東欧と中央アジアの移行経済国による地域的な取り組みが求められる。

　これら戦略にかかるコストがどれほどの大きさかはわからないが，多大な便益がアメリカだけではなく世界的にもたらされるという。クリーンエネルギー技術の革新・開発にかかわる研究開発能力が備わっているアメリカは，その戦略で優位に立つことができる。このことは国際協力体制を通じて，アメリカがクリーンエネルギー市場への世界的な転換に向け，牽引していく絶好の機会を与えている。2020年までに，新しいクリーンエネルギーの輸出により年間400億ドル，また25万〜75万人の新規雇用を創出するものと予測している。その上，石油価格値下げによる節約，その他の経済的な利益，そしてエネルギー利用の効率化により，100億〜500億ドルの利益が生まれる。新しいクリーンエネルギー技術へ投資し，温室効果ガス排出量を2050年までに2005年比で50％から80％削減し，同じく世界的な石油使用量を40％削減することで，地球全体の利益としては年間1

兆ドルに上るものと予測されている__17。

　EU諸国や日本といったクリーンエネルギーを革新する高い能力を有する主要な先進国は，各国が独自に，またはアメリカやあらゆるG20諸国との共同で同様の世界的な戦略を検討するかもしれない。革新的なクリーンエネルギー技術開発における世界的な共同や協力体制に関する提案は，非常に野心的な試みではあるが，GGNDを成功させ，その有効性を高めるために必須となる財源や主要な技術移転の問題に直接対処するものである。

　以上をまとめれば，GGNDを構成する主要な要件へ融資することを可能にする手段として，国際社会は，国際金融ファシリティ，気候投資基金，グローバル・クリーンエネルギー協力といった，革新的な金融の仕組みづくりを展開・拡大することが求められる。

　注
1 __ Bird, G. (2009).
2 __ 一般的な財政改革の以下の議論は，サンジェヴ・サニアルのアシスタントで書いたものである。改革の議論と項目への彼の貢献に感謝を申し上げる。
3 __ Bird, G. (2009).
4 __ United Nations Economic and Social Commission for Asia and the Pacific (2008). またWheeler, David (2008).
5 __ Bird, G. (2009).
6 __ 世界銀行の貸出計画に関するこの情報は，公式ウェブサイト（www.worldbank.org/html/extdr/financialcrisis）から得られる。
7 __ Zoellick, Robert B. (2009), "A Stimulus package for the world," New York Times, January 22.
8 __ High-Level Task Force on the Global Food Crisis (2008).
9 __ この情報は，IFFimの公式ウェブサイト（www.iff-immunisation.org）から得られる。
10 __ Brown, Gordon, and Ngozi Okonjo-Iweala (2006), "Frontloading financing for meeting the Millennium Development Goal for water and sanitation," In United Nations Environmental Programee, Human Development Report 2006: Beyond Scarcity: Power, Poverty and the Global Water Crisis, New York, United Nations Environmental Programee: 72-3.
11 __ Addison, Tony, George Mavrotas and Mark McGillivary (2005), "Aid, debt relief and new sources of finance for meeting the Millennium Development Goals," Journal of International Affairs, 58 (2) : 113-27.
12 __ Moss, Todd, Ten Myths of the International Finance Facility, Working Paper

no. 60, Washington, DC, Center for Global Development.

13 ___ World Bank (2008), The Clean Technology Fund, Washington, DC, World Bank.

14 ___ World Bank (2008), Strategic Climate Fund, Washington, DC, World Bank.

15 ___ Wheeler, David (2008).

16 ___ National Renewable Energy Laboratory (2008), Strengthening US Leadership of International Clean Energy Cooperation: Proceedings of Stakeholder Consultations, Technical Report no. NRFL/TP-6A0-44261, Golden, CO, National Renewable Energy Laboratory.

17 ___ National Renewable Energy Laboratory (2008).

8 貿易奨励策の強化

　今回の金融・経済危機は，世界的な需要の落ち込みと貿易金融の締め付けにより，貿易量や所得に重大な影響をおよぼしている。この世界貿易の減速は特に，外需主導の成長を追求する国々を押さえ付けるものである。低所得経済，そして特に総輸出に占める一次産品の割合が高い資源依存経済では，その貿易先の変化により，いっそう顕著にこの危機の影響を実感しているだろう[1]。

　世界的な景気後退が進むにつれて貿易は縮小し，やがて世界経済とともにゆっくりと回復するであろうと予測される。しかし，貿易政策が当面の経済危機に対処するものなのか，あるいはグローバル・グリーン・ニューディール（GGND）実施を支えるものなのかはあまり明確ではない。貿易は現在の経済危機の根本的な原因ではなかったため，貿易政策の変更が，少なくとも短期間で，現在の経済情勢を変えるものかどうかは疑わしい。このような前置きにもかかわらず，GGNDの戦略を促すために，新たな貿易金融と貿易円滑化金融の総合対策に焦点を当てることは，一つの好機である。また，貿易政策は保護主義的な手段の採用を通して短期的には「害をおよぼさない」ことを保証する強い主張もある。さらに，GGNDを構成するいくつかの重要な要件を推進する際に，貿易政策が中期的に重要な役割を果たすであろう。

貿易金融と貿易円滑化金融

　貿易の90％以上が短期の信用，保険および保証など何らかの形態で融資されていると推定される。そして世界の金融危機は，そのような借入能力に重大な影響をおよぼした。輸出業者は海外の買い手が銀行から信用状を手に入れることをますます要求しており，その結果，これらはますます高価になり入手が難しくなっている__2。この問題は，新興市場経済における貿易業者と銀行が最も痛切に受けとめている。世界貿易機関（WTO）は，貿易金融における現在の流動性不足は約250億ドルであると推定している__3。この貿易金融の欠如は，衰える需要と相まって，世界貿易の縮小傾向を悪化させている。

　世界経済が景気後退から抜け出したとき，貿易量が維持されていることが重要となるが，それこそが適切な貿易金融が肝心となる理由である。この貿易量を維持および増大させることは，GGNDを構成する要件の中でも，特に発展途上国が一次産品生産の持続可能な方向への改善，経済の多角化，人的資本の構築，そして貧困層を対象とした社会的セーフティネットやその他の投資に必要な資金を生み出すためにも不可欠である。

　いくつかの国の輸出信用機関（ECA）や国際金融機関では，この問題に対処するために新たな貿易金融ファシリティを明らかにしている__4。たとえば，2008年12月にアメリカと中国は，新興市場向けの貿易関連金融を拡大する新たな協力を公表した。アメリカは新興市場向け製品・サービスのために，新たな短期的な貿易金融ファシリティに40億ドル，そして中・長期的な貿易金融に80億ドル提供することを計画している。また中国では，新興市場向け製品の輸出のために，貿易金融に80億ドル提供することを約束した__5。

　一方，国際金融ファシリティもこの危機に対応している。国際金融公社（IFC）は世界貿易金融プログラムを15億ドルから30億ドルへ倍増する計画を公表した。国際金融公社によると，この拡大により，66カ国に本拠地

をもつ参加銀行は便益を得るであろうとしている[6]。

　また，これらの新たな金融ファシリティは，特にGGNDが提示する取り組みを支えるプロジェクト・製品に焦点を当てた貿易金融の拡大を促す唯一の機会を与える。すでにこうしたプログラムに関する事例はいくつも存在する。たとえば，アメリカ輸出入銀行は1994年以来「環境関連輸出プログラム」を支援しており，そこでは30億ドル以上の融資が行われてきた[7]。アメリカは貿易金融で120億ドルの増加が想像しうるが，そのうちのいくらかはこのプログラム自体の拡大や，またGGNDに必要な技術や資本の移転支援に割り当てることができる。同様の戦略は他の国家輸出信用機関や国際金融機関でも採用することができる。しかしながら，そのような戦略は，貿易金融の利用を管理する既存の諸規定のもとでは差別的措置に等しいので，世界貿易機関の規則のもとでは免除される必要があるだろう。

　同様に，GGNDの支持と結びついた貿易円滑化金融を流通させる機会もある。OECDは貿易関連の開発援助額を年間約250億〜300億ドルと見積もっており，それは開発援助総額の約30％である。その援助は，典型的には以下の四つの主要領域のうちのどれかに該当する。それらは，貿易政策・規制，生産力の増強，経済インフラ，そして貿易関連の構造調整である[8]。

　2005年の香港での世界貿易機関の閣僚会議では，輸出産業・インフラを支援する「貿易のための援助」プログラムが拡大されるべきであることが合意された。同会議では，EUとアメリカが「貿易のための援助」の年間支出を2010年までに27億ドルまで引き上げることを約束し，日本は発展途上国へ3年間で100億ドル支出することを発表した。世界銀行も貿易円滑化サービスを次の3年間で300億ドルまで拡大しており，その動きのひとつは貿易円滑化ファシリティ（TFF）の設立である[9]。

　貿易金融の事例と同様に，貿易円滑化金融はGGNDが提唱するプロジェクト・戦略への関心を集めさせる機会を提供する。国連環境計画ではすでに，持続可能な発展が「貿易のための援助」の構造化や類似の戦略・投資の目標の一つであるべきと積極的に主張している[10]。

まとめると，国際社会が，新たな貿易金融と貿易円滑化のための総合対策を展開・拡大し，それらをGGNDへの支援を対象にして利用するのに十分な機会がありそうである。

保護貿易主義

　経済危機とそれに伴う失業により，保護貿易主義が高まり，また競争的な通貨切り下げ圧力がもたらされる懸念がますます高まっている。これまで，保護主義的な政策は限られたものであった。国際貿易委員会（ITC）と世界貿易機関（WTO）によると，ダンピング防止の事例は2008年前半に40％増え，そして同年中に関税を引き上げたのは数カ国のみであった__11。ワシントンとロンドンのG20サミットでの成功のひとつは，今回の景気後退に反応して，世界の主要国が保護主義へ傾倒する危険を防いだことにあると広く同意されている__12。

　それにもかかわらず世界銀行は，輸出制限，バイオマス燃料への補助金，関税・義務付けといった，広範な貿易制限が2003年以降の世界的な食糧やその他商品の価格上昇の一因となってきたと主張している。また，もし世界的な景気回復が不十分であれば，多くの国がこのような手段に訴えてしまうのではないかという懸念がある__13。GGNDに直接関係しているものの中では，生産を補助し，高い関税を課し，消費を義務付けるバイオマス燃料対策が増えつつある。たとえそのような手段がトウモロコシや植物油のような食用作物から生産されるバイオマス燃料の急速な拡大をもたらすとしても，食糧価格の高騰や環境悪化の一因となっているのは事実である__14。また保護主義の台頭は，漁業への補助金や環境商品・サービスの自由化のように重要な環境課題も含む，現在の世界貿易機関によるドーハ交渉を無駄にするだけではなく，そうでなければ海外でより効率的に生産されていたものを国内で生産するようになるため，生態系にさらなる圧力を加えることになる。

　要するに，国際社会は，今回の経済危機への対応として保護主義の復帰

には抵抗しつづけるべきであり，また GGND が提案する取り組みをより強力に支えるために，定期的に既存の貿易協定を見直し，また貿易障壁を特定し，できるだけ低くするような協定を将来的にまとめ上げる必要がある。

貿易自由化

　ドーハ・ラウンドでの貿易交渉は，短期的というよりはむしろ中期的ではあるが，GGND を促進させる多くの機会を提供しているといえる。

　たとえば，現在この交渉では，主に漁業への補助金を制限することに焦点が当てられている。この漁業補助金は年間 150 億〜350 億ドルに達すると見積もられており，それには直接的な現金供与，税制優遇措置，または融資保証といった事項が含まれている[15]。この補助金の中には責任ある漁業活動を促すものもあるが，そのほとんどは乱獲の直接的な要因となっている。また，国連食糧農業機関（FAO）が世界の漁獲量の 75% 以上がすでに生物学的な限界にあるか，もしくはその限界を超えているとしていることからも，漁業補助金の制限は重大な課題であるといえる[16]。さらに，漁業に迫っている脅威は環境問題だけでない。漁業は世界中の何百万人もの人びとに栄養や雇用を提供している。乱獲と過剰な生産能力の一因となっている漁業補助金を制限する新たな世界貿易機関の規則に関する交渉を成功させることは，あらゆる経済で一次産品の生産を持続可能な方向へ改善するためにもきわめて重要である。

　また，環境商品・サービスにおける関税や非関税障壁の引き下げに関する現在の交渉も GGND を促進させる一つの機会となる。インドネシア・バリでの気候変動枠組み条約会議において，世界貿易機関事務局長のパスカル・ラミーは，貿易閣僚への演説の中で，「世界貿易機関が気候変動に立ち向かうためにできる速やかな貢献は，クリーンな技術やサービスの分野で実際に市場を開くことであることは疑いの余地がない」と主張した[17]。この交渉により気候に優しい技術を国際的に流通させる可能性があるが，これらの技術がどのように自由化されるべきか，または専門的な知識の移

行や地方の生産能力増強を伴わない場合には自由化自体がその技術の利用を増やすのかどうかについて，世界貿易機関の加盟国間では現在のところ明確な合意はない。しかしながら，多くのクリーンエネルギー技術のための関税と非関税障壁の自由化を検討する中で，世界銀行は，この自由化はこれらの技術に関連する貿易量を7～13%増加させるとしている[18]。そのため，この貿易を自由化する上での障害を克服する潜在的な便益というのは，この交渉での成功を確実にする方法を探究する価値を高める。

おそらくGGNDにとってもっとも大きな利点は，農業貿易の自由化のために進行中の交渉から生じる[19]。何十年もの間，世界的な農業保護主義は，先進諸国では非効率的な農業保護を促し，発展途上諸国では効率的かつ持続可能な生産を阻害してきた。世界銀行の予測では，ドーハ交渉で検討中の農業貿易障壁の引き下げは，短期的には世界的な物価上昇を招くが，長期的にはより透明で，ルールに基づいた，予測可能で，かつ世界中で所得を高めるような農業貿易システムをもたらすはずである。また，その交渉がうまくまとまれば，農業保護主義の排除は世界的な貧困の発生を8%低下させることができるとしている[20]。

GGNDを強化するために，国際社会は，ドーハ・ラウンドの貿易交渉で，特に漁業補助金，クリーンな技術・サービス，農業保護主義の変革に関して，うまく決着させる必要がある。

本章は，ベン・サイモンズの助力を借りて執筆した。彼は，多くの内容を提供してくれた。私はこのテーマへの彼の貢献に感謝する。

注

1 ___ World Bank (2009). またUnited Nations (2009).
2 ___ NewYork Times (2009), "Trade losses rise in China, threatening jobs," New York Times, January 14.
3 ___ World Trade Organization (2008), "Lamy warns trade finance situation deteriorating," Geneva, WTO, November 12.（www.wto.org/english/news_e/news08_e/gc_dg_stat_12nov08_e.htmで入手可能である）
4 ___ 1988年から1996年の間，輸出信用は年間260億ドルから1050億ドルまで4倍に増加した。2002年には，開発途上国での大規模な産業・設備プロジェク

トの支えにより，輸出信用代理店が年間500〜700億ドルの支出報告をしたことが推定された。Knigge, Markus, Benjamin Gorlach, Ana-Mari Hamada, Caroline Nuffort and R. Andreas Kraemer (2003), The Use of Environmental and Social Criteria in Export Credit Agencies' practices, Eschborn, Germany, Gesellschaft fur Technische Zusammenarbeit. アメリカの輸出入銀行は2007年度の融資のみで126億ドルが公認された。Export-Import Bank (2008), "Export-Import Bank to provide liquidity to small business exporters," Press release, Washington, DC, Export-Import Bank, November 25.

5 ___ Export-Import Bank (2008), "United States and China announce $20 billion in finance facilities that will create up to $38 billion in annual trade finance to assist global trade," Press release, Washington, DC, Export-Import Bank, December 5.

6 ___ World Bank (2008), "Trade is key to overcome economic crisis," Washington, DC, World Bank, December 1.

7 ___ www.exim.gov/products/policies/environment/index.com を参照

8 ___ World Trade Organization (2008), "Aid for Trade fact sheet," は，www.wto.org/english/tratop_e/devel_e/a4t/a4t_factsheet_e.htm. で入手可能である。

9 ___ World Bank (2008).

10 ___ United Nations Conference on Trade and Development (2008), Aid for Trade for Development: Global and Regional Perspectives, Geneva, United Nations Conference on Trade and Development.

11 ___ www.usitc.gov/trade_remedy/731_ad_701_cvd/index.htm. を参照。

12 ___ Bird, G. (2009). また Rao, P.K (2009).

13 ___ World Bank (2009).

14 ___ World Bank (2009).

15 ___ United Nations Environmental Programme (2008), Fisheries Subsidies: A Critical Issue for Trade and Sustainable Development at the WTO: An Introductory Guide, Geneva, United Nations Environmental Programme.

16 ___ Food and Agriculture Organization (2007), The State of World Fisheries and Aquaculture 2006, Rome, Food and Agriculture Organization.

17 ___ Soesastro, Hadi (2008), "What should world readers do to halt protectionism from spreading?" In Richard Baldwin and Simon Evenett (eds.), What World Readers Must Do to Halt The Spread of Protectionism, London, Center for Economic Policy Research: 3-6.

18 ___ World Bank (2007), Warming Up to Trade: Harnessing International Trade to Support Climate Change Objectives, Washington, DC, World Bank.

19 ___ Mattoo, Aaditya, and Arvind Subramanian (2008), Multilateralism beyond Doha, Working Paper no. 153, Washington, DC, Center for Global Development. また United Nations (2009). そして World Bank (2009).

20 ___ World bank (2009).

9 結論：優先される国際的な取り組み

　グローバル・ガバナンスの改善，資金調達の円滑化，そして貿易奨励策の強化は，グローバル・グリーン・ニューディール（GGND）を支えるために必要な国際社会の取り組みとして優先される三つの分野である。これらの取り組みなくしては，GGNDの効果は限られたものとなってしまうであろう。

　第Ⅲ部で概説してきたGGND戦略は，G20を構成する先進国および新興市場国が行う政策の役割を世界的に拡大することを推奨している。これは，第Ⅱ部で概説した戦略とも一致しており，G20経済は今後何年間かにわたってGDPの少なくとも1％を，持続可能な交通システムの推進も含む，炭素依存の低減に費やすべきであるというものである。その支出総額は，現在までのG20全体での景気対策およそ3兆ドルの25％に相当する（Box1.1を参照）。G20経済が世界的にこれらの投資を行う時期や実行を調整すれば，世界経済を低炭素型の景気回復路線へ移行させるために向けられたあらゆる効果が高まるであろう。G20による政策協調が世界のグリーンな景気回復へ貢献するもう一つの方法は，G20経済が炭素依存を低減させるための障壁となっている，エネルギーや交通などの市場で行われている誤った補助金やその他の歪みをなくすことも含め，価格政策や規制改革が進められるかどうかである。さらに，あらゆるG20経済が，キャップ・アンド・トレードや炭素税といった炭素価格付けの採用や，低炭素型の成長路線へ経済を移行させる支援に合意すべきである。このようなG20

諸国による政策協調は，世界の「グリーンな」景気回復に重大な影響をおよぼすであろう。これまで指摘してきたように，G20諸国は世界人口のほぼ80％，世界のGDPの90％，そして世界的な温室効果ガス排出の少なくとも75％を占めているのだから。

G20諸国は，世界経済が直面している複数の危機への対応におけるグローバル・ガバナンスを発揮するために，GGNDを構成する他の要件も検討するべきである。たとえば，G20に加盟している発展途上国は，GDPの少なくとも1％を水・衛生設備に費やすという提案を率先して実行すべきである。

GGND実施に向けてG20が果たす指導的役割の拡大は時宜を得たものであり，また当面の経済危機の間，政策構想を調整する世界的な議論の場として機能している。G20はまた気候変動における国際合意を促す決定的な役割，つまり本書で概説してきたGGND戦略を支える役割も担うであろう。このような合意は，国際炭素市場の拡大やクリーン開発メカニズムの改革を2012年以降も保証するという差し迫った問題に対処するためにも必要がある。また，グローバル・ガバナンスの改善は，貧困層を対象とした生態系サービスへの支払いや，越境する水資源の共同利用の管理を促すために必要である。

本書はGGND実施におけるG20の重要な役割について論じてきたが，そのような指導的役割はG20の排他的な領域ではない。あらゆる国際的な議論の場が，GGNDの促進，発展，そして強化に果たすべき役割をもっている。

国際金融システムの総合的な改革は，さらに規制を強化することではなく，ガバナンス能力の向上に焦点を当てるべきである。これらの改革により，透明性と簡潔性を高め，動機付け構造との整合性を図るべきである。現在の国際金融システムの改革はGGNDのための資金調達を円滑にするのに必要であるが，それだけでは十分でない。開発援助額の減少とGGNDで特定された主な分野や投資への資金調達ができないことは重大な懸念事項である。世界的な経済危機の時代に，援助は増大されるべきであるし，

対象がうまく定められるべきである。二国間や多国間での援助を今後数年にわたって増やし，またGGNDが推奨する分野や取り組みに割り当てるべきである。発展途上国で増加した援助は，次の二つの優先的領域に当てられる。それは，(i) 低炭素エネルギー投資や，交通，一次産品，また水・衛生サービスの持続可能な方向への改善のための援助不足の克服，(ii) 食糧援助と栄養支援，一次産品生産の持続可能な方法，貧困層を対象としたセーフティネット・プログラムのための資金調達，である。

また，GGNDの目標をいっそう支えるために，国際社会は，国際金融ファシリティ，気候投資基金，グローバル・クリーンエネルギー協力プログラムのような，革新的な金融の仕組みの発展・拡大を検討すべきである。

貿易政策はGGNDの促進において直接的な役割を果たすようには見えないかもしれないが，特定の貿易対策がその取り組みを支える重要な動機付けとなるかもしれない。GGNDが提唱するプロジェクトや取り組みを支えるために，新たな貿易金融と貿易円滑化金融の奨励策を設計する方法があるかもしれない。その一方で，深刻な世界的景気後退の結果として台頭するかもしれない保護貿易主義は，GGND戦略にとってタブーである。生産に補助金を出し，高い関税を課し，そして消費を義務付けるバイオマス燃料政策の実施を強化するような保護貿易主義の回避をこの戦略では求めている。ドーハ貿易交渉の成功，なかでも漁業への補助金，クリーンな技術・サービス，そして農業保護主義の減退に関連するものは，短期的にGGNDを支えるだけでなく，その戦略の中・長期的な効果への重要な刺激をも与えるであろう。

第IV部

よりグリーンな
世界経済へ向けて

第Ⅰ部で述べたように，本書の前提は，現在の世界的な経済危機に対して，各国が協働して景気対策に取り組むことである．またこの危機は，他の重要な経済問題や環境問題に取り組むのにふさわしい機会も与えている．本書で概説したグローバル・グリーン・ニューディール（GGND）は，この二つの課題を達成することを目指している．

　つまり，GGNDはグリーンな世界経済をつくることだけが目的ではない．景気を回復し雇用を創出するだけではなく，世界経済の炭素依存を低減させ，脆弱な生態系を保護し，さらに貧困を緩和するために，政策，投資や動機付けを適切に組み合わせて実施することをGGNDは保証する．

　このことは，気候変動，水不足，あるいは世界的な極度の貧困など差し迫った世界的な問題について，景気回復や雇用創出のためになされる大規模な景気対策のみに頼るべきではないことを暗に示している．そのかわりに求められているのは，GGNDで提案するように複数の経済的，環境的な課題の解決に向けて調整された政策の組み合わせである．

　それにもかかわらず，依然として世界経済の景気回復は優先されるべきである．そのため本書では，提案するGGNDの一部に，今後数年で実施でき，またその主な目標に直ちに効果的な影響を与える取り組みが含まれている．その目標とは，次の通りである．

- 世界的な景気回復と新たな雇用創出だけでなく，世界経済を環境的，経済的に持続可能な発展へと促すこと．
- 持続的かつグリーンな景気回復を達成するために，各国政府が採用できる主な取り組みを特定すること．
- GGNDの実施に伴う重要な課題の克服を手助けするために，国際社会

が採用できる主な取り組みを特定すること。

　これらの目標に適した政策の選択は，十分検討されなければならない。さらに，各国が採用する政策，投資や動機付けの優先順位は，その国固有の経済，環境および社会事情に応じて異なってくることも考慮する必要がある。一般的に，経済は三種類に分けられ，それぞれ顕著に異なっている。それは高所得（おもにOECD）経済，巨大な新興市場経済，そして低所得経済である。GGNDの政策構想では，どの取り組みが各々の経済に関係しているのかを，本書では強調してきた。

　これらの要件をすべて考慮すると，GGNDが次の二つの領域を取り上げるべきであるといえる。

・炭素依存の低減
・生態系の保護

　第Ⅱ部では，この二つの目標を達成するために，各国政府が必要とする特定の取り組みを詳細に示した。また第Ⅲ部では，今後数年で効果的なGGNDを実施するために必要な国際的な取り組み——グローバル・ガバナンスの改善，資金調達の円滑化，そして貿易奨励策の強化——を概観した。
　この第Ⅳ部は，三つの主要な目的をもっている。まず第10章では，第Ⅱ部と第Ⅲ部で明確に述べられたGGNDが提案する国内あるいは国際的な取り組みのための主な提言を要約する。第11章では，GGNDについて挙げられている次のような懸念事項について議論する。（1）グリーン投資は公債やインフレ，世界的な不均衡（グローバル・インバランス）への不安を高めないのか，（2）グリーン投資が経済的な利益をもたらすならば，なぜ民間部門はすでに行っていないのか，そして（3）グリーンな分野への投資はブラウンな分野よりも多くの雇用と高い利益をもたらす確証はあるのか，である。そして最後の第12章では，GGNDをわれわれがどのようにして「よりグリーンな」経済への進展に向けた中間段階としてみなすのかを

調べ，さらなる進展に必要な追加的な取り組みを提言する。

10 要約:グローバル・グリーン・ニューディールの提案

　第Ⅱ部と第Ⅲ部ではグローバル・グリーン・ニューディール(GGND)で行うべき国内および国際的な取り組みについて概観した。本書では,このGGND政策構想を展開する上で,二つの主な目標——炭素依存の低減と生態系の保護——と,今後数年でかなり迅速に実施できると判断される政策,投資および改革を調和する取り組みに焦点を当ててきた。GGNDの有効性やそれがどのように「よりグリーンな」世界経済を促すかについて議論する前に,まず国内あるいは国際的な取り組みに関する主な提案を総括することが有用である。第Ⅱ部と第Ⅲ部で示された主な提案を要約すると,次のようになる。

GGNDが提案する国内の取り組み

(1) アメリカ,EU,およびその他の高所得経済では,今後2,3年で少なくともGDPの1%に匹敵する額を炭素依存の低減のための取り組みに支出すべきである。それには,補助金やその他の誤った誘導策の撤廃や補完的な炭素価格付けの採用も含まれる。
(2) またG20の残りの中・高所得経済でも,炭素依存の低減のための取り組みに対して,できるかぎり今後数年で,少なくともGDPの1%を支出することを目標とすべきである。
(3) さらに発展途上経済でも,炭素依存の低減のために同様の取り組みを

実施すべきである。しかし現在の経済状況では，そのような取り組みにどのくらい支出すべきかを決めることは難しい。

(4) 発展途上経済は，貧困層がきれいな水や改善された衛生設備を利用できるような取り組みに対して，少なくともGDPの1％を支出すべきである。また喫緊の課題として，発展途上経済は総合的でかつ対象を絞り込んだセーフティネット・プログラムを展開すべきであり，また貧困層の教育・医療サービスを維持すべきである。

(5) 発展途上経済は一次産品の生産を持続可能な方向へ改善するための取り組みを実施すべきである。しかし現在の経済状況では，そのような取り組みにどのくらい支出すべきかを決めることは難しい。

(6) あらゆる経済は，水への補助金や他の歪みをなくし，効率的な水利用を促すよう，市場原理に基づく手段あるいは他の政策を採用し，そして国境を越える水に関するガバナンスを向上させることを配慮しなければならない。

GGNDが提案する国際的な取り組み

(1) GGNDでの国際的な差し迫った取り組みの促進に最も影響力のある政策議論の場は，世界の主要経済と新興市場経済からなるG20である。しかしながら，あらゆる国際的な議論の場，特に国連もGGNDを推進，展開，そして強化する役割を担っている。

(2) G20は本書の第Ⅱ部と第Ⅲ部で推奨したGGNDの取り組みの実施時期や実行について協調すべきであり，またポスト京都議定書となる気候変動の国際的な合意を確実にするために，その枠組みとなる考えを発展させる手助けをすべきである。

(3) 国際社会は，できれば気候変動に関する国際合意の一環として，クリーン開発メカニズム（CDM）を2012年以降拡大し，また発展途上国，分野・技術の対象を増やし，そして世界の温室効果ガス排出削減のために必要な資金を拡充するような改革について合意に達するべきである。

(4) 国際社会は，貧困層を対象とした生態系サービスへの支払い制度を改善し，より多くの生態系を対象にする取り組みを支援し，また国境を越える水資源のガバナンスや共同利用を改善する取り組みを推進すべきである。

(5) 国際社会は，透明性と簡潔性を高め，そして動機付け構造を整合的にする国際金融システムのガバナンス改革をできるだけ早く行うべきである。

(6) 援助国は，今後数年で二国間や多国間での開発援助を増大させ，GGNDが推奨する分野や取り組みをその援助の対象とすべきである。

(7) 国際社会は，GGNDが示す取り組みへ資金を提供する手段として，国際金融ファシリティ，気候投資基金，そしてグローバル・クリーンエネルギー協力プログラムのような，革新的な資金調達メカニズムを発展・拡大すべきである。

(8) 国際社会は，新たな貿易金融や貿易円滑化金融を開発・拡大すべきであり，それらはGGNDを支援する目的で使用されるべきである。

(9) 国際社会は，GGNDで提案した取り組みをより強力に支えるために，既存の貿易協定を再検討し，その障壁を特定し，できるだけ低くするような協定を将来的にまとめなければならない。

(10) 国際社会は，特に漁業への補助金，クリーンな技術・サービス，農業保護主義の緩和に関するドーハ・ラウンド貿易交渉をうまく決着させる必要がある。

11 グローバル・グリーン・ニューディールは成功するのか

　本書を通じて指摘してきたように，グローバル・グリーン・ニューディール（GGND）がいかなる形をとるにせよ，次の三点を基本目標とすべきである。

・世界経済の復興，雇用機会の創出，そして社会的弱者の保護
・炭素依存の低減，生態系の保護，そして水資源の保全
・2025年までに極度の貧困を終わらせる「ミレニアム開発目標」の推進

　この多様な目標を達成するために，第2部と第3部では国内および国際的な取り組みを提案し，第10章でその要約を行った。
　この提案を実現させるには，公共投資増額の公約，新たな価格付け政策，規制改善，援助の増額，そしてその他の政策転換といった広範な領域にわたる政策構想が必要とされる。このような総合的な政策関与が必要であることを考えると，GGNDが成功するか否かについては疑問をもたざるをえないであろう。
　とりわけ，GGNDが提唱している，追加的なグリーン投資やその他の公共支出に対して，これまでに次のような三つの懸念が挙げられている。

・GGNDが主張している「グリーンな」分野への投資は，従来型の公共投資と比較して，より多くの雇用と利益を生むとされているが，その

根拠は何か。
- そのグリーン投資が経済的な利益をもたらすならば，なぜ民間部門はすでに必要な投資を行っていないのか。
- グリーン投資は，世界経済の構造的な不均衡ばかりではなく政府の負債に対する不安感をあおり，またインフレを招く恐れはないのか。

　本章ではこれらの疑問を検討していく。明らかにGGNDは単なる追加的な景気対策ではない。たとえばGGNDでは，提案する多くの取り組みの有効性を高める方法として，補完的な価格付け政策や規制改革の役割を主張している。またGGNDは一種の公共支出であるが，グリーンな分野への民間投資を刺激するものである。本章でこれからみていくように，GGNDが成功するためばかりではなく，さきに挙げた三つの疑問に答えるためにも，総合的な取り組みは不可欠である。

グリーン投資による経済的な利益と雇用の創出

　第II部では，GGNDによる雇用創出や経済的な利益は十分に大きくなることを示す多くの研究を紹介した。たとえば，アメリカでのクリーンエネルギー技術への投資は，全国で200万人の雇用を創出し，また化石燃料エネルギーの場合と比べて，投資1ドル当たりの雇用を2倍創出することができる[1]。EUでは，省エネルギーを推進して再生可能エネルギーの供給を拡大する同様のプログラムを実施すれば，新たに100万〜200万人の正規雇用を生み出すことができる[2]。また大量交通機関への投資は，大きな直接的な雇用をもたらすと共に，貧困層の交通コストを引き下げる。さらに都市公共交通システムの拡張へ投資すれば，2.5〜4.1倍の間接的な雇用が創出される。中国の再生可能エネルギー分野は，すでに170億ドル規模の産業に成長し100万人弱の雇用を確保しており，政府の低炭素戦略への追い風となっている[3]。再生可能エネルギー分野や他の「クリーン

な技術」への投資は，経済成長の促進，輸出の拡大，そして雇用の創出に大きな影響を与えるだろう。最後に第5章で示したように，韓国政府は，グリーン・ニューディール計画が2012年までに96万人の雇用を生み出すと見込んでいる。

　GGNDが提案する多くの取り組みによる雇用創出やその他の経済的な利益について，以上のような証拠が示されてきた。しかしながら，このグリーン投資が経済や環境にもたらす影響について完全な予測をすることは難しい。これまでのところ，こうした政策が国民経済にどのように影響するのか，とりわけグリーン投資が従来型の公共投資と比較して，雇用創出や他の利益への影響についてどれほど優れているのかは，まったくの未知数である。主なグリーン投資について，こうした比較分析はほとんど行われていないが，アメリカを対象とした二つの研究調査が参考になる。

　ピーターソン国際経済研究所（PIIE）と世界資源研究所（WRI）は，「グリーンな景気回復プログラム」がアメリカの経済と環境に与える影響を評価した。そのプログラムでは，特定の低炭素戦略における投資，価格付け政策，規制，そのほかアメリカの総合的な景気回復への取り組みの一環となる政策を組み合わせた，総合対策を提示している。これらの政策の多くは，7870億ドル規模の「アメリカ再生・再投資法」（2009年2月）でのグリーン投資に一部含まれている。

　PIIE-WRIの調査は，国家エネルギーモデリングシステム（NEMS）と投入産出表（産業連関表）を用いて，エネルギーコストの削減が，家計，企業，連邦政府の雇用に与える影響を評価するとと共に，選択するシナリオごとに，それに応じて生じるエネルギー産業の収入減についても算出している。また選択される政策には，住宅の耐寒・熱化，連邦政府庁舎への省エネ設備の設置，学校の緑化，生産税額控除（PTC），投資税額控除（ITC），二酸化炭素回収・貯蔵（CCS）の実証プロジェクト，旧型車（アメリカでは「ポンコツ」と呼ばれる）買い換え補助金，ハイブリッド車減税，大量交通機関向け投資，バッテリー研究開発，スマートメーターの導入などがある。こうした政策が経済と環境に与える影響を，減税・道路建設のような従来型の景

気対策の場合と比較した。

　分析の結果,プログラム全体で達成されるエネルギーコスト,エネルギー消費量の削減により,投資10億ドル当たり年平均4億5000万ドルを節約できることが明らかになった。また,2012年から2020年にかけて約3万人の雇用を生み出し,そして年間59万2600トンの温室効果ガスの排出削減が見込まれている__4(雇用への影響は,雇用年数,あるいは1年以内の正規雇用に相当する雇用数で測定する)。創出される雇用者数は,従来型の公共投資の場合と比べると20%多い。

　グリーンな景気回復プログラムは,従来型の公共投資の場合と比較すると,雇用を創出する効果が高いが,これには二つの要因がある。第一に,このプログラムは,民間投資の刺激を見込んでおり,これにより直接,間接,または誘発的な雇用を創出することが期待されている。第二に,同調査によると,経済全体でのエネルギーコストの削減が新たな雇用の創出に与える影響は著しく大きい。エネルギー利用の効率化と環境税額控除は,初期投資以降もかなり長い間,雇用を創出しつづける。これとは対照的に,従来型の減税や道路インフラへの投資は,予算を使い切った時点で雇用の創出は止まってしまう。

　このさまざまな対策を実施する時期は,それぞれ大幅に異なるだろう。建物を効率化する政策(住宅の耐寒・熱化,連邦政府庁舎の改良,学校の緑化など)は速やかに実施でき,建設業に対して即座に影響を与える可能性がある。スマートメーターの設置と「すぐに開始可能な」大量交通機関への投資も,かなり早い時期に開始できるかもしれない。「旧型車買い換え補助金」は,すでに2009年に実施されており,消費者はこうした動機付けに反応を示しているようだ。ハイブリッド車税額控除もまた,すみやかな導入が可能だが,消費者がこれに反応するにはもう少し時間がかかるかもしれない。その他の実施には,もう少し長い準備期間が必要と思われる。

　ピュー財団による研究・調査報告書は,今回の景気後退までの10年間,1998年から2007年を対象として,アメリカ経済のクリーンエネルギー分野への投資とこの分野における雇用の伸びを,他の分野の場合と比較して

いる__5。

　同調査は，アメリカのクリーンな経済を，「雇用，事業，投資を生み出すと同時に，クリーンエネルギーの生産を拡大し，エネルギー利用の効率を上げ，温室効果ガスの排出量や廃棄物，また汚染を減らし，水やその他の天然資源を保全する」分野と定義している。このクリーンな経済は五つの経済活動から構成され，そこにはクリーンエネルギーの生産，エネルギー利用の効率化，環境保全型の生産活動，（環境）保護と汚染の低減，クリーンエネルギー経済のための育成・支援などが含まれている。

　その報告によると，1998年から2007年の間に，これら五つの領域での雇用は，産業全体の場合と比べて急速な伸びを示した。全体での雇用は3.7％の増加にとどまったのに対し，クリーンエネルギー関連では9.1％の増加がみられた。2007年には，この五つの領域における労働者は77万人を超え，アメリカ全体の雇用の約0.5％を占めている。これに対して，2007年におけるバイオテクノロジー分野における雇用は20万人を下回っており，アメリカ全体のおよそ0.1％に過ぎない。化石燃料エネルギー分野では，設備，採炭，搾油およびガス採集を含めて，2007年の時点で127万人が働いており，これはアメリカ全体の約1％に当たる。

　クリーンエネルギー分野での雇用は，いまやアメリカの全50州とコロンビア特別区に拡大しており，また技術者，科学者，教師から機械工，建設作業員や農場労働者に至る，肉体労働者と頭脳労働者双方が含まれている。

　2007年の時点では，クリーンエネルギー分野での雇用の65％は環境保護と汚染低減に携わっていたが，1998年から2007年にかけての汚染低減に関係する雇用の伸びは，わずか3％にとどまった。これは，環境保全型の生産活動（67％），クリーンエネルギーの生産（23％）およびエネルギー利用の効率化（18％）などと比較しても大幅に低い数値といえる。この調査報告では，今後クリーンな経済で雇用の増加が見込めるのは汚染低減にかかわる分野だとしており，その理由として「この分野は，低炭素経済の要求に応じ，また再生可能で効率的なエネルギーの開発を見据えた事業・職種か

ら成り立っている」ためだと説明している——6。

　クリーンな経済で雇用機会が高まったのは，今回の景気後退にいたるまで，各種事業とベンチャーキャピタル投資が急速に増えたためであろう。この分野での事業は，1998年から2007年にかけて10.6%の成長を示した。また，ベンチャーキャピタル投資は1999年に総額3億6030万ドルであったものが，2000年には10億ドルを超え，2008年には59億ドルに達した。ベンチャーキャピタル投資額は，2006年以降に劇的に増加しはじめ，2006年から2008年にかけて年平均16億ドルまで拡大した。2008年までのベンチャーキャピタル投資の累計は126億ドル近くに上り，その3分の2以上がクリーンエネルギーの生産に振り向けられている。

　以上のような研究・調査結果に基づき，クリーンエネルギー分野が，アメリカのグリーンな景気回復と低炭素経済への移行において先頭に立てるかどうかについて，やや楽観的な見通しを示している。報告書では，「公共・民間両部門からの投資が続いており，連邦・州政府の政策決定者が，経済再建に拍車をかけつつ環境保全の改革も強力に押し進めようとしているため，クリーンな経済は非常に大きく成長する可能性を秘めている」と述べられている——7。

　この調査では，今回の景気後退の結果としてクリーンな経済での雇用・投資は減少したものの，他分野での状況がいっそう悪化していたことが明らかになった。さらに，クリーンな経済への投資は，他分野よりも早期に回復するとみられている。その背景には，クリーンエネルギーへの持続的な需要，水不足の深刻化，そして温室効果ガスやその他の汚染物質の排出削減の要求がある。2009年2月の「アメリカ再生・再投資法」では，クリーンな経済を対象として，エネルギー・交通関連への支出に848億ドルが計上されている。そのため，クリーンな経済はこの法律によっても直接的な利益をうけることになるだろう。

　結局，両者の研究・調査結果から，グリーン投資は，少なくともアメリカのクリーンな経済に対して，大きな雇用と経済成長をもたらす可能性のあることが明らかとなった。また，この潜在的な利益を実現するには，適

切な政策の組み合わせが必要であることも明らかになっている。「アメリカ再生・再投資法」のようなアメリカにおけるグリーン投資としての財政支出は，クリーンエネルギー分野が経済全体の回復や雇用の創出に与える影響を強化できるが，このような支出のみでは十分な効果は得られない。たとえば，PIIE-WRIによる調査が雇用・経済について想定しているシナリオでは，クリーンエネルギーなどのグリーンな分野への投資効果を高める補完的な価格付け政策やその他の規制を前提としている。本書で提案しているGGND戦略でも，こうした政策を採用するよう主張している。同様に，ピュー財団の調査によれば，1998年から2007年にかけてアメリカのクリーンエネルギー分野における雇用と投資の増大は，主に各州の政策によって牽引されていたことが明らかになっている。それには，電力事業者に再生可能エネルギー源による電力供給の最低比率を義務づける規定やエネルギー利用の効率化に関する厳しい規制などがある。その報告書では，クリーンな経済を全国的に活性化し維持するために，さらなる国内での取り組みの実施を提案している。それには，2050年までに少なくとも80％の温室効果ガス排出削減を後押しする連邦キャップ・アンド・トレード方式，2025年までにアメリカ全体のエネルギー供給の25％を再生可能エネルギーでまかなうことを要求する国の再生可能エネルギー使用基準，そして2020年までに電力使用量の15％と天然ガス使用量の10％を削減するよう求めるエネルギー利用の効率化・資源基準などがある。

　さらにPIIE-WRIの調査では，グリーン投資が雇用創出とクリーンエネルギー分野の活性化にどれだけ有効かは，資金の投入時期や計画の実施時期に強く依存していることが重要な課題として提起された。

　たとえばBox1.1で示したように，2009年には，G20を中心とした各国政府が4600億ドル以上をグリーン投資に割り当てている。しかし，HSBC（香港上海銀行）グローバルリサーチによると，2009年7月末時点で，この対策の予算は3％しか消化されていない[8]。予算の大部分は，2010年，あるいは2011年に至るまで消化されそうにない。グリーンな分野への支出が早期に行われそうなのは，主に「すぐに開始可能な」インフラ関連事業

で，鉄道網の改良や，水資源の再生，建物の改修，電力網の機能強化などである。再生可能エネルギーやエネルギー利用効率の向上を促進させうる支出は一番遅れることになる。

　グリーンな景気回復プログラムが発表されてから実際に資金が投入され計画が実施されるまでにかなりの時間が経過する場合，雇用・経済成長に二つの影響が出ると考えられる。

　第一に，実施が遅れた分だけ，グリーン投資が景気回復と雇用創出を短期的に促進する可能性が低くなる。

　第二に，民間投資家は，こうした遅延の影響を受けた分野の資産評価を下げるか，あるいはより高いリスクを含んでいると考える。財政支出が支えるグリーンな景気回復プログラムの多くは，民間投資を刺激して，直接，間接，あるいは誘発的に雇用を拡大することが期待されている。しかし，公共投資が遅れた場合，民間投資家が多くのクリーンエネルギー分野への投資というリスクを一手に引きうけることはありそうにない。したがって，公共支出の遅れが民間投資の遅れにつながる可能性がある。結果として，グリーンな分野での雇用創出は，全体として予想された規模を下回ることになるだろう。

グリーンな分野への公共・民間投資

　ピュー財団の調査結果を要約すると，今回の景気後退以前には，民間のベンチャーキャピタル投資が急速にアメリカのクリーンな経済に流れ込んでいた。2006年から2008年にかけてベンチャーキャピタル投資総額は126億ドルに達する。クリーンエネルギーの生産設備，関連する製造業，また研究開発への民間投資は，2007年に世界全体で初めて1000億ドルの大台に達し，また多くの再生可能エネルギー技術・産業は，年間20〜60%の伸びを示した__9。

　ピュー財団の調査でもそうだが，こうした事実は，グリーンな分野への公共投資とそれを補完する政策に支えられれば，この分野が景気回復と長

期的な経済成長の促進剤となりえることを示している。第Ⅱ部と第Ⅲ部で，GGNDの実施には，特にG20による広範にわたる政策協調が必要であることを証明するのと同じ結論が用いられている。こうした取り組みは，今後数年間におよぶグリーン投資としての財政支出の増加だけではなく，炭素依存低減のための価格付け政策や規制改革にもかかわってくる。それには，誤った補助金の廃止，エネルギーや交通などの市場における歪みの是正，またはキャップ・アンド・トレード方式や炭素税あるいは類似の環境価格付けといった炭素価格付け政策の採用が含まれている。

　しかし，ピュー財団の調査やその他の調査報告で指摘されたベンチャーキャピタル投資については別の解釈もなされている。現在の経済危機が生じる前からすでに，世界的にクリーンエネルギーや他のグリーンな分野へ民間投資が流入しはじめていたとすれば，これらの分野へ多額の公共投資を追加する必要が本当にあるのか。政府の役割は，総合的に経済全般が回復するのを保証し，クリーンな経済を含めて経済的にもっとも魅力がある分野へ民間投資が流れるように促すことだけに限定されるべきではないのか。つまり，グリーン投資が経済的な利益をもたらすならば，必要な民間投資が行われていないのはなぜなのか。グリーン投資での財政支出を含む政府介入は，補助がなければ利益の上がらないグリーンな分野への無駄な投資なのかもしれない。

　ただし，景気後退期や回復期には，公的資金または政策がグリーンな分野における技術革新と民間投資の支えとなりうる。特に，景気低迷によって生じた資金調達の落ち込みや長期間にわたる環境関連の研究開発不足という問題に対処するには不可欠である——10。

　1990年代以降，民間部門の研究開発費と特許申請数は周期的な動きを示しており，景気後退とともに減少してきた。民間の研究開発は，企業の内部留保を財源とする傾向にあるが，これは好況期には拡大するものの不況期には縮小する。今回のような信用収縮を伴う経済危機の下では，企業が研究開発のような将来を見越した投資を行う際に外部資金を調達することはますます難しくなる。その代わり，内部・外部資金は研究開発より

もっと短期的に成果が上がるリスクの小さい技術革新や投資に振り向けられる。たとえば、世界の企業約500社を対象とした調査では、2009年に研究開発費を減らす予定の企業は34％であったのに対し、増やす予定の企業は21％にとどまった。各種の事業報告書をみても、研究開発費は減少あるいは低成長の傾向にある__11。

　現在の経済危機のなかで、全般的なクリーンエネルギー分野への投資の落ち込みによってクリーンエネルギー企業が内部留保を研究開発などの活動へ投資する可能性は、さらに阻害されている。株式市場を通じたクリーンエネルギー企業への投資額は、2007年には世界全体で234億ドルに達していたものの、2008年には51％パーセント減の114億ドルに低下し、2009年の前半には、ほぼ無視できるほどの規模にとどまった。また、資産担保融資に基づいた再生可能エネルギー発電プロジェクトへの投資は、2008年の最後の3カ月にペースを落としたのち、2009年の前半も減少しつづけた。このようなクリーンエネルギーへの投資の全般的な落ち込みには、今回の景気後退がもたらしたいくつかの理由がある。すなわち、化石燃料価格の70％下落、借入能力と貸付条件の制約、また、より安定してリスクの低いプロジェクトへの調達済み資金の振り換えなどである__12。

　すでに論じたように、ベンチャーキャピタル投資の減少は、グリーンな分野にとって特に重要な意味をもっている。最新技術や新規事業の立ち上げに際して、ベンチャーキャピタル投資が未公開株に必要不可欠な資金源となるためである__13。ところがベンチャーキャピタル投資は、今回の景気後退によってとりわけ大きな打撃を受けた。アメリカにおけるベンチャーキャピタル投資額は、全体で60％減少した。また、投資対象企業への初回投資額は、2009の第1四半期で前年比65％減となった。先端技術分野へのベンチャーキャピタル投資は、中国でも急激に減少した__14。ベンチャーキャピタル投資や非公開株による投資は、2008年の第3四半期に世界全体で40億ドルというピークに達したが、その後は急速に減少している。2008年の第4四半期には22億ドルに、2009年の第1四半期には15億ドルまで減少した__15。

グローバル・グリーン・ニューディールは成功するのか　223

さらに今回の経済危機によって，技術革新のための資金調達に伴う市場の失敗とグリーンな分野での民間部門による研究開発費の長期的な不足という事態がこれまで以上に深刻化した。長期的な研究開発投資のほとんどが他分野へ拡散する効果をもっているため，とりわけクリーンエネルギーの変革に必要な新技術の多くで，民間投資が慢性的に不足してきた。OECDが指摘するように，こうした状況のなか，特に民間投資が制限される信用収縮を伴う景気後退期には，政府は新技術開発のリスクを民間部門と分け合うべきである。しかしながら，1980年代の初頭以来，ほとんどの国でクリーンエネルギーの研究開発を支援する公共支出は減少しつづけている[16]。

　再生可能エネルギーへの民間投資は，このエネルギー源に特有の壁にぶつかっている。たとえば，風力発電や太陽光発電は供給量が変化しやすく，また継続的な供給という面で不安を抱えている。また現在の送配電容量では，需要のある場所に必要な電力を十分に供給できない。特に風力・太陽光エネルギーへの投資は，こうした影響を被りやすいのである[17]。その結果，とりわけ発電利用率が90％近くある石炭などの化石燃料と比べた場合，再生可能エネルギー発電の平均コストは非常に高くなる[18]。不安定な電力供給や不十分な送配電・蓄電容量がもたらす費用負担を避けるために，新しい送電線や次世代電力網へ投資する必要がある。しかし，これは民間投資家にとって高価でリスクも高い。ある研究によれば，公共投資は，再生可能エネルギー供給に必要なインフラ整備を促進する上で補完的な役割を果たすであろう。「新しい送電プロジェクトへ民間投資を呼び込むには，大規模な公的支援が必要であり，また誰がどれだけ負担するのかを明確にすることが求められるであろう」[19]。景気後退期には，民間投資家がリスクと費用を負担することになるため，投資の回収が長期におよぶ送配電容量や蓄電容量の改善といった大規模計画への投資がいっそう阻害される可能性もある。

　特に研究開発やその他の補完的なインフラへの支援という形で，慎重に対象を定めた公共投資は，信用収縮を伴う景気後退期の民間投資不足を補

うだけではなく，炭素依存を低減するのに必要な技術革新を誘導できる（Box11.1を参照）。しかし，研究開発補助金，また公共投資や他の誘導策の「技術推進政策」は，低炭素な技術革新への誘導に影響をおよぼす第一の市場の失敗に対処する。この失敗は，研究開発によって獲得した知識のすべてが民間投資家によって専有できないというものである。第二の市場の失敗は，化石燃料の燃焼やそのほか温室効果ガスを生む経済活動と関連する気候変動の外部性によって生じるものである。民間の研究開発を支援する公共投資・支出は，この第二の市場の失敗に対処することができない。そのかわりに，温室効果ガスの排出活動が気候変動の外部性を考慮して行われるよう，技術推進政策を炭素価格付けなどの「直接排出」政策で補う必要がある__[20]。Box11.1で論じるように，直接排出政策と技術推進政策のどちらも，民間部門で炭素依存の低減につながる技術革新を誘導するために必要である。温室効果ガスの排出削減を目指すアメリカでの研究によると，低炭素エネルギーへの研究開発補助金などの技術推進政策のみに依存する場合と比べて，この二つの政策を組み合わせることで目標達成のためのコストを大幅に引き下げることができる。

Box11.1

技術革新への誘導と
炭素依存低減のための公共政策

地球規模の気候変動に関するピューセンターのラリー・ゴルダーによる報告書では，炭素依存低減のため技術革新を誘導する公共投資・政策の役割を強調している。また，キャップ・アンド・トレード方式のような直接排出政策と，民間投資を促す研究開発補助金のような技術推進政策とを組み合わせることにより効率的に技術革新が誘導できる方法を強調している。次の表が示すように，他の直接排出政策や技術推進政策を組み合わせても，民間部門に最大の技術革新を誘導することができる。

炭素依存低減のための公共政策

直接排出政策	技術推進政策
炭素税	低炭素技術の研究開発補助金
炭素割当	公共部門による低炭素技術の研究・開発
キャップ・アンド・トレード方式	政府出資による技術競争（報奨金付き）
温室効果ガスの排出量削減補助金	特許ルールの強化

___出典
Goulder, Lawrence (2004), Induced Technological Change and Climate Policy, Arlington, VA, Pew Center on Global Climate Change, Box1.

　以上の政策または誘導された技術革新が炭素依存の低減に必要なコストにどれほど影響するのかについて，多くの研究や実証された証拠がある。ゴルダーの見解では，そのコストは，民間の研究開発促進と新しい低炭素技術・製品・工程の浸透による経験学習を通じて削減されることを見出した。つまり直接排出政策と技術推進政策の両方が，民間の研究開発と経験学習を促すことにより技術変革を誘導する。
　たとえば，炭素税やキャップ・アンド・トレード方式のような直接排出政策は，化石燃料価格だけでなく，電気のように化石燃料から生じるエネルギー価格も引き上げるであろう。これらの燃料を利用する企業は，化石燃料消費を抑制する代替的な生産工程の開発を目的にした研究開発へより多く投資することに価値を見出すかもしれない。なぜならば，そのような工程の発見は十分なコストの節約につながるためである。さまざまな補助金プログラムのような技術推進政策もまた，研究開発を刺激することにより技術革新をもたらす。ゴルダーは，そのような研究開発が多くのエネルギー関連分野でのコスト削減をもたらす証拠を見出した。たとえば，彼は全米研究評議会（NRC）によるエネルギー利用の効率化とクリーンエネルギーに関する39の研究開発プログラムの研究を引用し，全体として考

えると，これらのプログラムが年間100％以上の収益率を生むことを発見した。同様に，新しい製品・工程・技術の利用増加は経験学習を促進する。その結果，低炭素技術を採用することでさらなるコスト削減がもたらされる。比較的新しい技術について，2倍の経験の累積につき20％のコスト削減がもたらされる，というのが代表的な推定である。

　これらの見解に基づきゴルダーは，技術革新の誘導による関連コストの削減が不確かであったとしても，直接排出政策と技術推進政策を組み合わせることには強い理論的根拠があると主張している。その根拠は，民間部門が低炭素技術を採用する時に生じる二つの市場の失敗によるものである。第一に，研究開発への民間投資が最適にならない傾向がある。これは，民間投資家が研究開発による収益のすべてを専有できないためである。研究開発により生じた知識の中には，投資しなかった企業に伝わって利益を生むこともある。そのため，公的介入がないと，研究開発への投資は社会的な利益を最大にする水準に満たなくなる傾向がある。これが研究開発補助金を含む技術推進政策に対する理論的根拠を与えるのである。第二に，現在の経済は，社会的に望しい状態と比べて化石燃料に過度に依存している。なぜならば，燃料の市場価格は気候変動の外部性を反映していないからである。したがって，市場価格は私的費用と外部費用の合計である社会的費用を十分に下回っている。これは，効率性の点で化石燃料への過度な依存を促し，炭素税やキャップ・アンド・トレード方式のような直接排出政策に対する説得的な根拠を与える。この政策により，化石燃料価格は社会的費用を反映してより高くすることができる。以上より，直接排出政策と技術推進政策の二種類の政策が炭素依存の低減のため技術革新の誘導に必要であると，ゴルダーは結論付けた。アメリカの温室効果ガス排出削減に関する研究から，二種類の政策を組み合わせることにより，低炭素エネルギーへの研究開発補助金などの技術推進政策と比べて，目標を達成するためのコストは十分に低下することを示した。

____出典

Goulder, Lawrence (2004), Induced Technological Change and Climate Policy, Arlington, VA, Pew Center on Global Climate Change.

　景気後退期に，経済全体で温室効果ガスや他の汚染物質の排出を抑制する政策のような環境政策を厳しくすると，グリーン技術への民間投資は促されるのではなく，むしろ阻害されてしまうのではないか，という懸念が示されることがある。たとえば，今回の景気後退期に，炭素排出と他の汚染物質を減らすような新しい技術に投資したいと考える企業があるかもしれないが，借入能力が低下しているために資金調達ができない可能性もある。こうした信用制約がある場合，環境政策を緩和して企業の内部留保を増やし，グリーン投資を行えるようにすることが望ましいと考えられるかもしれない。しかし，Box11.2で論じるように，この議論は景気後退が緩やかな場合にのみ当てはまる。企業への信用制約が存在し，かつ景気後退が深刻な場合には，環境政策をさらに厳しくすることが理論的に正当化される。また経済全体での需要が落ち込んだ結果，景気後退が深刻になった場合には，環境政策を緩めると企業はほとんど利益を得られず，社会全体でも汚染による被害を受けつづけてしまう。さらに，景気後退期に，投資の機会費用を抑えながら環境政策を厳しくしていけば，グリーン技術がさらに多く採用されるはずである。その結果，技術革新が誘導され，景気後退から回復した後も温室効果ガスや汚染物質の削減コストを低く抑えられるはずである。こうして，景気回復期も環境政策をさらに厳しくすることが可能となる。

Box11.2

景気後退期の環境政策とグリーン投資

　景気後退が汚染集約的な製品への需要を減少させるため，景気後退によって環境政策に関するコストが低下するというのは一般的な前提であ

る。したがって，経済全体での需要（すなわち総需要）の減少による景気後退の場合には，環境政策を厳しくすることが望ましい。グリーン技術が汚染削減の費用を低下させるため，環境政策が厳しくなると企業によるグリーン投資が増加するであろう。

たとえば，最初の図は環境政策が厳しくなる（つまり，汚染水準が減少する）と，増加していく限界汚染削減費用（MAC）と減少していく限界環境被害（MD）を比べたものである。また，費用と便益は経済全体の大きさで測られている。すると，限界汚染削減費用と限界環境被害が等しくなる（つまりMAC＝MD）時に経済効率性の観点から環境政策は最適な状態となる。

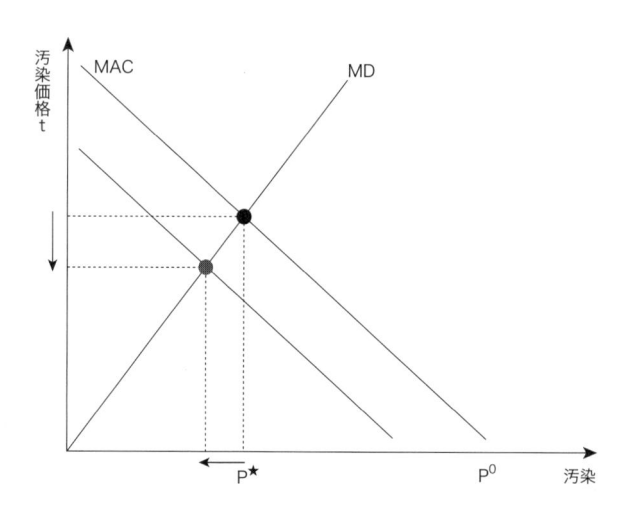

景気後退と最適な環境政策（非蓄積型汚染の場合）

総需要の減少により，企業は当初の汚染価格の下で，今までより生産を減らし，また汚染も減らす。そして，ある汚染水準から汚染を増やしたときの利益の増加は，総需要の減少の影響により，景気後退がない時より小さくなる。このことは，この図で限界汚染削減費用が下方に移動することを意味している。つまり，総需要の減少は汚染集約的な製品があまり生産的ではなくなり，汚染削減コストが低下するのである。したがって，景気後退期への反応としては，汚染の減少と汚染価格の低下が生じる。以上よ

り，このような景気後退期には，汚染削減コストの低下という利点を企業に与えるため，環境政策は厳しくすべきであるといえる。

　しかしながら，特に汚染物質が環境中に蓄積し，その後しばらくしてから被害が生じる場合には，環境政策の実施時期が問題となるかもしれない。たとえば，温室効果ガスはそのような蓄積型汚染の典型例である。もし環境政策による費用，つまり企業の汚染削減が実施時期に生じる一方で，環境政策による便益，つまり環境被害が実施後しばらくしてから生じる場合には，この時差と汚染の累積的な性質により，景気後退は費用と便益に非対称な影響を与える。その時には，限界汚染削減費用が今日の汚染により生じる限界環境被害の正味現在価値に等しいならば，環境政策は最適な状態となる。もし景気後退が一時的なものであれば，最初の図で説明したように限界汚染削減費用は低下するが，蓄積型汚染による限界環境被害の正味現在価値はほとんど変化しない。二番目の図が示すように，限界環境被害は現在の汚染水準とは無関係となるため，限界環境被害は水平に近づいていく。したがって蓄積型汚染の場合には，環境政策を厳しくすることがますます説得的となる。

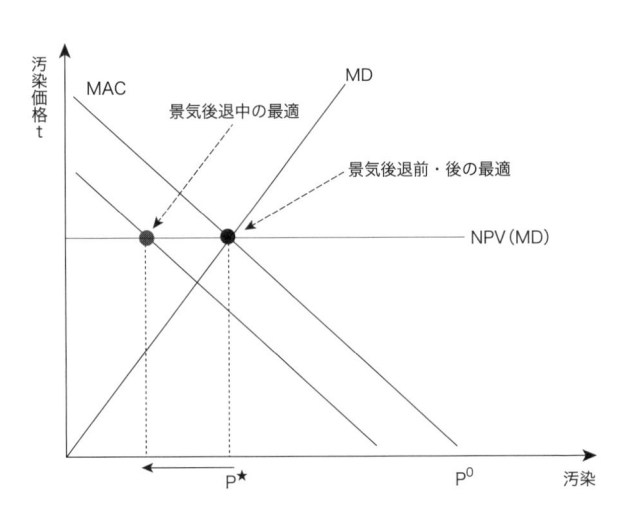

一時的な景気後退と最適な環境政策（蓄積型汚染の場合）

しかしながら，2008年あるいは2009年の景気後退は総需要の減少により生じたのではなく，金融危機や信用収縮によるものであった。金融市場での取引費用は今や大きくなり，また投資の実質収益率は景気後退以前より低くなってしまった。民間投資の実質収益の低下は二つの効果をもつ。第一に，平均的な資産構成による収益の低下が招く総投資の減少である。第二に，投資が未公開株や株式市場のような金融仲介機能に多いに依存するプロジェクトから，それに依存しないプロジェクトへ振りかえられてしまうことである。最初の効果は，総需要を減少させ，前述したように経済に影響を与えることになる。しかし，第二の効果は，グリーン技術への投資に対して有利に働くことになる。景気後退による総需要の低下が一時的であるのに対して，このような投資の振りかえは一時的ではない。

　三番目の図が示すように，投資の振りかえは限界環境被害に影響をおよぼす。投資による収益率の低下は割引率の低下を意味するため，限界環境被害の正味現在価値はより高くなる。つまり，限界環境被害が上方へ移動することにより，最適な環境政策はより厳しいものとなる。これは構造変化であり，景気回復後も持続することに注意が必要である。景気後退期に

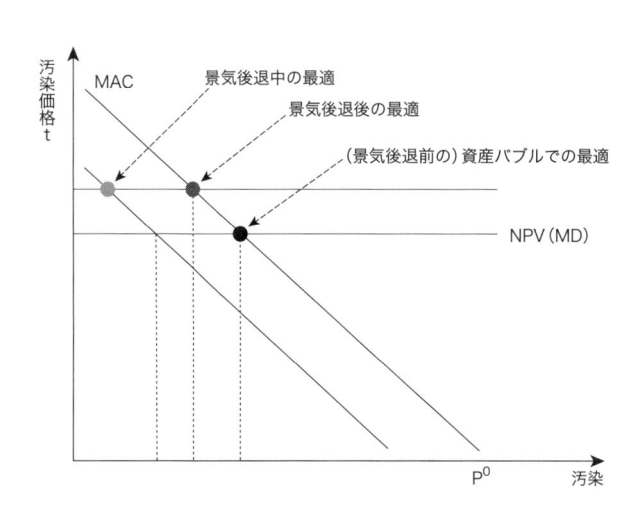

構造変化を伴う景気後退と最適な環境政策

は，投資による実質収益の低下が起こり，環境政策の機会費用，つまり限界汚染削減費用は低下する。景気回復期には，総需要は正常に戻り，また限界汚染削減費用も元の位置に戻っていく。しかしながら，金融市場が正常に戻らない限り，投資の実質収益率は低いままであり，そのため限界環境被害は高い位置にとどまってしまう。このことは，景気後退により厳しくなった環境政策が，その回復後も永続してしまうことを理論的に正当化しているのである。

今まで，われわれは汚染税・基準といった観点から環境政策を議論してきた。しかしながら，本書で議論されるGGNDに向けた取り組みは通常，省エネルギーなどのグリーン技術への投資やより安価な汚染削減を促す他の投資という観点から形づくられている。Box11.1で見てきたように，環境政策の変化はグリーン技術の革新や投資を誘導するであろう。そこで，この誘導されるグリーン投資の反応を考慮するように分析を拡張する必要がある。投資の機会費用の低下に加えて，環境政策が厳しくなるとグリーン投資が促進される。このことは再び，構造的または永続的な効果をもたらす。前述したように景気回復期には，限界汚染削減費用は元に戻っていく。しかし，反対方向への移動も考えられる。というのは，グリーン技術への投資が増えることにより限界汚染削減費用は低下することになるからである。したがって景気回復後でさえ，環境政策はますます厳しくなる可能性もありうるのである。

最後に，信用制約を伴う景気後退において，金融市場の問題とグリーン技術への投資需要との間には相互作用が存在するかもしれない。企業は，前述したようにグリーン技術への投資を行いたいと思っていたとしても，金融危機により借入能力が低下しているため，資本市場で資金調達することは不可能である。そのため信用制約がある場合には，グリーン投資を促すために環境政策を緩めるほうが望ましいかもしれない。信用市場が落ち込むため，投資には現金を必要とする。そのとき，GGNDの議論は次のような逆の見方をされる。すなわち，景気後退がもたらす金融市場への影響を避けるために，環境政策を緩めることで企業に対応を考える機会を与え

る必要がある。

　それでもなお，このような反論は，信用への制限がなされかつ景気後退が比較的穏やかな場合に限り当てはまるのである。対照的に，総需要の大幅な落ち込みにより景気後退が厳しい場合には，環境政策を緩めることで企業が得られる利益はほとんどない。一方で，社会は依然として汚染からの被害を受けている。この理由は，前述した議論と同様である。したがって，信用制約と厳しい景気後退の下では，環境政策を厳しくすることが再び適切な対応となるのである。

　要約すると，総需要の減少がもたらした景気後退の間は環境政策を厳しくし，グリーン技術への投資を拡大させることが最適である。しかし，もし信用制限が存在するならば，景気後退が緩やかな場合にのみ，環境政策をあまり厳しくする必要はないかもしれない。一方で景気後退が深刻な場合には，環境政策を厳しくすることが依然として望ましいのである。

　最後に，あらゆる景気対策と同様に，景気後退期の公共投資・支出は，経済全般に波及する影響（つまり乗数効果）をもつであろう[21]。Box11.3で論じるように，国際通貨基金（IMF）によれば，信用制約がある現在の世界的な経済危機では，総需要の減少は全世界的な現象であり，特定の国や地域に限定されていないため，輸出主導型の回復戦略は適切とはいえない。中央銀行の貸出金利は，主要国ですでにゼロかそれに近い値にまで引き下げられているので，金融緩和政策の効果は限られている。この状況下でIMFは，世界的に大規模，永続的，かつ協調的な財政対応を求めた[22]。IMFの試算によれば，公共投資1ドルにつきGDPは約3ドル増加し，また特定対象への移転支出1ドルにつきGDPは約1ドル増加する。さらに，各国が世界的に協調し，かつ同時に財政出動が行われれば，この効果は約1.5倍に高まるであろう[23]。

Box11.3

現在の景気後退における
グリーン投資の乗数効果

　GGNDでは，G20経済が今後数年にわたり，補助金や他の誤った奨励策の撤廃，そして補完的な炭素価格付け政策の採用も含め，炭素依存の低減に対して少なくともGDPの1%を支出すべきであると主張する。さらに，G20経済はこのグリーン投資の実施時期や実行について協調するべきである。そのために必要な支出総額は，G20による現在までの約3兆ドルの景気対策の約25%に相当する。

　国際通貨基金（IMF）は，G20経済は世界人口の約80%，また世界GDPの約90%を占めているため，このように協調して行われたグリーン投資がG20経済全体におよぼす乗数効果を調べることは重要であると示唆している。

　現在の景気後退での世界的な総需要の落ち込みは，実質・金融資産の大幅な減少と世界的な信用の長引く収縮により引き起こされた。そのため，伝統的なマクロ経済政策は総需要の回復にあまり有効ではない。第一に，総需要の減少は世界的なものであり，特定の国・地域に限定されないため，輸出主導型の回復戦略は適切ではない。第二に，中央銀行の貸出金利は，ほとんどの主要な経済ではすでにゼロかそれに近い水準であるため，金融緩和による金利低下の効果は限定される。このような状況で，IMFは総需要を刺激するために，世界的に大規模，永続的，かつ協調的な財政対応を求めている。

　IMFによる推定では，世界的な財政出動が行われ，そして不調な金融部門への政府支援や金融拡大を伴うような理想的なシナリオでは，公共投資1ドルにつきGDPは約3ドル増加し，また特定対象への移転支出1ドルにつきGDPは約1ドル増加する。さらに，各国が世界的に協調し，かつ同時に財政出動が行われれば，この効果は約1.5倍に高まるであろう

第II部で概観したように，GGNDの一環として，特にG20経済の炭素依存低減のため，公共投資と対象を特定した移転支出の組み合せを必要とするさまざまなグリーン投資が提案された。次の表では，G20によるグリーン投資がGDPに与える影響を測定するために，IMFが推定した財政支出乗数を利用している。これらの乗数効果は，Box1.1で示されたG20の現在のグリーン投資と，GGNDで推奨されるGDPの1％のグリーン投資の両方について見積られた。さらに，これらのグリーン投資を単独で実施した場合と協調的に実施した場合の双方についての乗数効果も試算している。

G20によるグリーン投資の乗数効果

		独自の場合				協調的な場合			
乗数効果		1		3		1.5		4.5	
	金額(10億ドル)	金額(10億ドル)	GDPに対する割合	金額(10億ドル)	GDPに対する割合	金額(10億ドル)	GDPに対する割合	金額(10億ドル)	GDPに対する割合
現在のグリーン投資	454.7	454.7	0.7	1364.1	2.2	682.1	1.1	2046.2	3.2
GGNDによるグリーン投資	631.5	631.5	1	1894.4	3	947.2	1.5	2841.6	4.5

　　注
a　乗数効果の測定は，Freedman, Charles, Michael Kumhof, Douglas Laxton and Jaewoo Lee（2009），The Case for Global Fiscal Stimulus, Staff Position Note no. SPN/09/03による。
b　G20に関する現在のグリーン投資については，Box1.1で測定した。
c　GGNDによるグリーン投資については，Box1.1でのG20のGDPの1％として測定した。

　この表は，G20政府による現在のグリーン投資が4500億〜1.4兆ドルの乗数効果を生むことを示し，それはG20のGDPを0.7〜2.2％増加させる。また協調的な場合には，6820億〜2兆ドルの乗数効果が生まれ，それはG20のGDPを1.1〜3.2％増加させる。
　もしG20のあらゆる国が炭素依存低減のための取り組みに，少なくと

もGDPの1%を今後数年にわたり支出するというGGNDの提案を採用すれば，乗数効果は約6300億〜1.9兆ドルになり，GDPを1.0〜3.0%増加させる。また協調的な場合には，9500億〜2.8兆ドルの乗数効果をもち，G20のGDPを1.5〜4.5%増加させるであろう。

___ 出典

Freedman, Charles, Michael Kumhof, Douglas Laxton and Jaewoo Lee (2009), The Case for Global Fiscal Stimulus, Staff Position Note no. SPN/09/03, Washington, DC, IMF.

Spilimbergo, Antonio, Steve Symansky, Olivier Blanchard and Carlo Cottarelli (2008), Fiscal Policy for the Crisis, Staff Position Note no. SPN/08/01, Washington, DC, IMF.

　第II部で概説したように，GGNDの一環としてさまざまなグリーン投資が進められているが，特にG20の炭素依存低減に向けた投資は，公共投資と特定対象への移転支出を組み合わせたものである。Box11.3では，G20によるグリーン投資がGDPに与える影響を算出するため，IMFによる財政支出乗数を適用した。ここではBox1.1の表で示したG20による景気対策における現在のグリーン投資と，グリーン投資へのGDPの1%を支出することを推奨するGGNDのグリーン投資に対する二つの乗数効果を推定した。さらに，これらのグリーン投資を単独で実施した場合と協調的に実施した場合の双方についての乗数効果も試算した。これは，G20による現在のグリーン投資は大部分が単独で実施されており，約4500億〜1兆4000億ドル近くの乗数効果が見込まれている。これは，G20のGDP全体で，0.7〜2.2%の増加となるだろう。これに対して，炭素依存の低減に向けてGDPの少なくとも1%を投入すべきだとするGGNDの提案をG20が採用し，投資の実施時期と実行の調整をするならば，グリーン投資による乗数効果は，およそ9500億〜2兆8000億ドルに達するだろう。これを経済全体に与える利益に換算すると，G20のGDP全体で1.5〜4.5%の増加となる。

　もちろん，IMFによる財政支出乗数の推定値は理想的なシナリオを想定

している。このシナリオでは，財政出動が世界規模で実施され，苦境にある金融部門に対する政府支援と金融緩和が伴っているものと想定している[24]。さらに上述したように，グリーン投資に対する実際の支出と実施がかなり遅れる場合，雇用への効果と経済成長の実現までにも長い時間を要する。したがって，グリーン投資がもたらすと思われる乗数効果も先送りされるだろう。

　要約すると，GGNDが提唱しているグリーン投資は，従来型の公共投資と比較しても，雇用の創出やその他の経済的な利益をもたらす可能性をもっていると思われる。しかし，グリーン投資の実施が遅れると，景気回復期における雇用や他の経済上の利益の獲得を引きのばしてしまう。また，景気の後退期と回復期における公共支出やその他の政策の実施は，グリーンな分野での技術革新や民間投資を支えるのに役立つであろう。そして，それは，不景気がもたらす環境関連の研究開発の縮小や長期的な資金不足の双方に対処するためにも必要である。しかし，グリーン技術の民間部門による研究開発や経験学習効果を通じて，技術革新の誘導から十分な利益を確保するには，研究開発補助金や公共投資，その他の対策といった「技術推進政策」は，気候変動の外部性を考慮しつつ温室効果ガス排出を伴う活動を促す炭素価格付けのような「直接排出」政策によって補う必要がある。

　景気後退期には，民間投資家がリスクと費用を負担するために，投資の回収期間が長引く，送配電容量や蓄電容量の改善といった，大規模なプロジェクトへの投資がいっそう阻害される可能性がある。このようなプロジェクトには十分な公的支援が必要である。信用が制約された深刻な景気後退期には，投資の機会費用を下げながら環境政策を厳しくすれば，グリーン技術の導入を推進できる。その結果として生じる技術革新の誘導は，景気回復後も，汚染削減費用を低下させるであろう。最後に，GGNDの一環として提案された，多様なグリーン投資，特にG20における炭素依存低減のための対策は，公共投資と特定対象への移転支出を組み合わせる必要があり，これは経済全般にいきわたる効果をもち，そして景気回復を

支えるであろう。

負債，世界的な不均衡とグリーンな景気回復

　Box11.4で要約するように，世界の景気対策に関する国際通貨基金（IMF）による研究では，短期的な景気対策による乗数効果は，不安定で多額の財政赤字，そして長期実質利子率やインフレを招く場合には，その意図とは逆の結果になると警告している。また，この対策により生じる財政規律の欠如が経済に与える長期的な影響に対する懸念は，適切で信頼できる中・長期的な財政構造を通して対処されるべきである。たとえば，それは公債（対GDP比）を抑制する取り組みや財政赤字（対GDP比）の長期目標を設定する財政ルールの導入などである。IMFは，G20の中でも先進経済による財政規律の維持には楽観的であるが，新興市場・低所得経済による短期的な景気対策の実施には限界があると考えている。

Box11.4

財政規律，負債，そして長期的な民間投資の抑制

　世界の景気対策に関する国際通貨基金（IMF）による研究では，短期的な景気対策による乗数効果は，不安定で多額の財政赤字，そして長期実質利子率やインフレを招く場合には，その意図とは逆の結果になると警告している。また，「景気対策を成功させるためには，中期的に持続可能な財政政策の邪魔をしないことが重要である。しかし，重大なリスクとして，現時点で予想される巨額の財政赤字を低減させていくことは難しく，それどころか世界的な貯蓄の減少を長引かせる。その結果，実質利子率の上昇が引き起こされて，投資や生産力の低下を招くであろう」と述べている[25]。

　この研究では最初に，財政赤字や公債と実質利子率との関係についての証拠を概観している。そこでは，

　　GDPの1％に等しい公債の持続的な増加は，長期実質利子率を0.01～

0.06％上昇させる。

　GDPの1％に等しい財政赤字の持続的な増加は，長期実質利子率を0.1〜0.6％上昇させる。

　先進経済では公債や財政赤字の増加はインフレ率の上昇と関係ないが，新興市場経済ではインフレ率の上昇を引き起こす。さらに，財政赤字が利子率におよぼす影響は，金融深化の低い経済の方が大きくなるが，これはおそらく高い期待収益率や限られた流動性ベースを反映している。

　IMFによる景気対策シミュレーションから，以上の研究の見解と意見が一致するだけではなく，信頼できる財政規律がこの景気対策の短期的な効果にとって重要であり，そうでなければ最も極端な場合にはこの対策がその意図に反する結果となり，長期的に民間投資を抑制してしまうと結論付けた。たとえば，あらゆる国で公債（対GDP比）が10％増えた時，世界的な長期実質利子率は0.39％上昇し，永続的に世界GDPは1.3％収縮する。

　IMFは次のように結論付けた。世界的な景気対策により生じる財政規律の欠如が経済に与える長期的な影響に対する懸念は，適切で信頼できる中・長期的な財政構造を通して対処されるべきである。たとえば，それは公債（対GDP比）を抑制する取り組みや財政赤字（対GDP比）の長期目標を設定する財政ルールの導入などである。IMFは，G20の中でも先進経済による財政規律の維持には楽観的であるが，G20の新興市場・低所得経済による短期的な景気対策の実施には限界があると考えている。

　――出典
Freedman, Charles, Michael Kumhof, Douglas Laxton and Jaewoo Lee (2009), The Case for Global Fiscal Stimulus, Staff Position Note no. SPN/09/03, Washington, DC, IMF.

　それにもかかわらず，G20経済の財政収支は，今回の経済危機により短期的にも厳しい影響を受けるというIMFの予測からすると，財政規律の欠如が経済に与える影響への不安は当然である[26]。G20の先進経済の場合，財政収支（対GDP比）は2007年に比べて2009年には平均6％悪化する

と予測され，そのため2009年には，GDPの8％に達成するとされている。その結果，公債（対GDP比）は2008年から2009年にかけて14.5％増加することが見込まれ，これは過去数十年で最も著しい変動となる。G20の新興市場経済の場合，財政収支（対GDP比）は先進経済よりも悪化しないが，それにもかかわらず，2007年の0.2％という適度な財政黒字から，2009年には3.2％の財政赤字への逆転が予想されている。そのため，公債（対GDP比）は，2008年から2009年にかけて約2％増加することが予測された。中期的には，財政収支の改善が予想されるが，後で紹介する緊縮的な財政政策がなければ，先進経済の財政収支は2007年よりも弱くなるであろう。結果として，先進経済では，2014年の公債（対GDP比）は，2007年に比べて25％の増加が予測されている。新興市場経済では，2010年の公債（対GDP比）は，2007年とほぼ同じであり，2011年まで減少していかないであろう。

　G20の先進経済における，公債（対GDP比）の増加に関する短・中期の予想は，特に不安を抱かせる。Box.11.4でのIMFによる議論では，あらゆる国で公債（対GDP比）が10％増えた時，世界的な長期実質利子率は0.39％上昇し，永続的に世界全体のGDPは1.3％収縮する。また，このことは，G20経済が長期的な財政政策を拡大するよりも，財政赤字と負債を抑制するために中期的な財政構造を構築することが必要であることを示している。

　そのような，財政規律の必要性についての警告は，GGNDが提案するグリーン投資への取り組みに関連している。たとえば，Box.11.3で説明したように，G20が少なくともGDPの1％を炭素依存低減のために支出するというGGNDの提案は，現在のグリーン投資を4550億ドルから6320億ドルへと約40％高めるだろう。

　一方では，このような支出の増加が中期的には財政赤字や公債の増加をもたらす見込みがないとするいくつかの理由がある。

　第一に，G20による約1770億ドル規模のグリーン投資の追加は相当な金額に思えるが，G20がすでに行っている約2兆7000億ドルの景気対策に比べると少ない金額（6.6％）である（Box1.1参照）。それゆえに，GGNDが推奨するGDPの1％の追加的な債務負担はあまり大きなものではないよう

に思われる。

　さらに，G20経済の中には，追加的な財政支出の余地がある国も存在する。たとえば，アルゼンチン，オーストラリア，ブラジル，カナダ，インドネシア，ロシア，サウジアラビア，南アフリカでの公債（対GDP比）は，2007年から2010年にかけて低下することが予想されている。また，2010年から2014年にかけて公債（対GDP比）の低下が，これらの経済と中国，インド，メキシコ，韓国，トルコなどの国でも続くだろう[27]。Box1.1で示されたように，G20経済の多くは，大規模なグリーン投資を実施しなければならない。

　さらに，第II部で議論したように，GGNDはグリーン投資の追加だけに頼っているわけではない。エネルギー・交通などの市場での誤った補助金や他のゆがみの排除を含む，炭素依存低減のための補完的な価格付け政策や規制改革を実行することもG20諸国へ提案された。これを迅速に達成する一つの方法は，化石燃料補助金の撤廃に取り組むことである。第2章で示したように，世界全体で年間約3000億ドル，または世界GDPの0.7％が化石燃料補助金に支出されている。この補助金の3分の2以上がG20経済で行われているが，段階的な廃止を調整している[28]。このような補助金の取り止めは，世界の温室効果ガス排出を6％削減させることができ，世界GDPを0.1％増加することができる。また補助金廃止による政府貯蓄は，クリーンエネルギーや再生可能エネルギーの研究開発，省エネルギー，さらには景気促進や雇用機会を高めるための公共投資へ振り分けることができるだろう。G20経済が化石燃料補助金の廃止から得る年間2000億ドルの貯蓄は，実際は，GGNDがこれらの経済に提案したグリーン投資における1770億ドルの追加と相殺することができる。

　GGNDは，炭素依存を低減するために，税またはキャップ・アンド・トレード方式の形で，G20経済が補完的な炭素価格付けを採用することを求めている。前章では，こういった「直接排出」政策がクリーンエネルギー分野への民間投資に拍車をかけ，また技術革新を誘導するために重要である点を強調してきた。さらに，キャップ・アンド・トレードと炭素税はど

ちらも,かなりの歳入を生み,それが再び短期的なグリーン投資へ使われるだろう。たとえば第2章で示したように,アメリカにとって,温室効果ガス排出のキャップ・アンド・トレード方式の実施は,許可証販売から年750億ドルの歳入を生み出し,結果的に低炭素投資プログラムを賄うことになるだろう。同様に,中国は炭素やその他の排出税を含む革新的な経済対策から得た歳入によって低炭素経済への移行を加速するだけでなく,またグリーンな分野への公共投資に支出することができるだろう。

世界的な不均衡(グローバル・インバランス)の問題は,近年の金融危機や景気後退の背後にある重要な要因である。このような不均衡の持続は,将来的な世界経済の安定への不安やリスクを高めつづける__29。それゆえに主な課題は,GGNDにより提案された取り組みが現在進行中の世界的な不均衡という構造的な問題を悪化させるのか,それとも改善させるのかということである__30。

現在の景気後退の原因は,一般的には住宅ローンや金融市場の規制の失敗であると広く考えられているが,主な要因は世界経済の構造的な不均衡であった。アメリカがある時期,世界最大の貿易赤字国であり,中国,日本そして特にアジアの他の新興市場経済といくつかの石油輸出国が貿易黒字を生み出していた。同様の構造的な不均衡はEUなどの主な地域経済でも生じており,多額の貿易黒字がアイルランド,ギリシャ,ポルトガル,スペイン,イギリスの赤字によって相殺された。このような世界的な不均衡の結果,長年の貿易赤字経済が,投資対象として安全な資産を求めている貿易黒字経済から,多額の継続的な資金の流入を受けていた。

危機の直前でさえ,このような世界経済の構造的な不均衡の持続可能性について一般的な懸念があった__31。何人かの経済学者は,このような不均衡は,「新しい経済」の一部であると楽観的であったが,アメリカや多額の資本流入がある国では経常赤字を埋めるために海外貯蓄が無期限に続くだろう__32。それは引きつづいて起きたことであるが,世界的な不均衡の問題は,アメリカでの不動産「バブル」や金融部門で証券化された債務への危険な投機に拍車をかけた。その結果,2008年あるいは2009年の世界

的な危機をもたらした。そして，海外の経済がアメリカのドル準備へ投資しつづけることで，短期的に安全で流動的な資産への需要が過剰になり，本来のリスクがあいまいにされたアメリカの住宅ローンやその他の高リスクをもつ資産への投機をもたらした[33]。構造的な不均衡の規模，それゆえに，アメリカへの資本流入の大きさのため，国内不動産市場における結果的な「バブル崩壊」は，大規模な世界的金融収縮を引き起こした[34]。

　つまり，もし現在の世界的な不況からの景気回復が世界的な不均衡の問題に取り組んでいない場合，将来的な世界経済の不安定にさらされ続けるであろうというが主な懸念である。世界的な不均衡を解決するための十分な議論は本書の範囲を越えているが，GGNDがこのような不均衡の緩和に役立つかどうかという疑問は妥当である。

　IMFは，2009年から2014年にかけて世界GDPの4％に等しい経常収支の不均衡が残るが，世界的な不均衡は中期的に安定することを予測している[35]。しかしながら，現在の経済危機の中で，不安を抱かせる傾向の一つが，新興市場やその他の発展途上経済による外貨準備の累積である。たとえば，中国の準備金は，2003年の3000億ドルから近年の2兆ドルへと増加している。ブラジル，インド，ロシア，韓国はそれぞれ，2000億ドル以上の準備金をもっている。1999年から2007年には，8カ国の経済（チリ，中国，香港，イスラエル，マレーシア，フィリピン，シンガポール，台湾）は，GDPの2％以上に等しい経常黒字であった[36]。2007年から2008年には，世界的な化石燃料価格の上昇とともに，石油輸出国は多額の貿易黒字を蓄え，危機後にはさらに拡大すると予想されている[37]。それゆえに，世界的な貯蓄過剰は近年の危機の結果としては減ってきている。

　景気後退の結果として，アメリカの経常赤字は2006年のピーク時，GDPの6％から2009年における約3.5％まで減少している。また，イギリスや他のヨーロッパの国でも経常赤字は縮小している[38]。しかしながら，将来的には，特にもし景気回復の結果として化石燃料価格が上昇した場合，アメリカやその他の債務国は，長年の経常赤字を埋めるために，いまだにかなりの外国資本の流入が必要であるということである。将来的に世界的

な不均衡がもたらす危機を回避するために，アメリカは6％という非常に高い水準ではなく，不況前の2006年の水準に達するような，近年のGDPの3～4％という範囲の経常赤字を維持することが必要であると示唆されている[39]。

　それゆえに，炭素依存の低減とエネルギー安全保障の確保に向けたGGNDは，アメリカなどの主な石油輸入国によって引き起こされた多額の経常赤字を抑えることと，化石燃料輸出国の経常黒字を低減させることの両方に役立つだろう。たとえば，アメリカの経常赤字がピークの2006年の7880億ドルから2008年の6730億ドルへ減少し，そして，2009年にはさらに約4000億ドルまで減少し，2010年も同様の結果が予測されている[40]。しかしながら，不況そして原油・商品価格の下落にもかかわらず，同時期のアメリカによる最終的な化石燃料の輸入は，2006年の2940億ドルから2008年の4100億ドルへ上昇した[41]。世界経済が回復する時，短期的な需要圧力が化石燃料価格，特に石油価格を再上昇させることが一般的に予想されている[42]。結果として，アメリカの最終的な化石燃料輸入はさらに増加するとみられ，長年の経常赤字にさらなる圧力をかけるだろう。同様に，化石燃料輸出国にとっては，ピークの2008年の5870億ドルで経常収支が均衡していたが，2009年には，230億ドルの赤字を予想している。しかしながら，2010年までには化石燃料価格の上昇と需要増加が，経常収支を1070億ドル押し下げ，2014年には倍以上の2390億ドルになるだろう[43]。GGNDが提案した対策は，アメリカなどの経常赤字国への化石燃料の輸入が減少し，また世界的な物価の上昇を抑制することの両方に役立ち，石油輸出国の経常赤字や黒字を抑制することで，世界的な不均衡の緩和に役立つかもしれない。

　アジアとその他の新興市場経済における継続的な貿易黒字の低減に果たすGGNDの役割はより複雑である。これらの経済が貯蓄を国内で吸収するために必要な手続きは，経済成長の型を再調整することである点は一般的に意見が一致している[44]。ほとんどの政策処方箋では，過度の輸出依存や輸出促進投資を抑え，その代わり将来成長の見込みがある重要分野へ

の資本輸入を拡大させることを主張している。このような取り組みは，実際のところ，GGNDにおける重要な要件が促進する。

　アジア開発銀行の研究報告によれば，多くのアジア経済では過剰投資よりも過剰貯蓄が多いことを確認しているが，多くの地域経済における投資環境は民間部門からの最大限の投資収益を獲得することを誘導するものではなかった[45]。これら経済にとって，生産構造を労働集約的な生産から技能・資本・技術集約的な生産へと転換する余地は十分にある。さらに，この再調整を促進する金融・政策環境，また補完的な公共インフラはたいてい不十分なのである。

　アジアや他の新興市場経済の成長の形を再調整するという目標は，GGNDが提案するこれらの経済におけるクリーンエネルギーへの投資促進の必要性とも一致する。第4章で示されたように，すべてのアジア経済において，2020年までにクリーンエネルギー源からの供給を全体の20％にするという目標を達成するために，約1兆ドルの資本調達が必要とされており，また2020年まで毎年，約500億ドルが必要となる[45]。これらの経済における高い貯蓄率により，クリーンエネルギー投資の資金調達や国際的・地域資本市場からさらなる資金獲得のために，民間部門から十分な資本が利用可能であるが，それには安定した規制体制，良好な市場環境・動機付け，さらにより確実な長期的炭素価格を必要とする。もしこれらの条件がGGNDの下で満たされれば，アジア・新興市場経済におけるかなりの民間貯蓄が，投資の拡大と経済の成長のために利用されはじめるだろう。また，国内や海外での資金調達を通じてクリーンエネルギー投資を促進するのは，新興市場経済の生産構造を労働集約な形から技能・資本・技術集約的な形へと転換することにもむすびついている。

　しかしながら，第4章で示したように，「資金格差」に加え，クリーンエネルギーや低炭素技術を採用するには，多くの新興国市場経済でかなりの「技能・技術格差」が存在する。これらの経済では，技術の研究開発への支出が少なく，また低炭素技術を開発・適用するための必要な技能をもつ労働者が慢性的に不足している。また，技術・技能の格差は，新興市場経済

が，労働集約的な商品の輸出を増加しつづけるよりも低炭素な資本と技術を輸入する機会を与える。短期的には，これらの経済は他で開発された技術・技能の輸入・移転に依存しつづけるだろうが，中，長期的には，新しい技術・技能の移転が従来の技術能力や労働力を発展させ，低炭素技術の将来的な改革と長期的な採用を可能にするであろう。さらに，低炭素な資本や技術の輸入機会の拡大は，いかに新興市場経済が世界的な不均衡を緩和することに役立つかという一般的な政策処方箋とも両立する[47]。

　実際，新興市場経済や他の発展途上経済における，クリーンエネルギー投資の拡大と低炭素技術採用の拡大は，ダニ・ロドリックによって主張された「危機後の」成長戦略とも一致する[48]。彼によると，「発展途上国の成長にとって重要なことは，貿易黒字の規模ではなく，輸出量でもない……大事なことは，非伝統的な貿易財の生産であり，それは内需が拡大するかぎり，制限なしに増やすことができる[49]。」日本の1950～1973年，韓国の1973～1990年，中国の1990～2005年といった期間の「高成長」経済の特徴として，低い生産性（「伝統的な」）から高い生産性（「現代的な」）の活動への迅速な構造転換に取りかかることができたことであると論じている。この高い生産性をもつ活動は，貿易されるサービスも重要だが，貿易される産業製品の大部分を含んでいる。過去，高成長の新興市場経済は，通貨切り下げなどの政策で輸出を促進することによって貿易される産業製品の生産を拡大した。そのような政策は，輸出コストを抑える一方で，実質的には国内消費への課税となったため，多額の貿易黒字という結果をもたらしたのである。近年の経済危機後の成長を促すため，また一方では，多額の貿易黒字を生み出すことを避けるために，彼は，新興市場経済に，このような財やサービスを国内で消費することを許可する対象補助金などの産業政策をとおしてだが，貿易される商品の生産の成長を促進することを強く主張している。GGNDはこの考えとも一致する。新興市場や発展途上経済における新しい成長軸として，クリーンエネルギー，持続可能な交通とその他のグリーンな分野を対象としまた展開させる政策は，拡大する国内需要を満たすために貿易される財・サービスの生産を促進す

るはずである。次の章でさらに議論されるように，このような「グリーン成長」投資は，危機からの経済の回復だけではなく，長期的な経済発展のためにも重要である。

　また，GGNDは，発展途上経済が総合的で対象を絞ったセーフティネット・プログラムへ早急に投資することや，貧困層への教育・医療サービスを少なくとも維持することの必要性も主張している（第10章を参照）。そのような投資は，国内貯蓄を吸収し，貿易黒字を低減させるのにも役立つだろう。たとえば，マーティン・フェルドシュタインは，人々の消費を促進するだけでなく，政府の教育・医療の公共プログラムへの支出をとおして，国の高い貯蓄率を低減することが，中国とその他の新興市場経済の長年の貿易黒字を減らす鍵をにぎっていると主張している。そのようなサービスは，初等・中等教育を利用しやすくし公共医療サービスを向上させ，また増加する非農業労働者を吸収するための追加的な需要を生み出すだろう__50。同様に，エスワル・プラサドは，セーフティネット・プログラム，より良い医療，健康保険，そして他の政府の保険市場への支出の増加は，途上国の人々による貯蓄への予備的な動機を低減させるのに役立つと提案している__51。その結果は，経済全体の過剰貯蓄を低減させる一方で人々のさらなる高い消費を促進する効果をもつであろう。

　つまり，GGNDは，不安定で多額の財政赤字，長期の実質利子率の上昇とインフレ，そして世界的な不均衡を悪化させるよりも緩和させるのに役立つはずである。G20経済によるグリーン投資の追加は，中期において，財政赤字や負債を著しくは増加させないだろう。これは，G20経済が，誤った補助金の排除とその他のエネルギー・交通などの市場における歪みを含む炭素依存を低減するための補完的な価格政策や規制改革を採用する場合に成立するであろう。さまざまなGGNDでの取り組みもまた，世界的な不均衡を拡大させるよりも抑制するだろう。炭素依存の低減とエネルギー安全保障の確保を行うことで，多額の経常赤字国であるアメリカなどの石油輸入経済と，外資準備が累積している化石燃料輸出経済の貿易の構造的な不均衡を正すことを支えるべきである。アジアやその他の新興経済

におけるクリーンエネルギー投資の促進は，国内の民間投資を促進し，低炭素技術・資本の輸入を増加させ，貿易される生産を拡大すべきである。そのような対策は，発展途上経済における多額の貿易黒字を避ける一方で，成長を促進するだろう。貧困層を対象にしたセーフティネット・プログラムと教育・健康サービスへの投資によって，発展途上経済は，国内貯蓄をさらに活用でき，人々の消費をさらに拡大することもできるだろう。

____ 注

1 ___ Pollin 他（2008）（第Ⅱ部序論注6参照）
2 ___ Renner, Sweeney and Kubit（2008）（第2章注13参照）
3 ___ Reener, Sweeney and Kubit（2008）（第2章注13参照）
4 ___ 雇用や温室効果ガス排出量に対する影響については，送電政策の影響を除外している。詳細については，Houser, Trevor, Shashank Mohan and Robert Heilmayr (2009), A Green Global Recovery? Assessing US Economic Stimulus and the Prospects for International Coordination. Policy Brief no. PB09-3. Washington, DC, PIIE and WRI参照。
5 ___ Pew Charitable Trusts (2009), The Clean Energy Economy: Repowering Jobs, Businesses and Investments across America. Washington, DC, Pew Charitable Trusts.
6 ___ Pew Charitable Trusts (2009), 17（注5参照）
7 ___ Pew Charitable Trusts (2009), 3（注5参照）
8 ___ Robins, Clover and Singh（2009）（第5章注6参照）
9 ___ REN21（2008）（第2章注24参照），Carmody and Ritchie（2007）（第2章注13参照）
10 ___ Fritz-Morgenthal, Sebastian, Chris Greenwood, Carola Menzel, Marija Mironjuk and Virginia Sonntag-O'Brien (2009), The Global Financial Crisis and Its Impact on Renewable Energy Finance. Nairobi, UNEP; OECD (2009), Green Growth: Overcoming the Crisis and Beyond. Paris, OECD; OECD (2009), Policy Responses to the Economic Crisis: Investing in Innovation for Long-term Growth. Paris, OECD; REN21. (2009), Renewables Global Status Report: 2009 Update. Paris, REN21 Secretariat; UNEP (2009), Global Trends in Sustainable Energy Investment (2009), Nairobi, UNEP.
11 ___ OECD (2009)（Policy Responses), 6（注10参照）
12 ___ Fritz-Morgenthal et al. (2009)（注10参照）
13 ___ Carmody and Ritchie (2007)（第2章 注13参照）; Fritz-Morgenthal et al. (2009)（注10を参照）; Pew Charitable Trusts (2009)（注5参照）; REN21 2008（第2章注24を参照）; REN21 (2009)（注10参照）
14 ___ OECD (2009)（Policy Responses), 7（注10参照）
15 ___ Fritz-Morgenthal et al. (2009), 9-10（注10参照）
16 ___ OECD (2009)（Policy Responses), 15; OECD (2009)（Green Growth), 9

(いずれも注10参照)

17 ___ Heal, Geoffrey (2009), The Economics of Renewable Energy. Working Paper no. 15081, Cambridge, MA, NBER; Komor, Paul (2009), Wind and Solar Electricity: Challenges and Opportunities. Arlington, VA, Pew Center on Global Climate Change; Toman, Michael, James Griffin and Robert J. Lempert (2008), Impacts on US Energy Expenditures and Greenhouse-Gas Emission of Increasing Renewable-Energy Use. Santa Monica, CA, RAND Corporation.

18 ___ 平均コストとは，発電所が最大容量で操業したと仮定して，その価格で電力を販売した場合に発電所の耐用期間全体での売上が損益分岐点に等しくなるような固定価格のことである。発電所の利用率は，常に最大定格容量で操業したと仮定した場合の発電量に対する実際の出力の割合として計算される。発電に利用する再生可能エネルギーへの民間投資に対するインセンティブの意義に関するさらなる議論については，Heal (2009) (注17参照)

19 ___ Komor (2009) (注17参照)

20 ___ たとえばHeal (2009), 8 (注17参照) は，既存研究の包括的な検討に基き，発電の際の気候変動に関する外部費用を計算している。この計算によると，太陽光や風といった再生可能エネルギー源を用いて発電する際の気候変動に関する外部費用は，化石燃料を使用する場合と比べて1キロワット時当たり0.05ドル低い。

21 ___ IMFが定義しているように，「財政支出乗数」あるいは財政出動による「乗数効果」という用語は「財政手段の変化が実質GDPにおよぼす影響を示しており，通常は，財政手段の規模の変化もしくは財政収支の変化に対するGDPの変化の割合として定義されている」。Freedman, Charles, Michael Kumhof, Douglas Laxton and Jaewoo Lee (2009), The Case for Global Fiscal Stimulus. Staff Position Note no. SPN/09/03. Washington, DC, IMF, 5参照。

22 ___ Spilimbergo, Antonio, Steve Symansky, Olivier Blanchard and Carlo Cottarelli (2008), Fiscal Policy for the Crisis. Staff Position Note no. SPN/08/01. Washington, DC, IMF.

23 ___ Freedman et al. (2009) (注21参照)

24 ___ Freedman et al. (2009) (注21参照)

25 ___ Freedman et al. (2009), 10 (注21参照)

26 ___ IMF (2009) The State of Public Finances: Outlook and Medium-term Policies after the (2008) Crisis. Washington, DC, IMF.

27 ___ IMF (2009), tab.6 (注26参照)

28 ___ UNEP (2008) (第2章注21参照)

29 ___ たとえば，Caballero, Ricardo J., and Arvind Krishnamurthy (2009), "Global imbalances and financial fragility." American Economic Review 99 (2): 584-8; Feldstein, Martin S. (2008), "Resolving the global imbalance: the dollar and the US saving rate." Journal of Economic Perspectives 22 (3): 113-25; Gros, Daniel (2009), Global Imbalances and the Accumulation of Risk. Policy Brief no.189. Brussels, Centre for European Policy Studies; Lane, Philip R. "Forum: global imbalances and global governance." Intereconomics 44 (2): 77-81; Park, Donghyun, and Kwanho Shin (2009), Saving, Investment, and Current Account Surplus in Developing Asia. Economics Working Paper no. 158. Manila, ADB;

Prasad, Eswar S. (2009), "Rebalancing growth in Asia." Unpublished manuscript. Cornell University, Ithaca, NY; and Rodrik, Dani (2009), "Growth after the crisis." Unpublished manuscript. John F. Kennedy School of Government, Harvard University, Cambridge, MA. 参照。

30 ＿＿ IMF (2009), World Economic Outlook: Crisis and Recovery. Washington, DC, IMF,34. によって定義されているとおり。「'グローバル・インバランス'という言葉は，グローバル経済が始まった1990年代後半に高まったアメリカといくつかの他の多額の赤字国（イギリス，ギリシャ，イタリア，ポルトガル，スペインを含む南ヨーロッパ，中央と東ヨーロッパ），そして他の多額の黒字国（特に中国，日本，他の東アジアの国々，ドイツ，そして石油輸出国）における経常収支黒字と赤字のパターンに言及している。」

31 ＿＿ たとえば，Cline, William R. (2005), The United States as a Debtor Nation. Washington, DC, PIIE; Eichengreen, Barry (2006), The Blind Men and the Elephant. Brookings Issues in Economic Policy no. 1; Feldstein (2008)（注29参照）; Geitner, Timothy F. (2006), "Policy implications of global imbalances." 参照。

32 ＿＿ たとえば，Cooper, Richard N. (2007), "Living with global imbalances." Brooking Papers on Economic Activity 2:91-107. 参照。しかしながら，持続させるための構造的不均衡の能力におけるそのような自信は，アメリカや他の債務国における金融資産の質にいつまでも依存するということは明確である。たとえば，Cooper (2007), 107は論じている。「アメリカは，活気に満ちた革新的な経済であり……継続的に新しい製品を多様なポートフォリオの嗜好を提供するという，それは特に金融部門において革新的である。アメリカは，市場の債務の創出と，低リスク債務と高リスク株式との交換におけるグローバル化された市場において，比較優位をもつ。世界中の貯蓄家が増大する彼らの貯蓄の一部をアメリカ経済へ投資したいということは驚くことではない。アメリカの経常収支赤字とそれに対応してどこかの国での黒字は，従来は不均衡（インバランス）であると表現されたが，グローバル化された世界経済においてひとつの経済が不均衡である必要はなく，それらは今後も拡大しつづけるかもしれない。」残念ながら，2008年，2009年の金融危機が証明しているが，クーパーのアメリカの金融部門における「市場の債務（marketable securities）」の創出と「低リスク債務と高リスク株式の交換」は置き違えられた。

33 ＿＿ たとえば，Caballero and Krishnamurthy (2009); Gros (2009); and Lane (2009)（すべて注29参照）

34 ＿＿ たとえば，Gros (2009)（注29参照），は次のように述べている。「2000年〜07年にかけて，アメリカの累積経常収支赤字は総額約5兆ドルになり，世帯債務はほぼ7兆ドルに増加し，その約5兆ドルは住宅ローンだった。一方で，新興市場の外貨準備金は約4兆ドル（中国中央銀行が約3分の1を占めた）増加した。そのために金融システムは，アメリカの世帯の住宅ローン（民間銀行によって発行）何兆ものドルを，EME（新興国市場経済）の中央銀行による準備金の累積により政府の債券市場で抑制されていた投資家（海外と国内）からの需要超過の資産の種類へ変えなくてはならない。そうすることにより，巨大なマクロリスクがかかったのである。」

35 ＿＿ IMF (2009), 38（注30参照）

36 ＿＿ Cline, William R. (2009), "The global financial crisis and development strategy for emerging market economies.", the Annual Bank Conference on

Development Economies. Seoul, June 23.
37 ＿＿ IMF（2009），38（注30参照）
38 ＿＿ IMF（2009），36（注30参照）
39 ＿＿ Cline（2005）（注31参照）; Cline（2009）（注36参照）
40 ＿＿ IMF（2009），tab. A10（注30参照）
41 ＿＿ Energy Information Administration ［EIA］（2009），Annual Energy Review 2008. Washington, DC, EIA, tab.3.9.
42 ＿＿ Adams, F. Gerard（2009），"Will economic recovery drive up world oil prices?" World Economics 10（2）:1-25.
43 ＿＿ IMF（2009），tab. A10（注30参照）
44 ＿＿ Cline（2009）（注36参照）; Feldstein（2008）（注29参照）; IMF（2009）（注30参照）; Prasad（2009）（注29参照）; Park and Shin（2009）（注29参照）; Rodrik（2009）（注29参照）
45 ＿＿ Park and Shin（2009）（注29参照）
46 ＿＿ Carmody and Ritchie（2007）（第2章注13参照）
47 ＿＿ Cline（2009）（注36参照）
48 ＿＿ Rodrik（2009）（注29参照）
49 ＿＿ Rodrik（2009），3（原文では強調）（注29参照）．ロドリック（Rodrik）は，「取引可能」と「取引不可能」財とサービスにおいて従来の経済的な区別をつくった．取引可能は，実際に，または潜在的に，輸入されるか輸出される経済において生産されたすべての財とサービスで構成されている．それは，たとえ国内で生産され消費されるにしても，取引することが可能である．取引不可能は，輸送費が財の輸出や輸入を妨げるため，または垂直的な取引不可能性をもつ問題の財であるために（たとえば，公共サービス，土地，住宅，建造物，世界の市場では取引されない地方の特有のもの，非常に腐敗しやすい生産品など）国境を越えない財やサービスのことである．
50 ＿＿ Feldstein（2008）（注29参照）
51 ＿＿ Prasad（2009）（注29参照）

12 グリーンな景気回復を越えて

　本書の大部分は，1930年代の大恐慌以来の世界的な大不況から，世界経済を復興させるための明確な展望を取り扱っている。この展望には，さまざまな政策を適切に組み合わせれば，景気回復を促すと同時に，世界経済を持続可能な方向へ進展させることができるという前提がある。もしこの対策が採用されれば，今後数年にわたって何百万人という雇用を創出し，世界の貧困層の生活を改善し，そして活動的な経済分野へ投資を向けることができるであろう。このような時宜を得た政策の組み合わせをまとめて，グローバル・グリーン・ニューディール（GGND）と呼んでいるのである。

　前章では，GGNDは世界的な景気回復を実現し，またそれを持続するためにどれほど重要なのかを示してきた。GGNDにとって，成長を取り戻し，金融の安定化を保証し，そして雇用を創出することは必須の目標である。一方で，もし新たな政策構想が，炭素依存の低減，生態系や水資源の保護・保全，そして貧困の緩和といった他の世界的な課題を扱わないならば，その危機回避は一時的なものとなるであろう。このような広範な視野をもたない今日の世界経済では，たとえ景気回復を達成しても，気候変動，エネルギー安全保障，水資源の不足，生態系の破壊，そして何よりも世界的な貧困の悪化により引き起こされる一触即発の脅威に十分立ち向かえないであろう。それどころか，炭素依存を低減して生態系を保全することは，ただ単に環境意識からではなく，世界経済が持続可能な状態で景気回

復を果たすために正しく，また実際のところ，ただ一つの方法であるという理由からも必要なのである。

本章はこの後者の目標に関連しており，さらに二つの課題を取り上げる。一つは，中・長期的に持続可能な世界経済を確実に導くために，GGNDをどのように構築すべきなのか，である。もう一つは，そのような目標を達成するために必要な政策は何か，である。

これらの課題を探求するために，補完的な価格付け政策，世界市場，グリーン開発戦略，そして対象援助・開発についてみていくことにしよう。

補完的な価格付け政策

本書をとおして，GGNDの有効性を高め，かつ維持するため，補完的な価格付け政策の採用の必要性を強調してきた。そのような政策は，炭素依存を低減し，また生態系を保護し，そしてこれらの目標を妨げる誤った補助金やその他の市場のゆがみを取り除かせる目的をもち，税，排出量取引制度，そして他の市場原理に基づく手段などを含んでいる。

たとえば，第2章では，化石燃料補助金の撤廃がエネルギー市場における誤った動機付けを正すことが議論された。その結果，OECD経済における年間800億ドルと途上国における年間220億ドルの政府貯蓄が生じ，それはクリーンエネルギーの研究開発，再生可能エネルギーの開発，そして省エネルギーへの投資に向けることができる。また，エネルギー分野での補完的な価格付け政策は，エネルギー・炭素税，炭素や他の排出許可証取引制度，クリーンエネルギーの研究開発初期の臨時補助金を含むだろう。また交通市場・計画のゆがみを取り除くことは，経済的な無駄を減らし，汚染・混雑を抑制し，幅広い交通手段の選択を可能にし，景気回復と雇用を促進する持続可能な交通システムを推進するのに役立つだろう。燃料・自動車税，新車購入の奨励金，道路課金，使用者課金，そして自動車保険や自動車全車両の奨励金といった政策は，クリーンで低燃費な自動車の導入を促進する点で，強力な影響をもつ。これらの政策と温室効果ガスや燃

費の厳しい基準などの規制を組み合わせれば，自動車の需要・使用の変化をもたらすであろう。

　第Ⅱ部のいくつかの章では，発展途上経済における補完的な価格付け政策や市場改革は，持続可能で効率的な天然資源の利用とそれらに依存した生産工程を高め，また，これらの取り組みから得た収益を，長期的な経済発展のために必要な産業活動，インフラ，医療，そして教育や技能へ確実に再投資させるために重要であることを示した。効率的な配水や水利用を促進させるために，補助金やその他の奨励金による歪みを除去し，市場原理に基づく手段やその他の方法を実施することは，高まる水への需要を管理する上で不可欠なものであるとみなされている。

　第11章でみたように，補完的な価格付け政策には長期的に経済的な利益がある。それは，クリーンエネルギーの研究開発支援のような技術推進政策と炭素税や排出許可証取引制度のような直接排出政策と組み合わせることで，低炭素な技術革新を誘導するための動機付けを与えることができることである。また，補完的な価格付け政策から得られた歳入や補助金による節約は，グリーンな分野の発展を支える景気対策や他の公共投資に振り分けることができる。さらに，これは景気回復を維持するために必要な財政規律への懸念を緩和するだろう。補完的な価格付け政策は景気回復に役立つ一方で炭素依存の低減とエネルギーの安全保障の確保にも役立つため，アメリカのように膨大な経常赤字を抱える石油輸入型経済や，外貨準備を累積しつづけている化石燃料輸出型経済による構造的な不均衡を正すのを助けるだろう。また，新興市場経済のような貿易黒字国にとって補完的な価格付け政策は，国内貯蓄をクリーンエネルギー投資へ向けさせ，低炭素技術や資本の輸入を増加させ，そして国内需要の増加を満たすよう生産力を拡大させるような経済へと移行する発展戦略の一部とするべきである。

　経済や政府が補完的な価格付け政策の利用方法に精通するほど，彼らはこれらの政策を進展させ，有効性を高め，そしてさまざまな環境保全領域へと広めていく傾向にある証拠が示されている。たとえば，欧州環境庁

（EEA）による評価では，1996年以来，多様な市場原理に基づく手段が多くの分野で採用されており，新たに「課税ベースを環境に」拡大している——1。表12.1は1990年代半ば以降のヨーロッパにおける環境関連税の拡大を示している。提案されたGGNDの利点の一つは，健全で効率的なグリーン経済を将来も持続させるため，環境を課税基準として世界的に拡大するのに役立つということかもしれない。

世界市場の構築

　GGNDが対象とする差し迫った環境危機のほとんど——気候変動，生態系の破壊，そして水不足——は，世界的な市場の失敗の例を表している。つまり，温室効果ガスを排出し，生態系を破壊し，水資源を脅かしている人々は，他の人たちが被る損失について配慮することなく，彼らに損失を与えている。気候変動の場合には，あらゆる経済がこの問題に関わっており，他者の被る損失が十分支払われず，一方でこの市場の失敗がもたらす経済的な影響が世界全般におよぶという点で，この補償されない被害はまさに世界的である。生態系の破壊の場合には，生態系がもたらすサービスの損失の規模・速度が世界的な市場の失敗をもたらしてきた。過去50年間におよぶ世界的な生態系の前例のない変化は，淡水，漁場，大気・水の浄化，局地気候，自然災害や疫病の調節などを含む，24種類の世界の主要な生態系のうち15種類は持続不可能な状態にまで悪化し，また利用されている——2。本書をとおして議論してきたように，差し迫っている水資源の不足はきわめて重要で，長年にわたる世界的な水資源の「安売り」を反映している。そして多くの国は，経済発展のために国境を越える水資源に依存しはじめている。たとえば，Box3.8で示したように，世界の5人に2人は複数の国で共有する国際河川流域に住んでおり，そして，39の国々——2カ国以外はすべて発展途上国——が，国境の外からほとんどの水を受け入れている。

　このような世界的な市場の失敗を回復するために最も効率の良い方法

		オーストリア	ベルギー	デンマーク	フィンランド	フランス	ドイツ	ギリシア	アイス
大気／エネルギー	二酸化炭素			★	★		★★		
	二酸化硫黄			★★		★			
	二酸化窒素					★			
	燃料	★	★	★	★	★	★	★	
	燃料中の硫黄		★★★	★	★★★				
交通	自動車販売・使用	★	★	★	★	★	★	★	
	差別化自動車税			★★			★★		
水	水の流出	★	★	★	★	★	★		
廃棄物	産業廃棄物	★★	★★★	★	★★	★★		★★	
	有害廃棄物			★	★		★		
騒音	航空騒音						★		
製品	タイヤ	★		★★	★★				
	飲み物		★	★	★				
	容器								
	包装	★★		★		★★★			
	カバン			★					
	農薬		★★	★					
	フロン	★		★					
	バッテリー	★★	★★	★					★
	白熱電球			★					
	ポリ塩化ビニール			★★					
	潤滑油				★				
	化学肥料			★★					
	厚紙			★★		★			
	溶剤			★★					
資源	原料		★★★	★					

表12.1　ヨーロッパにおける新たな環境課税基準

アイルランド	イタリア	ルクセンブルグ	オランダ	ノルウェー	ポルトガル	スペイン	スウェーデン	イギリス
★★★	★★		★	★			★	★★★
	★			★★★				
	★						★	
★	★	★	★	★	★	★	★	★
			★★★	★			★★★	★
★	★	★	★	★	★	★	★	
				★★				
★	★		★	★		★	★	
	★★		★	★★		★★★	★★	★
	★		★	★				
			★★					
				★			★	
	★★			★★★				
★★★	★							
				★★			★	
	★★						★	
	★			★★		★★★		
			★★				★	
				★★				
	★★★						★	★★★

★=1996年, ★★=1996年以後, ★★★=2000年以後.
―― 出典
EEA (2005), The European Environment: State and Outlook 2005, Copenhagen, EEA, 24-249, fig.10.2.

は，世界市場を構築することである。世界中のあらゆる経済にクリーンエネルギー技術への投資や炭素依存の低減を行わせる最良な動機付けとして，世界市場での長期的に信頼できる炭素価格の設定が必要である。また，価値のあるサービスを提供している生態系を確実に保護する動機付けとして，そのサービスを利用する人々に生態系を管理する人々へ補償させるような生態系サービスに対する国際的な支払い制度の構築が必要である。さらに，水供給にとってますます重要となりつつある国境を越える水の配分への取り組みには，その水資源を共有する国同士が共同で管理するためのガバナンスや価格合意で協働するような新しい形の政策関与が必要であろう。

　本書をとおして，このようにさまざまな形での世界市場の構築がGGNDの実現には重要であることを強調してきた。そして，どのような形であれグリーンな景気回復を成功させ，また永続させるために，この世界市場の構築に取り組むことが必要である。

　主要な例として，ポスト京都議定書の気候変動枠組みにおける国際合意の必要性が挙げられる。GGNDが提案した多くの低炭素で持続可能な交通システムの推進への投資は，京都議定書が失効する2012年以降，国際炭素市場の不安定さが高まることにより影響を受けるであろう。また，将来の世界の気候変動対策の不安定さと取り組みの停滞による対策の遅れは，国際的な合意形成にかかるコストを著しく増加させている。また効果的な気候変動対策が遅れると，大量の排出削減が求められる今後の合意形成にかかるコストにも影響がおよぶだろう。このように短期的な取り組みの停滞は，長期的に政策を順守するコストを著しく増加させ，さらに投資や政策決定におよぼす不安定さの影響により一段と増加させられる。

　本書で議論してきたように，たとえポスト京都議定書の国際合意に失敗したとしても，またいかなる新しい国際的な気候対策であったとしても，次の二つの目標を達成することが不可欠である。それは，国際排出量取引制度の強化とクリーン開発メカニズムの拡大・改革である。総合的な気候変動に関する国際合意の代わりに，発展途上経済に温室効果ガス削減の資

金を提供する国際炭素市場が存在し，かつ継続することで，通常は2020年か2030年を目途に定められる温室効果ガスの排出削減目標を達成することもできるであろう。2012年以降の国際炭素市場やクリーン開発メカニズムの将来の姿を保証することは，今後数年間でGGNDが提案した多くの取り組みを成功させるためだけではなく，2020年以後の野心的な温室効果ガス排出削減目標を達成するためにも絶対に必要である。

　世界経済は，温室効果ガス排出の国際取引に向けて試験的な段階に至っているが，決してそこにとどまってはいない。EUは，排出量取引制度を用いた最初の域内炭素市場を設立することで，いかにこの制度が温室効果ガス排出を削減する動機付けを地域に与えているのかを証明してきた。EU全域での炭素価格が形成されると，企業はこの価格を取り入れ，そして多国間の炭素取引のための市場基盤が整備されてきた＿3。しかしながら，もしこの排出量取引制度を世界的な取引制度の基礎にするならば，この制度の拡張・改革が必要である（Box2.5を参照）。同様に，クリーン開発メカニズムはブラジル，中国，インド，韓国，メキシコといった巨大な新興市場経済でのプロジェクトや投資の基盤であり，また世界の温室効果ガス排出削減の資金調達と効果的に結びつけたものである。もしこのクリーン開発メカニズムを世界炭素市場の基礎とするならば，温室効果ガス排出削減プロジェクトや発展途上国を広く対象とするようなメカニズムの改革・拡張が不可欠となる（Box 4.1を参照）。オーストラリア，カナダ，日本，ニュージーランド，ノルウェー，スイスといった多くの経済では，キャップ・アンド・トレード方式が提案もしくは実施されており，それはより大きな国際取引と結びつく可能性もある。また，温室効果ガス排出取引は，アメリカ北東の州でも設立されているが，アメリカ全体でのキャップ・アンド・トレードの法律制定には至っていない。以上のように世界炭素市場の基礎は明らかに新興的なものであるが，グリーンな景気回復への取り組みを進める一方で，長期目標として世界の炭素依存を低減させる動機付けを与えるためにも，世界炭素市場の構築は優先される必要がある。

グリーン開発戦略

　第11章で示したように，多くの発展途上経済にとって，「危機後の成長」は，主に内需拡大を満たし，経済の高い貯蓄率を吸収するために，貿易される財・サービスの拡大を促進する開発や産業戦略の再編を必要とするであろう。この政策の主張者であるダニ・ロドリックは，日本の1950～1973年，韓国の1973～1990年，中国の1990～2005年といった期間の「高成長」経済の特徴として，低い生産性（「伝統的な」）から高い生産性（「現代的な」）の活動への迅速な構造転換に取りかかることができたことであると論じている。過去，高成長の新興市場経済は，通貨切り下げなどの政策で輸出を促進することによって貿易される産業製品の生産を拡大した。新興市場経済に，このような財やサービスを国内で消費することを許可する対象補助金を含めた産業政策をとおしてだが，貿易される商品の生産の成長を促進することを強く主張している。

　第11章で議論されたように，GGNDはこの長期発展戦略とも一致する。新興市場経済や発展途上経済における新しい成長軸として，クリーンエネルギー，持続可能な交通とその他のグリーンな分野を対象とし，また展開させる政策は，拡大する国内消費を満たすために貿易される財・サービスの生産を促進するべきである。さらに，このような分野は，拡大する内需に対応するための現代の取引可能な商品やサービスを促進させる最先端にあるだろう。重要な資本や技術・技能の格差を克服するために，発展途上経済は低炭素資本や技術を促進するべきである。中期から長期にかけて新しい技術・技能の移転は，固有の技術力や労働力の拡大をもたらし，そして低炭素技術の将来的な革新や長期的な採用を可能にするであろう。このような「グリーン成長」を促進する戦略は，ただ現在の危機からの経済回復を確実にすることだけでなく，新しく持続可能で長期的な経済開発路線を計画するためでもある。

　アジアの主要国は，経済をグリーン化することは景気回復と長期成長を

確実にするためにきわめて重要であるだろうという見解を支持している。

　第1章と第2章で示したように，オーストラリア，中国，日本，そして韓国の主要なアジア・太平洋経済は，景気対策の一環として，低炭素投資の促進とその他の環境改善のための取り組みへの意向をすでに示している。世界のグリーン投資の63％をアジア・太平洋地域が占めており，その投資のほとんどが炭素依存の低減を目標にしている。中国は今日まで世界のグリーン投資の47％を占めており，日本と韓国は，それぞれ約8％，オーストラリアは2％（表1.2を参照）を占めている。

　中国は，景気後退を受けて，GDPの約3％に達する，多くのグリーン投資に取り組んでいる。この対策は，風力，低燃費自動車，鉄道輸送，電力配電網の改善，廃棄物，水，そして汚染の制御を含んでいる。ガソリン・ディーゼル税の引き上げや低燃費自動車への売上税の引き下げといったいくつかの市場原理に基づく奨励策も採用されている。日本のグリーン投資はGDPの約0.8％に等しいが，太陽エネルギー設備への交付金，低燃費の自動車や電気機器の購入奨励金，エネルギー利用の効率化への投資，バイオマス燃料とリサイクルの促進を含んでいる。オーストラリア政府は，GDPの約1.2％相当する炭素依存の低減を目標としたグリーン投資を行っている（Box1.1を参照）。その投資には，再生可能エネルギーの促進，炭素の回収・貯蔵，エネルギー利用の効率化，「次世代」電力網の構築，そして鉄道輸送の拡充が含まれている。また，2012年5月に実施予定のキャップ・アンド・トレード方式も展開している。そして，第5章で議論したように，韓国ではグリーン・ニューディール計画をとおして，景気回復プログラムにグリーン投資を含めるために，最も強力な取り組みをしているであろう。2009年から2012年までGDPの3％以上の約360億ドルをかけて，さまざまな低炭素・環境プロジェクトへの投資により，96万人の雇用を創出することを目標としている。この計画は，景気対策のほぼすべて（95.2％）を占めている（表1.3を参照）。

　今までのところ，中国や韓国によるグリーン戦略や他の財政政策への取り組みは成功しているようである，つまり，両国や他のアジア新興市場経

済が最初に現在の景気後退から回復しているようである。2009年の第2四半期と第1四半期のGDP年間成長率を比較すると，中国は15％，韓国は約10％上昇した__6。この中国と韓国の急速な景気回復は，グリーン戦略を含む景気対策の実施により内需が回復した結果とみなされている。韓国の個人消費は2009年第2四半期で，年率14％上昇した。中国における固定投資が前年より20％以上も高く，都市部での実質消費支出は11％上昇し，自動車販売は70％上昇した__7。明らかにグリーン投資は，中国と韓国における急速な景気回復に対して一定の役割をもっていると言える。

　第5章で述べたように，韓国は一歩先を進んでおり，グリーン・ニューディール計画を五カ年経済発展計画に拡張しており，追加的に600億ドルを，今までと同じ優先分野である炭素依存の低減と他の環境改善の達成のためへ支出している（表5.1を参照）__8。その計画のもとで，政府は2013年までに各年のGDPの約2％を，クリーンエネルギー技術，燃費のよい照明，廃棄物からのエネルギーの生成，そして環境プロジェクトへの信用保証の提供とこれら戦略のための投資資金の設立に支出することを公約している。韓国は，将来の経済発展が「グリーン成長」を基本に据えられるものとみなし，本書で主張してきたように，近年の危機からの景気回復を確実にするためでなく，新しく持続可能な長期発展戦略を計画するためにグリーン・ニューディール計画を利用している。

　また，GGNDでの下で唱道された国内の取り組みは，先進諸国により低炭素とクリーンエネルギーの利用への移行を促す対策の基礎として役立つはずである。たとえば，Box12.1は，アメリカの長期の政策戦略を分析する憂慮する科学者同盟（UCS）による研究を要約している__9。その戦略の主な目標は，アメリカの温室効果ガスの排出量を2020年には2005年比で26％以下に，そして2030年には56％以下に削減することである。また，この目標を達成するために最も有益な方法は，産業，建物，電力，交通を対象とした補完的な政策とアメリカ全体でのキャップ・アンド・トレード方式の組み合わせであるとしている。さらに，その戦略はアメリカの長期的な経済成長には最小限の影響しか与えず，非農業雇用をわずかに増加さ

せ，2010年から2030年にかけて1兆7000億ドルの主に省エネルギーと排出枠オークションによる累積的な貯蓄が生じるであろう．

Box12.1

クリーンエネルギー経済の２０３０年の青写真

憂慮する科学者同盟（UCS）は，アメリカのクリーンエネルギー経済を構築するための政策戦略を計画し，またその分析を行った．その戦略の目標は，2020年に2005年比で26％以下，また2030年に56％以下まで温室効果ガス排出を削減するというものである．その分析では，アメリカ全体での温室効果ガス排出量が2005年には二酸化炭素換算で71億1800万トンになり，それはこの戦略が実施されない場合には，2030年に約80億トンまで増加すると推定している[10]．

また，この2020年と2030年の温室効果ガス排出削減目標を達成するためには，アメリカ経済全体でのキャップ・アンド・トレード方式と，産業，建物，電力，そして輸送を対象にした他の補完的な政策を組み合わせることを提案している．その具体策は次のとおりである．

(1) キャップ・アンド・トレード方式は次の特徴をもつ．
 ・すべての炭素排出枠のオークション
 ・消費者や生産者へのオークション収入の還元
 ・上限を定められた分野が温室効果ガス排出を削減する際の制限
 ・上限を定められた企業が温室効果ガス排出を削減し，将来のために超過した排出枠を繰り越せるような伸縮度
(2) 産業・建物政策は次を含む．
 ・電力小売り事業者や天然ガス供給者に効率目標を満たすことを要求する省エネルギー資源基準
 ・特定の器具・設備に関する最小連邦省エネルギー基準
 ・建物の先進的なエネルギー・コードや技術

- より効率的な産業工程を奨励するプログラム
- 熱・動力を提供する効率的なシステムへの幅広い信頼
- エネルギー利用の効率化の研究開発

(3) 電力政策は次を含む。
- 電力小売事業者への再生可能電力基準
- 先進的な石炭技術の利用，または炭素回収・貯蔵実演プログラム
- 再生可能エネルギーの研究開発

(4) 交通政策は次を含む。
- 自動車からの温室効果ガス排出を制限する基準
- 低炭素燃料使用を要求する基準
- 先進的な自動車技術開発の要求
- 公共交通を中心とした複合開発を奨励する「賢明な成長」政策
- 走行距離連動型保険や他の走行距離当たり使用者課金

　次の図が示すように，これらの政策はアメリカ経済のさまざまな分野において，2000年から2030年までに二酸化炭素換算で1800億トンまでの累積的な排出を制限することにより，2020年と2030年の温室効果ガス排出削減目標を達成すると推定している。炭素排出枠の価格は2011年の二酸化炭素1トン当たり18ドルから始まり，2020年には34ドルに上昇し，さらに2030年には70ドルまで上がる。

　さらに，この戦略に必要となる追加的な投資を十二分に相殺する電力・燃料使用の削減によって，家計や企業の貯蓄をもたらし，2030年までにその純貯蓄は2550億ドルに達すると推定している。この戦略の管理・実施には80億ドルがかかるであろう。さらに，炭素排出枠オークションによる2190億ドルの収入は，消費者や生産者に還元されるであろう。全体として，この戦略では2030年までに4650億ドルの貯蓄を生み，2010年から2030年までの累積貯蓄は1.7兆ドルに達する。

　最後に，この戦略は長期的な経済成長に最小限の影響しか与えない。これらの政策が完全実施されると，GDPは2005年から2030年にかけて少な

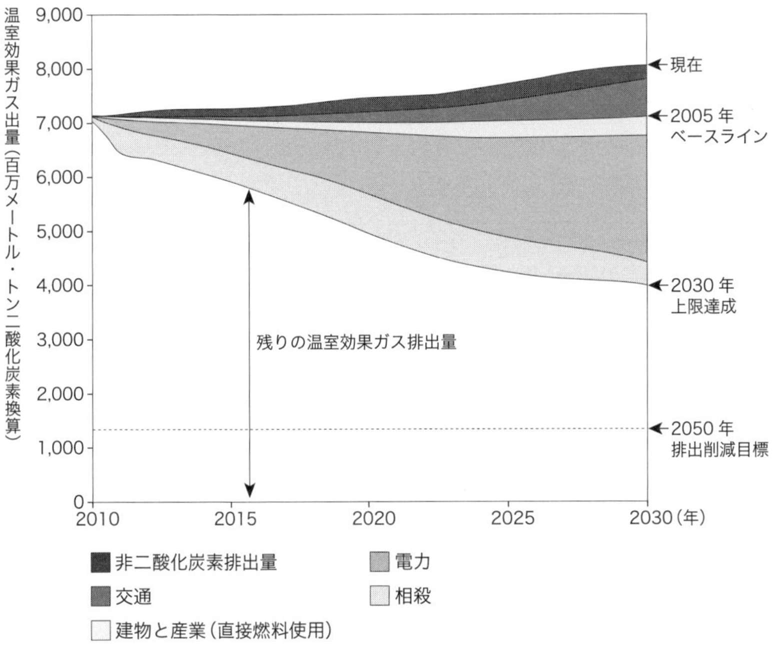
温室効果ガス出量（百万メートル・トン二酸化炭素換算）
9,000
8,000
7,000
6,000
5,000
4,000
3,000
2,000
1,000
0
2010
2015
2020
2025
2030（年）
現在
2005 年
ベースライン
2030 年
上限達成
2050 年
排出削減目標
残りの温室効果ガス排出量
非二酸化炭素排出量
電力
交通
相殺
建物と産業（直接燃料使用）

クリーンエネルギー経済によるアメリカの排出削減

くとも81％増加する一方で，この戦略が実施されない場合には84％増加する。また，非農業雇用は戦略が実施されない場合と比べてわずかに高くなるけれども，雇用の傾向は実質的にはどちらも変わらない。

＿＿出典

Cleetus, Rachel, Steven Clemmer and David Friedman (2009), Climate 2030: A National Blueprint for a Clean Energy Economy, Cambridge, MA, UCS.

Box12.1で概説したように，長期的なクリーンエネルギー戦略が提案する取り組みは，アメリカの景気回復と雇用促進という短期目標と一致させるため，第II部で述べたGGNDの取り組みと似ている一方で，長期的な炭素依存の低減に向けた初期段階の対策を講じている（Box2.4を参照）。GGNDにおけるこの短期・長期の目標の関係は，本書の重要なメッセージ

を強調している。GGNDの主な目標は世界経済が現在の不況から脱出することであるが，GGNDは世界経済が持続可能な発展を確実にするための初期段階とみなされるべきである。韓国やアメリカの例が示すように，GGND政策は，「グリーン成長」とクリーンエネルギー経済の促進を目的とした長期的な経済発展の基礎をつくるはずである。

　世界的な景気回復から，長期的に持続可能な経済発展への移行段階では，いくつかの難しい政策課題に直面する。たとえば，どのような形での長期クリーンエネルギー戦略でも生じる原子力発電の役割に関する課題が重要である。クリーンエネルギーには，太陽光，風，バイオマス，潮汐流，そして他の非化石燃料資源といった再生可能な資源とともに，クリーンな石炭技術や炭素回収・貯蔵といった化石燃料から温室効果ガス排出を削減するための技術開発も含んでいるというのが共通の見解である。本書で議論してきたように，そのような再生可能でよりクリーンな化石燃料技術の開発やその支援は，経済を低炭素路線へ移行させるだけではなく，短期的な景気回復と雇用促進のためにも非常に重要である。しかしながら，多くの専門家は，最も政策に好都合な場所であっても，温室効果ガス排出削減のために重要な中・長期の目標を達成するための再生可能な資源と他のクリーンエネルギー技術の開発は，経済的にも技術的にも実現できないであろうと指摘している[11]。したがって，2020年または2030年までに，エネルギー安全保障と気候変動緩和の目標を達成しようとする多くの戦略は，発展途上経済であっても，先進経済であっても，原子力エネルギー開発のいくつかの役割を主張している[12]。

　しかしながら，UCSによるアメリカの長期クリーンエネルギー戦略の分析では，エネルギー分野を対象にした補完的な政策と組み合わせた全国規模でのキャップ・アンド・トレード方式のような炭素価格付けは，発電所の安全性を向上し，またそのコストを削減する先進的な原子力技術の開発を促すことが示されている[13]。そのため，中・長期にかけて次世代型の原子力発電所の開発を促すような追加的な対策は必要ないと結論付けている[14]。また，EUの排出許可証取引制度に関する研究では，全国規模の

キャップ・アンド・トレード方式は，原子力を含むクリーンエネルギー技術への代替をもたらす可能性を確証している[15]。そして長期的にクリーンエネルギーの開発を促す炭素価格付けや補完的な分野別の政策は，先進的な原子力技術の開発を促すため，追加的な対策は必要ではないとしている。

対象型の援助と発展

　第3章で議論したように，大部分の低・中所得経済にとって，一次産品生産の持続可能な方向への改善は，現在の世界的な経済危機への短期的な対応と長期的に持続可能な発展という二つの目標が考慮されなくてはならない。同様に，生態系の破壊，エネルギー貧困と清潔な水・衛生設備の利用機会の不足は，すべての発展途上国の貧困層の生活に直接影響を与えるということが示された。それゆえに，GGNDは発展途上経済における国内の取り組みのために三つの重要な領域に焦点を当てている。

- 持続可能で効率的な自然資源の利用とそれらに依存した生産を拡大し，またこれらの活動から生じる収益が長期的な経済発展のために必要な産業活動，インフラ，医療サービス，教育・技能などへ再び投資されるように促す政策，投資そして改革を実施すること。
- 農村部の貧困層，特に脆弱な環境で暮らす人々の生活を改善することに，投資や他の政策手段を向けること。
- 極度の貧困層が依存している生態系を保護し，また改善すること。

　たとえば，GGNDの一環として発展途上国にとって急を要する最優先の二つの領域を特定した。貧困層は，経済危機の間，最も弱い立場となるため，発展途上経済ができるかぎり早く貧困層を対象とした総合的なセーフティネット・プログラムを実施することが不可欠であり，また，教育・医療サービスを拡大しないまでも維持することが絶対に必要である。発展途上地域の何百万人もの貧困層が，安全な飲み水や衛生設備を利用できない

という問題に対処するためには，低・中所得経済は国連開発計画の推奨に従い，水や衛生設備の改善のためにGDPの少なくとも1％を支出すべきである。そのような対策を採用することは，大きな景気後退期においてはなおさら重要となる。それは，特に一次産品生産の持続可能な方向への改善が，経済の多角化，人的資本の増強，また貧困層を対象にした社会的セーフティネットやその他の投資に必要な資金を生み出す場合にはなおさらである。

　GGNDによる以上の提案は，資源依存経済における今後数十年にわたる貧困の緩和や持続可能な発展の促進のために，世界的な戦略を計画する基礎にすえるべきである。GGNDの重要な目標の一つは，2025年までに世界的な極度の貧困を撲滅するという，ミレニアム開発目標を達成することである。

　しかしながら，このような長期目標の達成において，低・中所得国経済は，国際社会からの継続的な支援が必要なのは明らかだろう。もし発展途上経済がGGNDでの取り組みを長期的な発展戦略の基礎として採用すれば，国際社会もまた，持続可能な一次産品生産，脆弱な環境での貧困層の生活，そして，極度の貧困層が依存している生態系サービスを保護・改善するために，開発援助や融資を定め直さなければならない。

　また第4章で概観したように，発展途上経済は，低炭素・クリーンエネルギー技術の採用を妨げ，そして最低限エネルギー・サービスが利用できない貧困層への再生可能エネルギー技術の普及を制限するかもしれない資本格差や技能・技術格差を克服するためにかなりの援助を必要としている。発展途上経済は，貧困層が基礎的な交通機関を利用しやすくすることを含む持続可能な交通戦略の実施において同様の課題に直面している。たとえば，発展途上経済において，持続可能な交通や利用しやすさの改善は，今から2030年までに年12億ドルが必要とされ，その約1／6の資金が先進国からの支援によるものとなる[16]。清潔な水・衛生設備を利用できない人口の割合を半減するという目標を達成するためには，この分野に対して倍の援助が必要であり，年36億〜40億ドルで上昇している[17]。さら

に，長期的で世界的な「脆弱国向け基金」の設立が急務である。この基金は，発展途上経済において，総合的な貧困層を対象としたセーフティネット，低炭素技術プロジェクトを含むインフラへの投資，中小企業や少額金融機関への支援，そして食糧支援，貧困層への栄養支援，また持続可能な農業開発の資金を供給するために使われる——18。

　要するに，本書で議論されたように，途上国経済への国際支援を拡大するためには，二つの優先される広範な領域——（1）低炭素エネルギー投資，持続可能な交通，一次産品生産と水・衛生設備改善における援助不足の克服，（2）食糧・栄養支援，持続可能な一次産品生産方法，そして貧困層を対象としたセーフティネット・プログラムのための資金調達——がある。このような分野における，現在の援助への取り組みは，発展途上経済や貧困層が直面する重大な開発問題を扱うには不十分である。現在の開発援助をこのような優先分野に向かわせることは，ただGGNDに必須の要件というだけではなく，今後の数十年にわたり，持続可能で公平な世界経済を達成するためにもきわめて重要であるということである。

　最後に第7章と第8章で示したように，GGNDの実施の成功は，革新的な金融メカニズムの発展と貿易奨励策の強化の両方にかかっているであろう。世界的な貿易や金融の改善への提案は，現在の世界的な危機からの経済回復が，持続可能で長期のグリーン成長へ導くかどうかに重要な影響を与えるであろう。たとえば，漁業補助金，クリーンな技術・サービス，また農業保護主義の変革に関するドーハ・ラウンドでの貿易交渉の成功は，短期的にGGNDを支えるだけでなく，世界的にグリーン経済を促進するというこの戦略の中・長期的な有効性を高める。国際金融ファシリティ，気候投資基金，グローバル・クリーンエネルギー協力といった革新的な金融の仕組みづくりを展開・拡大することは，GGNDを長期的に支える上でも必要になるだろう。

おわりに

　本書の重要なメッセージは，世界経済を回復させ永続的なものにするためには，GGNDによって示されるような広範な視野が不可欠であるということである。成長を取り戻し，金融の安定化を保証し，そして雇用を創出することは必須の目標でなければならない。一方で，もし新たな政策構想が，炭素依存の低減，生態系や水資源の保護，そして貧困の緩和といった他の世界的な課題を扱わないならば，危機回避は一時的なものとなるであろう。このような広範な視野をもたない今日の世界経済では，たとえ景気回復を達成しても，気候変動，エネルギー不安，淡水資源の希少化，生態系の悪化，そして何よりも世界的な貧困の悪化により引き起こされる一触即発の脅威に十分立ち向かえないであろう。それどころか，炭素依存を低減して生態系を保全することは，ただ単に環境意識からではなく，世界経済が持続可能な状態で景気回復を果たすために正しく，また実際のところただ一つの方法であるという理由からも必要なのである。

　また本書で議論してきたように，GGNDを構成する重要な要件として，三つの主な目標に焦点を当てている。

- 世界経済の復興，雇用機会の創出，そして脆弱な貧困層の保護
- 炭素依存の低減，生態系の保護，そして水不足の低減
- 2025年までに極度の貧困を終わらせるというミレニアム開発目標の推進

　G20経済の中には，炭素依存の低減と景気回復・雇用創出の促進のために総合的な景気対策に「グリーン」投資を組み込むことにより，このGGNDが示す目標のいくつかをすでに取り込んでいる国もある。しかしながら，少数の限られた国による「グリーン」投資だけでは，この目標の全てを達成することはできない。なぜならば，本書で概観されたGGNDは，

価格付け政策や市場改革, より良い規制, 新しい形の援助, 貿易と金融, そしてグローバル・ガバナンス改善などを含む, 現在のグリーン投資を越えた総合的で協調された国内あるいは国際的な取り組みを必要としているためである。結局, このGGNDは本書で提示した根本的な政策課題を扱う必要がある。それは, 世界経済が経済的にも環境的にも持続可能な路線へ確実に移行するためにさらにすべきことは何か, ということである。

これは, 気候変動, エネルギー安全保障, 水資源の不足, 生態系の破壊, そして特に世界的な貧困の悪化が引き起こす脅威に取り組むために, 景気回復後の1, 2年ではなく, 今後の重要な10年に向けて世界中の政策決定者が懸念すべき問題として残されるものである。

注

1 EEA (2005), "Integrated assessment." In EEA. The European Environment: State and Outlook 2005. Copenhagen, EEA: 24-249.

2 MA (2005) (第1章注14参照)

3 Convery (2009) (第2章注19参照); Demailly, Damien, and Philippe Quirion (2008), Changing the Allocation Rules in the EU ETS: Impact on Competitiveness and Economic Efficiency. Working Paper no. 89. Milan, FEEM; Ellerman, A. Danny, and Paul L. Joskow (2008), The European Union's Emissions Trading Systems in Perspective. Arlington, VA, Pew Center on Global Climate Change; Stankeviciute, Loreta, Alban Kitous and Patrick Criqui (2008), "The fundamentals of the future international emissions trading system." Energy Policy 36 (11): 4272-86.

4 Rodrink (2009) (第1章注29参照)

5 中国, 日本, オーストラリアにおけるグリーン投資のさらなる詳細については, Robins, Clover, and Singh (2009) (Building a Green Recovery), 14-20 (第1章注10) を参照せよ。

6 The Economist (2009), "Briefing: emerging Asian economies: on the rebound." The Economist, August 15: 69-72. アジア経済においてシンガポールだけが2009年の第1期と2期において年率21%という成長を成し遂げた。インドネシアは5%の成長, 他のアジア新興市場経済は, プラスではあったが低成長であった。総体的に, アジア新興市場経済は, 2期にわたり年率10%を超える成長を遂げている一方で, アメリカのGDPは1%までに低下した。

7 The Economist (2009) (注6参照). 2009年第2期において大幅に回復した, シンガポール, マレーシア, 台湾, タイを含む他のアジア新興市場経済も, 少なくともGDPの4%に値する景気対策をもっている。

8 Robins, Clover and Singh (2009) (Building a Green Recovery), 7-8 (第1章注10参照)

9 Cleetus, Rachel, Steven Clemmer and David Friedman (2009), Climate

2030: A National Blueprint for a Clean Energy Economy. Cambridge, MA, UCS.

10 ___ 憂慮する科学者同盟（UCS）は，2005年のアメリカ経済による温室効果ガス排出量について，二酸化炭素に関しては34％が電力分野から，30％が輸送分野から，11％が産業分野から，5％が住宅分野から，3％が商業分野から，そして二酸化炭素以外に関しては17％であったと推計している。詳細については注9参照。

11 ___ たとえばBurger, Nicholas, Lisa Ecola, Thomas Light and Michael Toman (2009), Evaluating Options for US Greenhouse-gas Mitigation Using Multiple Criteria. Occasional paper. Santa Monica, CA, RAND Corporation; Heal (2009)（第1章注17参照）; Resch, Gustav, Anne Held, Thomas Faber, Christian Panzer, Felipe Toro and Reinhard Haas (2008), "Potentials and prospects for renewable energies at global scale." Energy Policy 36 (11): 4048-56; and Toman, Griffin and Lempert (2008)（第11章注17参照）

12 ___ たとえばBurger et al. (2009)（注11）; Cleetus, Clemmer and Friedman (2009)（脚注9）; IEA (2007)（第2章注7）; and UN ESCAP (2008)（第2章注7参照）

13 ___ Cleetus, Clemmer and Friedman (2009), 81-8（注9）

14 ___ Cleetus, Clemmer and Friedman (2009), 86-8（注9参照）によって指摘されているように，アメリカの政策は，2020年に操業を開始した，現在のローン保証プログラムをとおして185億ドルのインセンティブとアメリカの1キロワット時単位で1.8％のインフレーション調整生産税クレジットを含む原子力エネルギー開発にすでにかなりのインセンティブを含んでいる。先進的な原子力のためのこれらのインセンティブは少なくとも2030年まで適所に残るとUCSのクリーンエネルギー戦略は想定している。

15 ___ Considine, Timothy J., and Donald F. Larson (2009), "Substitution and technological change under carbon cap and trade: lessons from Europe." Unpublished paper. Laramie, University of Wyoming, Department of Economics and Finance.

16 ___ UNFCCC (2007)（第4章注4参照）

17 ___ UNDP (2006)（第1章注19参照）

18 ___ Zoellick (2009)（第7章注8参照）; High-Level Task Force of the Global Food Crisis (2008)（part・introd.,fn 2）

監訳者あとがき

「経済学は，経済活動が環境に与える影響について考慮していない」こうした事情が，環境経済学に学問的な存在意義を与えている。

確かに経済学は，経済活動を，生産と消費という大きく二つの側面から捉える傾向が強く，それらの背後にある活動——生産活動に伴う天然資源の採取や汚染物質の排出，また消費活動に伴う廃棄物の排出など——を分析から除くことがほとんどであった。

しかし，現代経済は，資源枯渇や環境汚染など多種多様な環境問題に直面しており，また土壌汚染のような地域的なものから，地球温暖化のような世界規模のものまで幅広く存在している。環境問題を引き起こすのは人々の経済活動であるため，環境問題を解決するには人々の経済活動を見直す必要がある。そして，環境的に望ましい経済活動を人々に行わせるための仕組みや政策にはどのようなものがあるのかを考えねばならない。このような立場から経済学を再構築しようというのが，環境経済学という学問であるといえる。

また，環境経済学では，環境問題を考える際に，経済は安定しているものと考えるのが通常である。たとえ不況であったとしても，それは一時的な状態であり，長期的に経済は安定していると考える傾向が強い。しかし，2008年に起きた世界金融危機は1930年代の世界大恐慌以来最悪の景気後退を引き起こし，世界経済を非常に不安定な状況に追い込んだ。2013

年現在においても，その景気後退から脱出しているとは言えず，世界経済はまさに危機的な状況を迎えている。

そのような中で，環境経済学が果たす役割はどこにあるのか？ その問いに対して明確な答えを用意したのが本書ではないかと考えられる。「現在のように世界経済が不安定な状況では，環境対策は後回しであり，景気対策が先決である」それが，一般的な見解ではなかろうか。しかし，世界経済に今必要とされているのは，「炭素に過度に依存し，また生態系を破壊している従来の経済構造を見直し，炭素依存を低減させ，そして生態系の保護を図った新しい経済構造への転換を中心とした景気回復である」これが，本書の重要なメッセージである。

人々の意識を「経済優先から環境優先」へと変えさせるためには適切な動機付けが必要である。それには，グリーン投資に代表される環境に配慮した取り組みを促進することが，通常の公共投資よりも経済に多くの刺激を与え，それが人々の利益となることを示し，納得させることが必要である。この点について著者はたいへんな注意を払っている。それは，アメリカ，EU，そして中国をはじめ，そのほかの高所得経済，新興市場経済，また発展途上経済といったさまざまな立場にある国々の事情を踏まえた上で，環境優先による利益を詳細に示していることからもうかがえる。

そのため，あらゆる国のあらゆる人々が読むことで現在の経済構造を理解し，そして将来の経済の在り方を考えるのに適した一冊ではないかと考え，その社会的貢献を意識して日本語訳に取り組んできた。

監訳を担当した赤石・南部を除いて，他の担当者は環境経済学とは異なる専門分野の研究者である。このことは，本書の特徴を考えると適切なことであった。本書は「環境を優先した景気回復のあり方」を示しているが，

それは先進国だけが抱えている問題ではなく，新興国や発展途上国でも同様に重要である。さらに，新興国や発展途上国は経済成長・発展や財政・金融システムが未成熟であり，また多くの貧困を抱えている。そのため財政・金融，国際援助・協力といった広範囲な分野からの取り組みが必要であり，その背景にある問題についてくわしい研究者の協力が翻訳には不可欠であった。

　第Ⅰ部と第Ⅱ部はおもに環境経済学から捉えた現在の世界経済の状態と回復の在り方を概説した部分で，監訳者が分担して訳出を行った。第Ⅲ部以降はガバナンスや財政・金融，または国際協力といったテーマが中心となっており，各テーマに近い研究者が分担して訳出した。その後，各担当者が意見交換をし，表現や言葉遣いの統一を行った。さらに，下訳を監訳者が分担して見直し，環境経済学の立場から専門用語のチェックなどを行った。この段階では専門用語はそのまま残す形であり，たとえば，Scarcityは希少性，Incentiveはインセンティブといった具合であった。しかしながら，新泉社編集部の竹内将彦氏の助言を受け，より幅広い読者に本書を手にとってもらい，環境と経済について深く理解して欲しいという先ほどの問題意識から，専門用語を新聞，テレビ，あるいはインターネットなどで見かける表現に直すことを最終的に心掛けたつもりである。そのため，環境問題の専門家からすると疑問に思う箇所があるかもしれないが，その点はご容赦されたい。

　また東日本大震災以来，原子力発電のあり方は，日本の景気対策・復興のあり方を考える上で欠くことのできないテーマとなってきている。本書では，長期的なクリーンエネルギー戦略における原子力発電の役割について言及している箇所がある。そこでは，太陽光，風力，バイオマスといっ

たクリーンエネルギーを中心とした経済への移行期にある現時点では，原子力エネルギーには一定の役割があり，炭素価格付け政策の実行は，発電所の安定性向上やそのコスト削減といった先進的な原子力技術の開発を促すとしている。この点について，日本の経験を踏まえ原子力発電をどのように考えるのかは，われわれに残された課題ではないかと考えられる。

さらに本書内ではさまざまなデータを図表で示している箇所がある。その図表内で示された数字には，計算上合わない場合が散見される。しかしながら，これはデータの加工上で生じた問題であるため，明らかな誤植と見られる箇所以外については数字の修正は行っていない。

最後に，翻訳に際し，各訳者の原稿を取りまとめていただいた山口県立大学の長谷川真司氏に感謝申し上げたい。また，本書の企画・運営は法政大学サステナビリティ研究教育機構の翻訳プロジェクトが行った。当プロジェクトをサポートしていただいた法政大学の舩橋晴俊先生と河村哲二先生にもここで改めて感謝申し上げたい。

2013年10月15日

監訳者

索 引

あ行

アジア開発銀行(ADB) 159, 245
新しい水危機 24
圧縮天然ガス(CNG) バス 87, 90
アメリカ再生・再投資法(ARRA) 15, 27, 40,
　57, 58, 60, 62, 216, 219
アメリカ進歩センター(CAP) 59, 60
アメリカの景気回復計画 25
アメリカ輸出入銀行 199
EU域内排出量取引制度(EU-ETS) 63, 64
移行経済 42
いつも通りの成長 28, 31
移動しやすさ(モビリティ) 77
エコ・カー 82
エタノール生産 83
越境水 140, 149
エネルギー安全保障 28, 29, 48, 49, 52, 53,
　63, 83
エネルギー貧困 29, 73, 76
エネルギー補助金 69
エネルギー・水貧困 31
温室効果ガス(GHGs) 19, 49
温室効果ガスの排出 30, 43
温室効果ガス排出強度 43, 44
温室効果ガス排出量 19, 43, 44, 47, 59, 76

か行

化石燃料補助金 69, 70

ガンガ・アクション・プラン　145, 146
環境関連輸出プログラム　199
環境サービスに対する支払い　123
気候投資基金(CIF)　193
気候変動に関する政府間パネル(IPCC)　第4
　次評価　19
気候変動枠組み条約会議　201
技術推進政策　225
キャップ・アンド・トレード　51, 58, 59, 62,
　68, 69
共同実施　64
共同実施(JI)メカニズム　157
極の貧困　22, 31, 41, 49
近代的エネルギー・サービス　76
金融安定理事会（旧金融安定化フォーラム）
　187, 188
グラミン・シャクティ　73, 74
クリーンエネルギー　51, 52, 57, 58, 59, 68,
　69, 70
クリーンエネルギー技術　55
クリーン開発メカニズム(CDM)　52, 54, 64,
　124, 156, 157, 161, 181, 182
グリーン経済　40
クリーン自動車　80, 81, 82
クリーンテクノロジー基金(CTF)　193
グリーン投資　5, 6, 15, 18, 25, 26, 27, 28,
　33, 41, 52, 54, 57, 58
グリーンな景気回復　6, 18, 25, 26, 28, 40,
　59, 65
グリーンな景気回復計画　60, 67
グリーンな分野　214, 215, 222

グリーン・ニューディール　40
グリーン・ニューディール計画　15, 25, 27, 40,
　42, 57, 68, 82
グローバル・ガバナンス　177
グローバル・クリーンエネルギー協力(GCEC)
　プログラム　194
グローバル・グリーン・ニューディール(GGND)
　3, 4, 5, 13, 33, 41, 43, 51, 68, 70, 79, 99,
　165, 174, 175, 177, 186, 197, 204, 208,
　211, 214, 215, 222, 234, 252
経済協力開発機構(OECD)　42
高所得経済　34, 42
国際エネルギー機関(IEA)　29, 30, 48
国際金融公社(IFC)　198
国際金融システム　186, 187
国際金融ファシリティ(IFF)　191, 192
国際行動プログラム　155
国際炭素市場　157, 159, 181, 182, 258
国際通貨基金(IMF)　133, 187, 190, 233,
　234, 238, 239, 243
国際貿易委員会(ITC)　200
国内総生産(GDP)　68, 234, 238
国立再生可能エネルギー研究所(NREL)　194
国連　40
国連開発計画　76, 142, 162
国連環境計画(UNEP)　3, 19, 40, 199
国連気候変動枠組み条約(UNFCCC)　161
国連食糧農業機関(FAO)　201
固定価格買い取り制度　65
雇用機会の可能性　77

さ行

再生可能エネルギー　69, 70, 74, 75
再生可能エネルギー国際会議　155
ジェフェリー・サックス　33
G20サミット　32
市場原理に基づく手段　147, 163
市場の失敗　255
次世代原料油　85
次世代バイオマス燃料　60
持続可能な交通　76
持続可能な交通システム　51, 52, 80
10年戦略　59
少額融資(マイクロクレジット)　74
条件付き現金給付(CCT)　131
乗数効果　233, 234, 235
新興市場経済　34, 42, 57
スターン・レビュー　30, 48
脆弱な土地　20, 22, 30
生態系サービスに対する「支払い」　124, 125
生物多様性　20, 100
セーフティネット・プログラム　129
世界気象機関(WMO)　19
世界銀行　20, 76, 126, 129, 132, 190, 199
世界資源研究所(WRI)　216
世界主要20カ国(G20)　4, 5, 6, 14, 15, 18
世界のGDP　69
世界貿易機関(WTO)　199, 200
世界保健機関(WHO)　144
戦略的気候基金(SCF)　193

た行

大恐慌　12, 24, 32
大統領による気候変動への取り組みプロジェクト　60
炭素依存　43, 44, 48, 49, 52
炭素価格付け政策　63
炭素税　51, 68, 69
炭素排出削減クレジット　52, 54
地球規模の気候変動に関するピュー・センター　60, 61, 225
中所得経済　42
直接排出政策　225
低所得経済　34, 42, 52
低炭素経済　52, 53, 57
低燃費自動車　79, 80, 81, 82
ドーハ・ラウンド　175, 201, 202
トービン税　192

な行

ニューディール　13, 32
認証排出削減量(CER)クレジット　156, 158

は行

バイオマス　55, 73
バイオマス燃料　29, 79, 80, 83, 84, 85, 86
バイオマス燃料の原料　84
排出許可証取引制度　266
排出削減単位(ERU)　157

排出量取引制度　66, 259
ハイレベル・タスクフォース(HLTF)　40, 191
バス高速輸送(BRT)システム　87, 90
ピーターソン国際経済研究所(PIIE)　216
低い人間開発　49
ピュー財団　217, 221
「ブラウンな」経済　33
貿易円滑化ファシリティ(TFF)　199
貿易円滑化金融　197
貿易金融　197, 198
貿易政策　197
貿易のための援助プログラム　199
補完的な価格付け政策　253, 254
保護貿易主義　200

ま行

水ストレス　30, 31
水貧困　31, 100
三つの20(20／20／20)戦略　62
三つの20目標　63, 64
ミレニアム開発目標(MDGs)　5, 24, 33, 99, 141, 162, 192
ミレニアム生態系評価(MA)　19, 30

や行

憂慮する科学者同盟(UCS)　59, 262, 263
ヨーロッパ景気回復計画　27, 62

ら行

流動性不足　198
利用しやすさ(アクセシビリティ)　77
ルーズベルト, フランクリン　32
ロンドン・サミット　15, 25, 186

わ行

ワクチンと予防接種に関する世界同盟(GAVI)　192
ワシントン・サミット　14

著者紹介

エドワード B. バービア (Edward B. Barbier)

ワイオミング大学経済学部教授

専門は資源経済学および開発経済学。環境資源経済学者として25年以上のキャリアがあり、国連やOECD, 世界銀行などで政策アナリストやコンサルタントとして携わる。

[主な著者] Natural Resources and Economic Development, Cambridge University Press, 2005., Scarcity and Frontiers: How Economies Have Developed Through Natural Resource Exploitation, Cambridge University Press, 2011., A New Blueprint for a Green Economy (with Anil Markandya), 2012.

訳者紹介　訳出担当箇所順，*は監訳者

赤石秀之(あかいし・ひでゆき)*
法政大学経済学部助教　専門:環境経済学, 公共経済学　〈第1章・第2章〉

南部和香(なんぶ・かずか)*
青山学院大学社会情報学部助教
専門:環境経済学, 計量経済学　〈第3章・第4章・第5章〉

西向堅香子(にしむこう・みかこ)
広島大学教育開発国際協力研究センター研究員
専門:アフリカ教育開発論　〈第6章〉

福島浩治(ふくしま・こうじ)
横浜国立大学経済学部講師
専門:途上国経済論, アジア社会経済論, 国際経済学　〈第7章〉

長島怜央(ながしま・れお)
法政大学市ヶ谷リベラルアーツセンター／社会学部兼任講師
専門:国際社会学, 文化人類学　〈第8章・第9章〉

宇都宮 仁(うつのみや・ひとし)
新潟産業大学専任講師　専門:応用理論経済学, 財政・金融政策論　〈第10章〉

墨 昌芳(すみ・まさよし)
宮崎産業経営大学経営学部専任講師
専門:観光経済学, 応用計量経済学　〈第11章〉

加藤真妃子(かとう・まきこ)
法政大学大学院グローバルサステナビリティ研究所特任研究員
専門:国際経済論, 中国経済論, 企業経済論　〈第12章〉

なぜグローバル・グリーン・ニューディールなのか
グリーンな世界経済へ向けて

2013年11月25日　第1版第1刷発行

著者
エドワード B. バービア

監訳者
赤石秀之, 南部和香

発行
新泉社
東京都文京区本郷2-5-12
電話03-3815-1662　ファックス03-3815-1422

印刷・製本
シナノ

ISBN978-4-7877-1305-6　C1036

ブックデザイン――堀渕伸治◎tee graphics

新泉社の本

グローバリゼーションと発展途上国
インド、経済発展のゆくえ

スナンダ・セン著　加藤眞理子訳

四六判上製244頁／2000円+税

核廃棄物と熟議民主主義
倫理的政策分析の可能性

ジュヌヴィエーヴ・フジ・ジョンソン著

舩橋晴俊，西谷内博美監訳

四六判上製304頁／2800円+税

チェルノブイリの長い影
現場のデータが語るチェルノブイリ原発事故の健康影響

オリハ・V・ホリッシナ著

西谷内博美，吉川成美訳

Ａ５判128頁／1500円+税

繁栄の呪縛を超えて
貧困なき発展の経済学

ジャン゠ポール・フィトゥシ＋エロワ・ローラン著

林昌宏訳

四六判上製208頁／1900円+税

なぜ環境保全はうまくいかないのか
現場から考える「順応的ガバナンス」の可能性

宮内泰介編

四六判上製352頁／2400円+税